Rolf Todesco: Technische Intelligenz

Rolf Todesco

Technische Intelligenz

oder

Wie Ingenieure über Computer sprechen

problemata
frommann-holzboog 129

Herausgeber der Reihe „problemata": Günther Holzboog

Die Deutsche Bibliothek — CIP-Einheitsaufnahme

Todesco, Rolf:
Technische Intelligenz oder Wie Ingenieure über Computer sprechen / Rolf Todesco. —
Stuttgart-Bad Cannstatt : frommann-holzboog, 1992
  (problemata ; 129)
  ISBN 3-7728-1567-7 brosch.
  ISBN 3-7728-1566-9 Gewebe
NE: GT

© Friedrich Frommann Verlag · Günther Holzboog
Stuttgart-Bad Cannstatt 1992
Druck: Proff GmbH, Eurasburg
Einband: Otto W. Zluhan, Bietigheim
Gedruckt auf alterungsbeständigem Papier mit neutralem pH-Wert

Zusammenfassung

Im vorliegenden Buch werden ‚Anthropomorphisierungen' in der Terminologie der Informatik kritisiert. Die Kritik beruht auf zwei explizit gemachten Prinzipien, einerseits auf der konsequenten Unterscheidung zwischen Abbildung und Abgebildetem und andrerseits darauf, dass den Abbildungen und insbesondere den sprachlichen Zeichen keine Bedeutung, sondern nur Verweisungscharakter zugeschrieben wird. Das Buch erläutert zunächst das Prinzip der programmgesteuerten Kommunikationsmaschine. Dann wird gezeigt, dass Programme keine Abbildungen und Programmiersprachen keine Sprachen sind. Computer werden dazu als Automaten ausgewiesen, die sich von primitiveren Werkzeugen durch eine explizit konstruierte Steuerung abgrenzen. Es wird gezeigt, dass in der Informationstheorie genau die in dieser Steuerung fliessende, sekundäre Energie Information heisst, und dass sich die übrigen Verwendungen des Ausdruckes Information als Metaphern auf diese eigentliche Verwendung zurückführen lassen. Computerprogramme dienen der Strukturierung von Information. Sie besitzen nur sekundär Verweisungscharakter und sind deshalb nicht sprachlich, obwohl sie wie sprachliche Texte durch formale Sprachen beschrieben werden können. Das im Buch verwendete Bedeutungskonzept korrespondiert mit der durch die generative Grammatik eingeführten Unterscheidung zwischen Pragmatik und Semantik, wonach Semantik eine innersprachliche Bedeutung beschreibt, die keinen pragmatischen Bezug zum Beschriebenen hat. Technische ‚Anthropomorphisierungen', insbesondere der Begriff „Intelligenz", werden durch das verwendete Bedeutungskonzept als Metaphern aufgedeckt und so der bewussten Verwendung zugeführt. „Intelligenz" wird als Charakterisierung noch nicht konstruierbarer Maschinen aufgefasst, „technische Intelligenz" als Bezeichnung für jene, die sich mit solchen Maschinen beschäftigen.

Summary

The book criticizes 'anthropomorphizations' in computer terminology. This criticism is based upon two explicitly defined principles, on the one hand the strictly consistent distinction between representation and what is represented and on the other hand that the representations and in particular the language symbols are not attributed a meaning but only a character of reference. At first the book explains the principle of the program-controlled communication machine. It goes on to show that programs are not representations and programming languages are not languages. For that purpose computers are presented as machines which distinguish themselves from more primitive tools by virtue of their explicitly constructed controls. It is shown that precisely the energy flowing in these controls is called information in information theory and that the other uses of the expression information are metaphorical and can be traced back to this original use. Computer programs are made for the structuring of information. They possess a character of reference only on a secondary level and are therefore not language, although, as with language texts, they can be described using formal languages. The concept of meaning used in the book corresponds to the distinction between pragmatism and semantics introduced by generative grammar, according to which semantics describes an inner linguistic meaning which has no pragmatic relationship to what is described. Technical 'anthropomorphizations', particularly the term "intelligence", are exposed as metaphors by the concept of meaning and so brought to conscious use. "Intelligence" is seen as a characterization of machines which cannot as yet be constructed, "technical intelligence" (technological intelligentsia) as a description of those who handle such machines.

Inhalt

Vorwort		9
Prolog:	Der Ingenieur	12
1.	Die Tätigkeit der Ingenieure	16
1.1.	Taylor als post-konventioneller Ingenieur	18
1.2.	Taylor als 'prä'-Informatiker	24
1.3.	Die Entwicklung des Ingenieurs	31
2.	Die Produkte der Ingenieure	33
2.1.	Abbildungen als eigentliches Produkt der Ingenieure	34
2.1.1.	Sprachliche Abbildungen	40
2.1.2.	Ausdruck und Bedeutung	44
2.1.3.	Terminologie	53
2.1.4.	Definition und Begriff	57
2.2.	Automaten als intendierte Produkte der Ingenieure	61
2.2.1.	Der Automat	61
2.2.2.	Der eigentliche Atomat	70
2.2.2.1.	Die Konstruktion des Automaten	71
2.3.	Sprachen als nicht-intendiertes Produkt der Ingenieure	85
2.3.1.	Die Abbildung der Automaten	86
2.3.1.1.	Der abstrakte Automat	90
2.3.1.2.	Formale Begriffe	97
2.3.2.	Maschinensprache	102
2.3.2.1.	Zeichen und Symbole	113
2.3.2.2.	Zeichen und Signale	116
2.3.2.3.	Programmiersprache	120
2.3.2.4.	Programme und Daten	127
2.3.3.	Kommunikationsmittel	128
2.3.3.1.	„Mensch-Maschinen-Kommunikation"	132
2.3.4.	Information	133

	Exkurs: Die Arbeitstätigkeit der Ingenieure unter der Perspektive der Informatik	139
3.	Die Sprachen der Ingenieure	150
3.1.	Sprache	150
3.1.1.	Maschinensprache als Sprache	157
3.1.2.	Formale Sprache als Sprache	160
	Exkurs: „Mathematik" als formale Sprache	168
3.1.3.	Metasprache	171
3.2.	Grammatik	174
3.2.1.	Vollständige Grammatik	175
3.2.2.	Syntax und Semantik	180
3.3.	Pragmatik	184
3.3.1.	Metapher	189
4.	Das Wissen der Ingenieure	193
4.1	Das Wissen über die konstruierte Wirklichkeit	197
4.1.1.	Das metaphorische Wissen	198
4.2.	Die Re-Konstruktion der Wirklichkeit	211
4.2.1.	Metaphern als Vor-Wissen	212
5.	Die technische Intelligenz	216
5.1.	Intelligente Automaten	217
5.1.1.	Intelligenz als Metapher	221
5.1.2.	„Intelligente" Menschen	227
5.2.	Intelligente Arbeit	229
5.2.1.	Die ersetzte Intelligenz	229
Literatur		238
Personenregister		242
Sachregister		245

Vorwort

Dieses Buch lässt sich der Sache nach schwer in bestehende Genres einordnen; es ist in gewisser Hinsicht ein technisches Buch, in welchem technische Produkte, im wesentlichen Automaten, beschrieben werden. Es ist aber kein technisches Buch im engeren Sinne, weil diese Produkte nicht so dargestellt werden, dass man sie aufgrund der Beschreibung produzieren, reparieren oder wenigstens bedienen könnte. Die Automaten erscheinen hier nur als Träger einer bestimmten gesellschaftlichen Intention, deren Verwirklichung arbeitsteilig den Ingenieuren zugewiesen ist. In diesem Buch geht es um die *Bedeutung der Produkte* der Ingenieure.

Da die Ingenieure ihre Produkte tätig bestimmen, werden im Buch auch spezifische Tätigkeiten der Ingenieure, etwa das Programmieren, beschrieben. Allein auch dies geschieht nicht so, dass man diese Tätigkeiten aufgrund der Beschreibung auch nur teilweise erlernen könnte. Das Buch dient also auch nicht der technischen Ausbildung, es enthält kein Verfahren, durch welches die Ingenieure in ihrem Fach effizienter würden.

Das Buch dient dem Gespräch zwischen Ingenieuren und Nicht-Ingenieuren. Weil Ingenieure ihre Produkte konstruktiv unmittelbar, also relativ unabhängig davon verstehen, mit welcher Sprache sie *über* ihre Produkte sprechen, bringt die hier vorgeschlagene Sprache für Ingenieure – solange sie unter sich sind – kaum nennenswerte Vorteile. Wie nicht nur blindwütige Computer-Hacker zeigen, können Ingenieure bestimmte, ihnen gesellschaftlich zugewiesene Produktionsfunktionen – arbeitsteilig, also wenn andere den „Rest" denken – hervorragend erfüllen, auch wenn sie über ihre Technik nur in anthropomorphisierenden Metaphern sprechen können. Wer aber die Produkte der Ingenieure nicht ohne anthropomorphisierende Metaphern beschreiben kann, versteht sie nicht, auch wenn er noch so „intelligente" Computer baut. Er versteht insbesondere das gesellschaftliche Umfeld der Technik, das seine Metaphern begründet, und mithin die gesellschaftliche Funktion der Technik nicht.

Wer kein Ingenieur ist – und das sind wir anfänglich alle nicht – und deshalb die technische Welt fast nur sprachlich vermittelt bekommt, ist auf begrifflich adäquate Beschreibungen dieser Welt angewiesen. Unvorstellbare und undurchschaubare Maschinen erzeugen die Ohnmacht der Vernunft, die sich beim einen als Technikfeindlichkeit zeigt, und den andern dazu verführt, die wichtigsten Entscheidungen dem virtuellen Verstand einer Maschine zu überlassen. Auch Technikideologien rächen sich.

Soweit in diesem Buch eine Terminologie vorgeschlagen wird, die ohne die „Anthropomorphisierungen" auskommt, die sich in der herkömmlichen Sprache über die Technik manifestieren, handelt es sich um ein ideologiekritisches Buch. In erster Linie werden aber in diesem Buch Produkte und Tätigkeiten der Ingenieure in einer Sprache beschrieben, die deren Begreifen in einem nicht nur technischen Sinne fördert.

Ich habe das Buch mit einem praktischen Anliegen geschrieben. Ich unterrichte seit einigen Jahren an der ETH Zürich Soziologie für Ingenieurstudenten der Abteilungen Elektrotechnik und Informatik. Meine Lehrveranstaltungen sind Bestandteil des für die Studenten obligatorischen Unterrichtszyklus „Mensch Technik Umwelt". Dieser Zyklus besteht aus mehreren im weiteren Sinne sozialwissenschaftlichen Veranstaltungen, die die Ingenieurstudenten befähigen sollen, das gesellschaftliche Umfeld der Technik besser zu begreifen. Das interdisziplinäre Gespräch *über* die Technik leidet dabei meiner Erfahrung nach zunächst hauptsächlich darunter, dass die Studenten der Ingenieurwissenschaften ihre eigene Disziplin nicht so begreifen, dass sie sich mit Nichtingenieuren darüber verständigen können. Sie sind bezüglich der eigenen Disziplin – auch wenn sie ihre Muttersprache sehr gut beherrschen – sprachlos. Sie lernen ihre Welt mit Formeln abzubilden, ohne in ihrer Muttersprache ausdrücken zu können, was sie dabei tun. Zwar sprechen die Ingenieure, und mithin auch die Studenten, auch mittels der Muttersprache über ihre Produkte und deren Funktionen, dann aber sprechen sie so, als ob sie keine Ingenieure mit entsprechend entwickeltem technischen Verständnis, sondern ganz normale, das heisst technisch nicht spezifisch gebildete Menschen wären. Die hier thematisierte Sprachlosigkeit der Ingenieurstudenten, die meistens älter wird als deren Studentendasein, beruht darauf, dass Ingenieure *unter sich* nur mathematisch exakt, und *unter uns* nur eine metaphorische Laiensprache sprechen.

In diesem Buch wird vordergründig eine Terminologie vorgeschlagen, in welcher „Anthropomorphisierungen" vermieden werden. Es geht dabei keineswegs darum, wie schon häufig vorgeschlagen wurde, Ausdrücke, die bereits nicht-technisch besetzt sind, in der technischen Sprache zu vermeiden. Homonyme, also Ausdrücke, die wie etwa „Bank" für verschiedene Dinge stehen, sind zwar kommunikativ unpraktisch, sie verhindern aber keineswegs, dass wir uns verstehen, wenn sie als solche erkannt werden. Die vorgeschlagene Terminologie betrifft nicht die Ausdrücke, sondern die Explikation dessen, was wir mit den Ausdrücken jeweils eigentlich bezeichnen. Damit verbunden sind einige nicht nur für Ingenieure spektakuläre Zumutungen, die auf einer Umkehrung von Sende- und Empfängergebiet von Metaphern wie „Information" und „Intelligenz" beruhen.

Die Terminologie wird in Form einer Entwicklungsgeschichte der Automaten, respektive der diesbezüglich spezifischen Tätigkeit der Ingenieure dargestellt. Den äusseren Rahmen dieser Darstellung bildet eine Interpretation des durch die Arbeits-Humanisierer berühmt-berüchtig gewordenen Taylorismus, nach welcher F. Taylor (1856 – 1915) in seiner Zergliederung der menschlichen Arbeit die Automaten „antizipierte", die C. Babbage (1791 – 1871) damals bereits beschrieben hatte. Unter den rückblickend verwendeten begrifflichen Kategorien der Informatik erhalten die Texte von C. Babbage und F. Taylor einen aufschlussreich neuen Sinn. Allerdings liest sich das Buch, da es eine Terminologie begründet, stellenweise eher wie ein Nachschlagewerk als wie eine Geschichte. Im Sinne des Buches wäre es, die Geschichte als solche zu lesen und die terminologisch gemeinten Begriffe – vielleicht in einer zweiten Phase – anhand der eigenen Begriffe zu kritisieren. Um es explizit zu sagen, ich schlage ein Leseverfahren vor, das ich „aktives Lesen" nenne, in welchem sich der Leser die wesentlichen Begriffe unabhängig vom vorliegenden Text selbst ausformuliert und die Formulierungen des Textes anhand der eigenen Definitionen kritisiert. Da ich mit vielen Vorschlägen Neuland betrete, wäre es verwunderlich, wenn nicht das meiste durch bessere Formulierungen ersetzt werden könnte.

Prolog
Der Ingenieur

Es war einmal ...

... ein ausserordentlich begabter Ingenieur, der sich jederzeit nach bestem Wissen und Gewissen einsetzte. Wir wollen diesen Mann *Taylor* nennen. Zu Beginn des amerikanisch-spanischen Krieges (1898) arbeitete er im amerikanischen Stahlwerk Bethlehem Steel Co. Zu dieser Zeit lagen dort

einige 80'000 t Roheisen in kleinen Haufen auf einem offenen Platz, der an das Werk grenzte, aufgestapelt. Die Preise für Roheisen waren so gefallen, dass es nicht mit Nutzen abgesetzt werden konnte und deshalb eingelagert werden musste. Mit Ausbruch des Krieges stiegen die Preise wieder, und das gewaltige Eisenlager wurde verkauft.

Es musste verladen werden. Dazu wurde

ein Eisenbahngleis unmittelbar die Roheisenstapel entlang auf das Feld hinaus gebaut. Dicke Planken wurden an die Wagen angelegt, jeder Arbeiter nahm jeweils von dem Roheisenhaufen einen Barren im Gewicht von ungefähr 40 kg, ging damit das Brett hinauf und warf ihn hinten im Wagen nieder.

Unser Taylor, der als Ingenieur selbst nicht Hand anlegen musste, war mit der durchschnittlichen Tagesleistung der Arbeiter unzufrieden und analysierte deshalb deren Arbeit. Er charakterisierte sie wie folgt:

Diese Arbeit ist vielleicht die roheste und einfachste Form von Arbeit, die man überhaupt von einem Arbeiter verlangt. Die Hände sind das einzige Werkzeug, das zur Anwendung kommt. Ein Roheisenverlader bückt sich, nimmt einen Eisenbarren von ungefähr 40 kg auf, trägt ihn ein paar Schritte weit und wirft ihn dann auf den Boden oder stappelt ihn auf einen Haufen. Diese Arbeit ist gewiss einfach und elementar. Einen intelligenten Gorilla könnte man so abrichten, dass er ein mindestens ebenso tüchtiger und praktischer Verlader würde als irgendein Mensch.

Unser Taylor stellte fest, dass jeder einzelne Arbeiter durchschnittlich ungefähr 12 t pro Tag verlud; zu seiner Überraschung fand er aber bei eingehender Untersuchung, dass ein erstklassiger Roheisenverlader nicht 12 t, sondern 47 bis 48 t pro Tag verladen sollte. Dieses Pensum erschien selbst ihm so ausserordentlich gross, dass er sich verpflichtet fühlte, seine Berechnungen wiederholt zu kontrollieren, bevor er sich der Sache vollkommen sicher war. Einmal jedoch davon überzeugt, dass 48 t eine angemessene Tagesleistung für einen erstklassigen Roheisenverlader bedeuteten, stand ihm klar vor Augen, was er als Arbeitsleiter nach bestem Wissen und Gewissen zu tun hatte. Er musste darauf sehen, dass jeder Mann pro Tag 48 t verlud, anstatt der 12 t wie bisher. Er wollte überdies, dass die Leute beim Verladen von täglich 48 t freudiger und zufriedener wären als bei den 12 t von früher.

Taylor nahm sich vor, die Arbeiter einzeln mit ihrer wirklichen Leistungsfähigkeit bekannt zu machen. Er suchte deshalb zu Beginn den rechten Mann um anzufangen. Taylor fand diesen Mann, indem er bei allen Arbeitern eingehende Untersuchungen bezüglich ihres Charakters, ihrer Gewohnheiten und ihres Ehrgeizes anstellte.

Lassen wir Taylor seine Geschichte selbst zu Ende erzählen:

Unserer Beobachtung nach, legte unser Mann, ein untersetzter Pennsylvanier deutscher Abstammung, ein sogenannter ‚Pennsylvania Dutchman', nach Feierabend seinen ungefähr halbstündigen Heimweg ebenso frisch zurück wie morgens seinen Weg zur Arbeit. Bei einem Lohn von Doll. 1.15 pro Tag war es ihm gelungen, ein kleines Stück Grund und Boden zu erwerben. Morgens bevor er zur Arbeit ging und abends nach seiner Heimkehr arbeitete er daran, die Mauern für sein Wohnhäuschen darauf aufzubauen. Er galt für ausserordentlich sparsam. Man sagte ihm nach, er messe dem Dollar eine Bedeutung bei, als ob er so gross wie ein Wagenrad wäre.

Diesen Mann wollen wir Schmidt nennen.

Unsere Aufgabe bestand nunmehr darin, Schmidt dazu zu bringen, 48 t Roheisen pro Tag zu verladen, seine Lebensfreude jedoch nicht zu stören, ihn im Gegenteil froh und glücklich darüber zu machen. Dies geschah in folgender Weise. Schmidt wurde unter den andern Eisenverladern herausgerufen und etwa folgende Unterhaltung mit ihm geführt:

‚Schmidt, sind Sie eine erste Kraft?'

‚Well, – ich verstehe Sie nicht.'

‚O ja, Sie verstehen mich ganz gut. Ich möchte wissen, ob Sie eine erste Kraft sind oder nicht?'
‚Ich kann Sie nicht verstehen.'
‚Heraus mit der Sprache! Ich möchte wissen, ob Sie eine erste Kraft sind oder einer, der den übrigen billigen Arbeitern gleicht. Ich möchte wissen, ob Sie Doll. 1.85 pro Tag verdienen wollen, oder ob Sie mit Doll. 1.15 zufrieden sind, d. h. mit dem, was diese billigen Leute da bekommen.'
‚1.85 Doll. pro Tag verdienen wollen, heisst man das eine erste Kraft? Well, dann bin ich so einer.'
‚Sie machen mich ärgerlich. Freilich wollen Sie 1.85 Doll. pro Tag verdienen, das will jeder. Sie wissen recht gut, dass das sehr wenig damit zu tun hat, ob Sie eine erste Kraft sind. Antworten Sie endlich auf meine Fragen und stehlen Sie mir nicht meine Zeit! Kommen Sie hierher, sehen Sie diesen Haufen Roheisen?'
‚Ja.'
‚Sehen Sie diesen Wagen?'
‚Ja.'
‚Wenn Sie eine erste Kraft sind, dann laden Sie dieses Roheisen morgen für Doll. 1.85 in den Wagen! Nun wachen Sie auf und antworten Sie auf meine Fragen! Sagen Sie mir, sind Sie eine erste Kraft oder nicht?'
‚Well, bekomme ich Doll. 1.85, wenn ich diesen Haufen Roheisen morgen auf den Wagen lade?'
‚Ja, natürlich, und tagtäglich, jahrein, jahraus, bekommen Sie Doll. 1.85 für jeden solche Haufen, den Sie verladen; das ist, was eine erste Kraft tut.'
‚Well, dot's all right. Ich kann also dieses Roheisen morgen für Doll. 1.85 auf den Wagen laden und bekomme das jeden Tag, ja?'
‚Gewiss, gewiss.'
‚Well, dann bin ich eine erste Kraft.'
‚Nur langsam, guter Freund! Sie wissen so gut wie ich, dass eine erste Kraft vom Morgen bis zum Abend genau das tun muss, was ihr aufgetragen wird.'

Hier führt Taylor implizit seinen Stellvertreter ein.

‚Sie haben diesen Mann schon vorher gesehen, nicht?'
‚Nein, nie.'
‚Wenn Sie nun eine erste Kraft sind, dann werden Sie morgen genau das tun, was dieser Mann zu Ihnen sagt, und zwar von morgens bis abends. Wenn er sagt, Sie sollen einen Roheisenbarren aufheben und damit weitergehen, dann heben Sie ihn auf und gehen damit weiter! Wenn er sagt, Sie sollen sich niedersetzen und ausruhen, dann setzen Sie sich hin! Das tun Sie ordentlich den ganzen Tag über. Und was noch dazu kommt, keine Widerrede! Eine erste

Kraft ist ein Arbeiter, der genau tut, was ihm gesagt wird, und nicht widerspricht. Verstehen Sie mich? Wenn dieser Mann zu Ihnen sagt: Gehen Sie!, dann gehen Sie, und wenn er sagt: Setzen Sie sich nieder, dann setzen Sie sich nieder und widersprechen ihm nicht.'
Das scheint wohl eine etwas rauhe Art, mit jemandem zu sprechen, und das würde es auch tatsächlich sein einem gebildeten Mechaniker oder auch nur einem intelligenten Arbeiter gegenüber. Jedoch bei einem Mann von der geistigen Unbeholfenheit unseres Freundes ist es vollständig angebracht und durchaus nicht unfreundlich, besonders, da es seinen Zweck erreichte, sein Augenmerk auf die hohen Löhne zu lenken, die ihm in die Augen stachen, und ihn ablenkten von dem, was er wahrscheinlich als unmöglich harte Arbeit bezeichnet hätte, wenn er darauf aufmerksam gemacht worden wäre.
Was wäre wohl Schmidts Antwort gewesen, wenn man zu ihm gesprochen hätte, wie es unter dem Locksystem üblich ist, etwa folgendermassen: ‚Nun, Schmidt, Sie sind ein erstklassiger Roheisenverlader und verstehen Ihre Arbeit. Bisher haben Sie täglich 12 t Roheisen verladen. Ich habe beträchtliche Zeit darauf verwendet, das Verladen von Roheisen genau zu studieren. Sicher könnten Sie pro Tag bedeutend mehr leisten als bisher. Glauben Sie nicht, dass Sie bei einigem guten Willen 48 t verladen könnten anstatt 12 t?'
Was meinen Sie, würde Schmidt darauf geantwortet haben?
Schmidt begann zu arbeiten, und in regelmässigen Abständen wurde ihm von dem Mann, der bei ihm als Lehrer stand, gesagt: „Jetzt heben Sie einen Barren auf und gehen Sie damit! Jetzt setzen Sie sich hin und ruhen sich aus! etc.' Er arbeitete, wenn ihm befohlen wurde zu arbeiten, und ruhte sich aus, wenn ihm befohlen wurde, sich auszuruhen, und um halb sechs Uhr nachmittags hatte er 48 t auf den Wagen verladen.

* * *

F. Taylors Geschichte gehört zur „Arbeitswelt-Weltliteratur". *Taylorismus* ist im Zusammenhang mit Arbeits- und Betriebsrationalisierung ein stehender Begriff. Dass F. Taylor, oder vielmehr sein Text, in der Arbeitswelt trotzdem fast nur Gegner gefunden hat, liegt hauptsächlich an seiner unverblümten Offenheit, die von seinen Gegnern mit „humanisierten" Theorien mittlerweile längstens überwunden ist. F. Taylor zeigt uns die Arbeitswelt, wie sie ist, nicht wie wir sie gerne hätten. Die Frage allerdings ist, inwiefern die Welt der technischen Intelligenz wirklich so ist, wie F. Taylor sie beschrieben hat.

1. Die Tätigkeit der Ingenieure

Vordergründig zeigt F. Taylors Geschichte zwei mögliche Methoden, wie die Arbeit von Schmidt, das Eisenverladen, verrichtet werden kann. Die eine Methode wird direkt beschrieben, während die Beschreibung der anderen Methode in einem Dialog zwischen Taylor und Schmidt aufgehoben ist. F. Taylors Text verweist im einen Fall direkt auf die Arbeit der Eisenverlader und im andern Fall auf ein Gespräch zwischen Taylor und Schmidt, in welchem Schmidts Arbeit in Form von Anweisungen beschrieben wird. Beim Lesen der Geschichte läuft man Gefahr zu übersehen, dass in beiden Fällen nur Schmidt Hand anlegt, während Taylor die Tätigkeit lediglich beschreibt. Da ist zunächst die direkt beschriebene, unstrukturierte und entsprechend ineffizientere Methode:

Die Hände sind das einzige Werkzeug, das zur Anwendung kommt. Ein Roheisenverlader bückt sich, nimmt einen Eisenbarren von ungefähr 40 kg auf, trägt ihn ein paar Schritte weit und wirft ihn dann auf den Boden oder stapelt ihn auf einen Haufen. Diese Arbeit ist gewiss einfach und elementar. Einen intelligenten Gorilla könnte man so abrichten, dass er ein mindestens ebenso tüchtiger und praktischer Verlader würde als irgendein Mensch.

und dann die in Form von Anweisungen, indirekt beschriebene Methode:

‚Wenn Sie nun eine erste Kraft sind, dann werden Sie morgen genau das tun, was dieser Mann zu Ihnen sagt, und zwar von morgens bis abends. Wenn er sagt, Sie sollen einen Roheisenbarren aufheben und damit weitergehen, dann heben Sie ihn auf und gehen damit weiter! Wenn er sagt, Sie sollen sich niedersetzen und ausruhen, dann setzen Sie sich hin!'
Schmidt begann zu arbeiten, und in regelmässigen Abständen wurde ihm von dem Mann, der bei ihm als Lehrer stand, gesagt: ‚Jetzt heben Sie einen Barren auf und gehen Sie damit! Jetzt setzen Sie sich hin und ruhen sich aus! etc.' Er arbeitete, wenn ihm befohlen wurde zu arbeiten, und ruhte sich aus, wenn ihm befohlen wurde, sich auszuruhen, und um halb sechs Uhr nachmittags hatte er 48 t auf den Wagen verladen.

Das Eisen wurde auch ohne Taylors Anweisungen verladen und es hätte auch weiterhin ohne Taylors Anweisungen verladen werden können. Taylor hat überdies kein Stück des Eisens verladen, obwohl – oder vielleicht gerade weil – er mit seiner Methode 4 x schneller als Schmidt gewesen wäre.

Man mag einwenden, Schmidt habe zunächst offensichtlich sehr ineffizient gearbeitet und sei dann dank Taylor viel effizienter geworden. Taylor habe also keineswegs nur eine Beschreibung von Schmidts neuer Methode geliefert, sondern diese Methode erfunden. Gleichwohl wird man (hin)zugeben müssen, dass ausschliesslich Schmidt die Methode anwandte und Taylor sie eben nur beschrieben hat.

Wir könnten – nicht ganz unberechtigt – annehmen, dass Taylor ursprünglich selbst ein handanlegender Arbeiter war. Schon als Arbeiter machte er sich manchmal Gedanken über seine Arbeit. Er interessierte sich dafür, in seiner Arbeit effizienter zu werden. Eines Tages nun, als unser Taylor, statt zu arbeiten, gerade wieder einmal über seine Arbeit nachdachte, merkte er (in)genialerweise, dass sich das Nachdenken über die Arbeit lohnen könnte. Er begann also seine Arbeitskollegen zu beobachten und stellte fest, dass jeder einzelne Arbeiter durchschnittlich ungefähr 12 t pro Tag verlud; zu seiner Überraschung fand er aber bei seinen eingehenden Untersuchungen, dass ein erstklassiger Roheisenverlader nicht 12 t, sondern 47 bis 48 t pro Tag verladen sollte ... Einmal jedoch davon überzeugt, dass 48 t eine angemessene Tagesleistung für einen erstklassigen Roheisenverlader bedeuteten, stand ihm klar vor Augen, was er zu tun hatte: Er eilte heim, entledigte sich seiner Arbeitskleider und kehrte wenig später – mit Diplom – in seinem besten Anzug zurück. Als Arbeitsleiter wollte er nach bestem Wissen und Gewissen darauf sehen, dass jeder Mann pro Tag 48 t verlud, anstatt der 12 t wie bisher. Er wollte überdies – was wir jetzt besser verstehen –, dass die Leute – die ja davor seine Kollegen waren – beim Verladen von täglich 48 t freudiger und zufriedener wären als bei den 12 t von früher.

Umgekehrt könnten wir aber – nicht weniger plausibel – auch annehmen, Schmidt selber hätte seine Arbeit analysiert und entdeckt, dass er nach dem Prinzip des bestimmten Pensums viel mehr leisten könnte. Er hätte seine Entdeckung nicht aufgeschrieben – wozu auch? –, sondern einfach angewendet. Taylor schliesslich hätte lediglich das Verfahren aufgeschrieben, nach welchem Schmidt intuitiv und nur halbbewusst arbeitete.[1] Subjektiv mag – im Sinne eines Ehren-Patents – bedeutsam sein, wer entdeckte, dass regelmässige und regelmässig unterbrochene Arbeit am ertragreichsten ist. Objektiv bedeutsam ist das explizite, ausgesprochene und aufgeschriebene Wissen, wie eine Arbeit effizient erledigt wird.[2]

1.1. Taylor als post-konventioneller Ingenieur

Die Geschichte von F. Taylor zeigt nur vordergründig beispielhaft, was und wie Schmidt arbeitet. F. Taylors eigentliches Anliegen ist zu zeigen, dass jede Arbeit verstanden sein will. Was für die einfache Arbeit von Schmidt gilt, gilt noch mehr für die Arbeit von ihm selbst, also für die Arbeit des Ingenieurs.

Psychologisierend könnte man sagen, Taylor plane, erfinde, organisiere, konzipiere, analysiere, usw. Der *sichtbare*, empirisch zugängliche Teil der Tätigkeit von Taylor besteht darin, dass er Schmidt Anweisungen gibt.

---

1 N. Wirth schreibt über grundlegende Texte von E. Dijkstra und C. Hoare, zwei Taylors der Informatik, die erkannt haben, dass Programmieren „wissenschaftlicher Behandlung und Darlegung zugänglich ist" und damit eine „Revolution" in der Programmierung anbahnten: „Beide Artikel argumentieren überzeugend, dass viele Programmierfehler vermieden werden können, wenn man den Programmierern die Methoden und Techniken, *die sie bisher intuitiv und oft unbewusst verwendeten*, zur Kenntnis bringt" (Wirth, 1983, 7).

2 C. Thomsen kommentiert einen 20-jährigen Rechtsstreit über die Urheberschaft der sogenannten Computer-Chips, bei welchem nicht nur die Ehre auf dem Spiel stand: „Ob nun Gilbert Hyatt oder Ted Hoff das Erstgeburtsrecht besitzt: Die kommerziell erfolgreiche Verwertung dieser Idee präsentierte Intel 1970 mit seinem Mikroprozessor. Tatsächlich konnte dieser eine Chip (...) wie ein eigenständiger Computer funktionieren" (Thomsen, 1991, 21), was eben den praktischen Nutzen der Computer erheblich vergrösserte.
A. Speiser erläutert das Motiv der Erfinder-Ehre anhand eines 10-jährigen Patentstreites zwischen N. Noyce von Fairchild Semiconductor und J. Kilby von Texas Instruments um die Erfindung der integrierten Schaltung, der schliesslich zugunsten des ersteren entschieden wurde: „Für IC's geben wir weltweit pro Jahr mehr als 50 Milliarden Franken aus" (Speiser, 1992, 67).

Was sind Anweisungen? Fragen wir Ingenieure. Im Buch *Pascal*, einer systematischen Darstellung der Programmiersprache Pascal, in welchem bemerkenswerterweise das Wort „Befehl", welches von vielen Ingenieuren anstelle des Wortes „Anweisung" verwendet wird, durchwegs fehlt, steht: „Anweisungen beschreiben den algorithmischen Kern eines Problems" (Herschel/Pieper, 1979, 47). Anweisungen sind also Beschreibungen. Aber nicht alle Beschreibungen sind Anweisungen, Anweisungen bilden eine Teilmenge der Beschreibungen; sie sind in bestimmter Hinsicht auf eine Produktion bezogen. Im Alltag nennen wir Beschreibungen, die Befehlscharakter haben, Anweisungen und verwenden deshalb das Wort Anweisung häufig synonym mit dem Wort Befehl. Der Befehlscharakter der Anweisung von Taylor ist aber zufällig, das heisst er ist unwesentlich, lediglich eine Erscheinungsform davon, dass Anweisungen, wie Taylor sie gibt, in den bei uns üblichen Betriebshierarchien von Arbeitenden wie Schmidt als verbindliche Aufforderungen interpretiert werden. Unter einer entsprechend anderen sprachlichen Vereinbarung, wie sie etwa für Konstruktionspläne gilt, die von Schmidts Kollegen auch als Befehle aufgefasst werden, könnte Taylor seine Anweisung auch in einer nur beschreibenden Sprache geben. Taylor könnte dann mit derselben Wirkung statt ‚Heben Sie das Eisen auf!', ‚Schmidt hebt einen Eisenbarren auf' sagen. Wenn Taylor zu Schmidt sagt: „Heben Sie das Eisen auf!" beschreibt er in anweisender Form, dass Schmidt einen Eisenbarren aufhebt.

Die Tätigkeit der Ingenieure ist Beschreiben. Wenn man sagt, dass Ingenieure Beschreibungen herstellen, abstrahiert man nicht nur, dass sie planen, erfinden, organisieren usw., man abstrahiert auch, dass sie für die Produktion beschreiben, und dass ihre Beschreibungen anweisenden Charakter haben. Die abstrakte Bestimmung, dass Ingenieure beschreiben, erfüllt, was wir von einer Abstraktion wenigstens verlangen, sie gilt für die Ingenieure überhaupt, also für alle geschichtlichen Formen des eigentlichen Ingenieurs. Diese Gültigkeit könnten andere Abstraktionen natürlich auch beanspruchen, sicher ist auch für alle Ingenieure wahr, dass sie planen, erfinden, organisieren usw. Im Gegensatz zu solchen Abstraktionen ist das Beschreiben aber empirisch unmittelbar zugänglich, das heisst, man kann es unmittelbar wahrnehmen. Dass Ingenieure denken, wenn sie beschreiben, kann man – wie berechtigt auch immer –

lediglich unterstellen; das Denken selbst – abgesehen davon, dass niemand recht sagen kann, was Denken ist – kann man sinnlich nicht wahrnehmen.

Wenn man sagt, dass Ingenieure Beschreibungen herstellen, abstrahiert man nicht nur, dass sie anweisend beschreiben, man abstrahiert auch, was sie beschreiben. Konventionelle Ingenieure geben ihre Anweisungen in Form von Zeichnungen, also in Form von Konstruktions- oder Bauplänen. Damit beschreiben sie offensichtlich – herzustellende – Produkte. Natürlich impliziert eine sehr detaillierte Konstruktionszeichnung immer auch den Produktionsprozess. Den Schmidts, die nach Konstruktionszeichnungen arbeiten, ist weitgehend vorgegeben, was sie wann tun. Gleichwohl haben konventionelle Ingenieure in ihren Anweisungen das Produkt, nicht dessen Herstellung, im Auge. Sie werden deshalb auch in produktbezogene Unterkategorien, wie Maschinen-, Elektro- und Bauingenieure eingeteilt.

F. Taylor, der in seiner Karriere als Ingenieur auch erfolgreich Produkte, insbesondere optimale Drehstahlwerkzeuge beschrieben hatte, wobei er dem Verarbeitungsprozess allerdings immer auch grosse Aufmerksamkeit zukommen liess, beschrieb in den Beispielen, die ihn berühmt machten, nicht mehr das eigentliche Produkt, sondern eine Art Produktions-„prozess". Wesentlich ist, dass er dabei das Produkt als Funktion eines Herstellungs-Prozesses begriffen hat. Der von F. Taylor explizit eingeführte Ingenieur-Typ beschreibt nicht mehr das unmittelbare Produkt, sondern Tätigkeitsaspekte, die zum Produkt führen. F. Taylor war in seinen Bemühungen keineswegs alleine. Die Erfinder der Manufaktur und der Produktions-Fliessbänder teilten und zerlegten ebenso wie Taylor die Tätigkeit der Arbeitenden. Die Manufaktur, wie sie vom berühmten Ökonomen A. Smith beschrieben wurde, mag naturwüchsig entstanden sein, die Fliessbänder aber, die Ford bei der Autoproduktion einsetzte, waren konstruierte Materialisierungen von ingeniösem Zerlegen der Arbeitertätigkeit. F. Taylor musste sich später, gerade weil er seine Erkenntnisse nicht nur im Betrieb umsetzte, sondern auch als Wissenschaft veröffentlichte – allerdings mehr von Psychologen, als von Ingenieuren – vorwerfen lassen, dass er die Menschen, indem er sie zu schlecht konstruierten

Einzweckmaschinen degradierte, schlecht genutzt (!) habe.[3] Die psychologisch arbeitshumanisierten Versuche, die tayloristische Reduktion der arbeitenden Menschen zu überwinden, lassen sich jedoch, wie taylorhaft ehrliche Humanisierer selbst zeigen, kaum anders als Vervollständigungen des von den Humanisierern verteufelten Taylorismus verstehen.[4]

Im praktischen Betrieb hatte Taylor auch in seiner Zeit, etwa im Vergleich mit Ford, eine recht beschränkte Bedeutung.[5] Der von Taylor lancierte, neue tätigkeitsorientierte Ingenieur hat zwar den später auftretenden Betriebs- und Produktionsingenieur vorweggenommen, aber eben nicht so entwickelt, dass er sich schon damals durchsetzen konnte. Der tätigkeitsorientierte Ingenieur blieb vorderhand zu unbedeutend, um sich, wie später der Informatiker, mit einem eigenen Namen zu etablieren, weshalb er hier sprachlich vom „konventionellen Ingenieur" unterschieden werden muss.

Obwohl sich der neue Ingenieur vom hergebrachten darin unterscheidet, dass seine Anweisungen nicht mehr das Produkt, sondern dessen Produktion beschreiben, teilt er mit seinem älteren und zunächst dominant gebliebenen Kollegen, dass sich seine Anweisungen an Arbeiter richten und diese geistig entlasten und mittelbar entsprechend dequalifizieren. F. Taylor selbst sieht seine Arbeit darin, die Arbeit, die einer relativ globalen Anweisung entspricht, durch detailliertere Anweisungen zu beschreiben. Im Beispiel gibt er die Anweisungen mündlich oder lässt sie durch einen Stellvertreter mündlich geben. Aber natürlich sind auch Konstruktionspläne, wie sie herkömmliche Ingenieure herstellen, nichts anderes als sehr detaillierte Anweisungen, die den Arbeitern Schritt für Schritt aufzwingen, was sie wie zu tun haben. F. Taylor macht das sehr

---

3 „Den Menschen zu benutzen als wäre er eine schlecht konstruierte Einzweckmaschine, heisst, ihn sehr schlecht und leistungsschwach zu nutzen" (P. Ducker, zit. in: Volpert, 1977, XXX).
4 W. Volpert, selbst arbeitspsychologisch orientiert, hat 1977 die *Grundsätze wissenschaftlicher Betriebsführung* von F. Taylor zusammen mit R. Vahrenkamp neu herausgegeben und F. Taylor in einer Einführung gegen die gängigsten Angriffe verteidigt (Volpert, 1977, IXff, in: Taylor, 1977).
5 R. Vahrenkamp, Mitherausgeber der bereits zitierten Neuauflage von F. Taylors Buch, vertritt in seiner Einführung die These, F. Taylor habe die Fliessbandproduktion oder allgemeiner, die Mechanisierung der Arbeit zu wenig beachtet, und sei deshalb von der Praxis rasch überholt worden (Vahrenkamp, 1977, LXXX).

bewusst, er argumentiert nämlich, dass selbst in der angeblich „rohesten und einfachsten Form von Arbeit", also „in dem richtigen Aufheben und Wegtragen von Roheisen eine solche Summe von weiser Gesetzmässigkeit, eine derartige Wissenschaft liege", dass es ohne (tayloristische) Wissenschaft auch dem fähigsten Arbeiter unmöglich sei, die Arbeit und deren Methoden zu verstehen.

Sowohl F. Taylor wie konventionelle Ingenieure beschreiben, was andere (er-)arbeiten. Wer weiss, ob F. Taylor, hätte er beim Eisenverladen selbst Hand anlegen müssen, mit der üblichen Tagesleistung von 12 t Roheisen unzufrieden gewesen wäre. Ingenieure brauchen ihre Hände nur zum Beschreiben. Wer hier einwendet, dass Ingenieure beim Bau von Prototypen sehr wohl selbst Hand anlegen, rennt offene Türen ein. Nur, die gesellschaftlich massgebliche Arbeit, unter welcher sich der Ingenieur überhaupt erst entwickeln konnte, produziert Prototypen nur als Mittel. Wie man überdies weiss, ist dem konventionellen Ingenieur selbst das Beschreiben als solches, das Plänezeichnen noch zu handwerklich, es ist längst an die Gattung der technischen Zeichner delegiert.

Der konventionelle Ingenieur ist in seiner Tätigkeit unbestritten, F. Taylor dagegen wurde und wird, obwohl sein praktischer Erfolg sehr gering war, von jenen, die sich für sogenannt humanere Arbeit(sbedingungen) einsetzen, lautstark bekämpft. Es waren aber konventionelle Ingenieure, die beispielsweise Fliessbänder wie andere Werkzeuge bauten, ohne sich um die Arbeitstätigkeiten zu kümmern, die sie damit festlegten. Werkzeuge wie Fliessbänder beruhen auf einer einseitigen Optimierung, die, obwohl sie die konkreten Arbeitstätigkeiten im Unterschied zu Taylors Strategie völlig ausser Acht lässt, dieselben konkreten Arbeitstätigkeiten hervorruft, wie sie F. Taylor für seine sehr unbeholfenen Menschen absichtlich suchte. F. Taylor wurde häufig dafür geschlagen, dass er vorgeschlagen hatte, was andere längstens machten. Natürlich weiss, wer ein Werkzeug herstellt, immer auch, wie man mit diesem Werkzeug arbeiten wird, was sich beispielsweise in verschiedenen Zwecken untergeordneten verschiedenen Hämmern zeigt. F. Taylors Anspruch aber war, nicht nur unbewusst zu wissen, was mit einem Werkzeug gemacht wird, sondern dieses Wissen in expliziten Anweisungen festzumachen. In seinem berühmtem Dialog mit dem Arbeiter Schmidt zeigt F. Taylor dieses Anliegen sehr deutlich. F. Taylor wurde oft verkannt, weil seine allzumenschliche Sozialarbeitermanier, jedem „gorilla-intelligenten" Menschen Arbeit und Lohn zu geben, nicht nur bei Humanisierern, die Herrschaftsverhältnisse gerne verschweigen, sondern auch bei Kritikern der Humanisierungswelle Emotionen weckten, die die Sicht auf den rationalen Kern des „Taylorismus" verstellten.

Taylors Geschichte zeigt nicht vor allem, was und wie Schmidt arbeitet, F. Taylor spricht hauptsächlich über seine eigene Arbeit als Ingenieur, über die Arbeit der technischen Intelligenz. Als Ingenieur gibt er detaillierte Anweisungen. Taylors Anweisungen zeigen exemplarisch, dass sie auf einer bestimmten Abstraktion davon, was sie beschreiben, beruhen. Mit seinem Schmidt-Gorilla-Vergleich zeigt F. Taylor unmissverständlich, dass er einen sehr abstrakten Schmidt vor Augen hat, auch wenn von seinen Rationalisierungsvorschlägen sehr konkrete Schmidts betroffen waren. Was F. Taylor nämlich mit Schmidt tut, wäre ohne weiteres als sinnvoll nachvollziehbar, wenn Schmidt kein Mensch, sondern ein Automat mit bestimmter Kompetenz wäre. Die Kompetenzen, die F. Taylor mit seinen Anweisungen unterstellt, verlangen zwar einen ziemlich aussergewöhnlichen Automaten, aber wer würde andrerseits – und das ist die Frage, die Taylors Gegner, nicht alle ohne Grund, nie gestellt haben – mit Taylors Worten über wirkliche Menschen sprechen? Hat man aber einen Automaten vor den Augen, machen Taylors Anliegen durchaus Sinn. Dann nämlich wird man F. Taylor zustimmen, wo er argumentiert, dass auch in der „rohesten und einfachsten Form von Arbeit", also beispielsweise im Hämmern oder im „richtigen Aufheben und Wegtragen von Roheisen eine solche Summe von weiser Gesetzmässigkeit (liegt), eine derartige Wissenschaft, dass es auch für den fähigsten ‚Arbeiter' unmöglich ist, ohne die Hilfe eines Gebildeteren die Grundbegriffe dieser Wissenschaft zu verstehen (...)" (Taylor, 1977, 43) und wirklich effizient zu arbeiten. Nicht ganz ohne Zufall stellen Handlangertätigkeiten äusserst hohe Ansprüche an Automatisierer. W. Volpert entdeckte, wenn auch nicht bewusst, dass in Taylors Vorschlägen ein Arbeitsprogramm für Automatisierer steckt: „Taylor versucht (...), das ‚Faustregel'-Können der Arbeiter zu eliminieren, und es durch eine ‚Wissenschaft' zu ersetzen, die sich den Arbeitern als ihnen fremde Macht" – als nicht ihnen gehörende Automaten – „entgegenstellt. Es kommt nur noch darauf an, dass der Arbeiter bereit und imstande ist, die

Befehle dieser ‚Wissenschaft' zu realisieren. Dies erfordert zwar eine durchaus langfristige Zurichtung des Arbeiters zu freiwilligem Dienen, nicht jedoch längere tätigkeitsbezogene Qualifikationsprozesse" (Volpert, 1977, XXXVf). R. Vahrenkamp wirft F. Taylor sogar vor, einen zwanghaften Charakter zu besitzen, weil dieser, was jedem automatenbeschreibenden Ingenieur das Selbstverständlichste ist, „nach der besten Organisation, auch jeder Kleinigkeit, und deren formalen Beschreibung" drängte (Vahrenkamp, 1977, LXXIII). Schliesslich wird F. Taylor von populärmarxistischer Seite, die auch durch W. Volpert vertreten wird, vorgeworfen, er reduziere den Menschen auf blosse, abstrakte Arbeitskraft. Wenn F. Taylor aber als Ingenieur weitsichtig – und deshalb etwas unklar – Automaten antizipierte, erhalten seine Anweisungen auch in dieser Hinsicht einen anderen Sinn. Automaten sind Werkzeuge, sie arbeiten nicht, sondern werden zum Arbeiten verwendet. Sie verrichten keine Tätigkeiten und besitzen – auch abstrakt – keine Arbeitskraft.

1.2. Taylor als ‚prä'-Informatiker

Die Informatik-Ingenieure verstehen sich selbst nicht als Nachfolger von Taylor, sie reklamieren für sich, nicht zuletzt davon abhängig, wie sie ihre Tätigkeit verstehen, eine andere geschichtliche Herkunft. Modernere Varianten ihrer Geschichten, die vom Homo sapiens zur Informatik führen, unterscheiden Software und Hardware mit je einer eigenen Geschichte, wohl deshalb, weil Computer und Programme industriell auch heute noch grossteils getrennt produziert und vermarktet werden.

Der Software werden in solchen Geschichten die ersten Zahlzeichen (3000 v. Chr.) ... das Dezimalsystem (820 n. Chr., Al Chwarizmi bis 1518, Adam Riese) ... das Dualsystem (1673, Leibniz) ... gespeicherte Programme (1945, von Neumann) ... Programmiersprachen, Betriebs- und Datenbanksysteme (1960–80) zugeordnet. Die Hardware durchläuft analog Rechensteinchen, Rechenbrett, Abakus, Rechenmaschine, Rechenautomat, Webstuhlsteuerung (1728, 1805), Lochkarte (1890), Elektronenröhre, Transistor, Integrationstechnologien und DV-Systeme bis zum Personalcomputer. Hier lauten dann die Namen etwa Schickard, Pascal und Leibniz (17.Jh.), Falcon (18.Jh.), Jacquard, Babbage, Hollerith (19.Jh.), Zuse, Aiken, Eckert (20.Jh.), bis sich die Namen der grossen Männer in den Namen der schnellen und „very large integrated" Maschinen verlieren: Z3, Mark1, ENIAC, dann Univac, IBM 701, VAX usw. Solche Geschichten entsprechen unserer alltäglichen Auffassung, in welcher konkrete Erscheinungen einer Entwicklung auf einer Zeitachse abgearbeitet und mit den Namen wichtiger Männer geziert werden. Derartige zeitlich geordnete Darstellungen, wie sie nicht nur geschichteschreibende Ingenieure, sondern auch klassische Historiker veröffentlichen, heissen meist zurecht Geschichte(n).

Solche Geschichten beruhen auf anfänglichen, sinnlich gewonnenen statt auf entwickelten Kategorien. Sie werden wie sogenannte Spaghettiprogramme vorwärts, statt strukturiert geschrieben, was mehr unseren sinnlichen Erkenntnisprozess (unsere Wahrnehmung) als unser Denken widerspiegelt, und den Informatikern schon ästhetisch missfallen müsste. Solche Geschichten versäumen die Darstellung der Entwicklung, sie zeigen nur, *dass*, aber nicht *wie* spätere Stufen aus früheren hervorgehen. Strukturierte Entwicklungsgeschichten rekonstruieren dagegen frühere Entwicklungsstufen eines Prozesses mit Kategorien der jeweils höchsten Entwicklungsstufe. Das Verständnis früherer Epochen, um welches sich solche Geschichtsdarstellungen bemühen, dient dem Begreifen der je gegenwärtigen Situation in ihrer historischen Besonderheit, wobei für das Erfassen der Eigenart früherer Epochen immer schon der Erkenntnisstand einer entwickelteren Stufe vorausgesetzt wird. In der Anatomie des Menschen liegt der Schlüssel zur Anatomie des Affen. Die Andeutungen auf höher Entwickeltes in untergeordneten Stufen können nur verstanden werden, wenn das Höhere selbst schon bekannt ist. Nachdem Taylor Schmidt angewiesen hatte, wurde deutlich, was konventionelle Ingenieure mit ihren Konstruktionsplänen immer schon getan haben. Und entsprechend lassen sich Taylors Anweisungen mit den gedanklichen Kategorien der Informatik sinnvoll interpretieren. Die strukturalistische Analyse geschieht notwendigerweise auf der Basis und mit den Kategorien des Stadiums, von dem aus Geschichte als Gegenstand gesetzt wird, also der jeweils im doppelten Sinne letzten Entwicklungsstufe.

Die Entwicklung selbst muss dargestellt werden als etwas, das sich im Sinne des Wortes ent-wickelt, als etwas, das „eingewickelt" schon da war und eben „ent-wickelt" wurde. Der Informatiker steckte schon im konventionellen Ingenieur; dieser steckte bereits im Handwerker. Die in einem gewissen Sinne invertierende Darstellung – in welcher auf Entwicklungsentitäten zurückgegriffen wird, die erst am Ende der Entwicklung, in der Informatik, erscheinen – zeigt die ursprüngliche Arbeit des Handwerkes als primitiv-unentwickelte Arbeit, die jedoch ganzheitlich alle Aspekte enthielt, die in der späteren Entwicklung zutage treten. Die herkömmliche Arbeit wurde im unentwickelten Handwerk ganzheitlich geleistet, bevor sie in der Arbeitsteilung mit dem Ingenieur in Kopf- und Handarbeit zerlegt wurde. Der Ingenieur zeigt, was vorher unentwickelt *im* Handwerker war.

Die Entwicklung der Arbeit ist doppelt. Zum einen erkennt man mit jeder neuen Maschine, was vorher noch Arbeit war, es entwickelt sich also das begriffliche Wissen über die Arbeit. Zum andern verändert sich die Arbeit objektiv, indem sie durch jede Maschine neu zerlegt und angeordnet wird, und so neue Anforderungen stellt. Die Arbeit der Ingenieure zeigt sich rückblickend als vorübergehend abgetrennter Aspekt der im ursprünglichen Handwerk ganzheitlichen Arbeit. Der primitive Handwerker hat keinen Plan, er hat allenfalls die geistige Repräsentation eines Planes. Die Redeweise „einen Plan im Kopf haben" erhält erst Sinn durch wirklich vorhandene, produzierte Pläne. Der Handwerker, der nach einem Plan arbeitet, der also seine Arbeit zerlegt, indem er zunächst zeichnet, was er später ausführt, stellt eine entwickeltere Form des Arbeitenden dar, als der primitive, eben unentwickelte Handwerker, der den Plan nur im Kopf hat. Die entwickeltere Arbeit muss individuell keineswegs höhere Ansprüche stellen. Nicht nur auf der handwerklichen Produktionsstufe muss der primitivere Arbeiter häufig mehr können als seine Nachfolger. Auch die Wartung eines unstrukturierten Programmes ist viel schwieriger als die Wartung eines strukturierten. Dass aber die zunehmende Gliederung der Arbeit die einzelnen Arbeitstätigkeiten im allgemeinen vereinfacht, ist schon für A. Smith einer der wichtigsten Gründe für die gesellschaftliche Arbeitsteilung gewesen. Arbeitsteilung besteht – von F. Taylor nur ausformuliert – immer darin, die Arbeit so zu zerlegen, dass ein Teil der Arbeitenden möglichst wenig können muss – im tayloristisch metaphorischen Falle nicht mehr als ein Gorilla, im Idealfall aber vor allem nicht mehr als ein Automat. Wie die humane

Arbeitspsychologie mit Varianten des Job-enlargement gezeigt hat, stösst dieser Trend selbst bei Menschen wie Schmidt auf Motivationsgrenzen, die Automaten natürlich nicht kennen.

Die von der ursprünglichen Gesamttätigkeit des Handwerkers abgespaltene, planende Kopfarbeit verselbständigte sich im anweisenden Ingenieur. Solange der Handwerker seine Zeichnungen selbst gemacht hat, wird er diese kaum als Anweisung und schon gar nicht als Befehl interpretiert haben. Zur befehlenden Anweisung wurde der Plan erst, nachdem er von jemand anderem erstellt worden ist. Rückblickend kann der Handwerker aber auch in seinen eigenen Zeichnungen verbindlichen Zwang, und wenn er will, einen Befehl entdecken.

Schliesslich drückt die Redeweise „Taylor befiehlt, Schmidt arbeitet" auch viel weniger eine Arbeitsteilung zwischen Taylor und Schmidt aus, als dass der eine eigentlich arbeitet, während der andere die Arbeit nur beschreibt. Die Arbeit und deren Beschreibung erscheinen in dieser Redeweise als verschiedene Dinge. Im Kontext von Taylor und dem konventionellen Ingenieur kann das Abbilden vom Machen auch wirklich unterschieden werden. Die „Anweisungen", die der eine mündlich und der andere in Form von Planzeichnungen gibt, werden von Facharbeitern oder Handlangern wirklich ausgeführt. Wo der konventionelle Ingenieur eine Werkzeugmaschine konstruiert, finden sich Mechaniker, die diese Maschine wirklich bauen. Wie aber ist das bei den Informatikern? Wer macht wirklich, was sie beschreiben?

Informatiker beschreiben (E)DV-Lösungen. In ihrer Anwendung unterstützen EDV-Lösungen einen ihnen übergeordneten Zweck, wie das alle Werkzeuge tun. Diesen jeweiligen Zweck erfüllen EDV-Lösungen weder als Hardware allein, noch allein als sogenannte Software. Die Hardware wird industriell meistens als Endprodukt, das seinerseits auf Halbfabrikaten beruht, produziert. Funktionell ist aber auch die vollständige Hardware, selbst wenn sie unter einem Betriebssystem steht, nur ein Halbfabrikat, das, wie beispielsweise ein Rundprofil auf einer Drehbank, auf eine weitere Bearbeitung wartet. Wie aber wird aus Hardware ein Werkzeug?

Da ist zunächst wieder der anweisende Ingenieur, der jetzt Informatiker heisst und seine Anweisungen in Form eines Programmes gibt. Wie man weiss, haben auch die Informatiker, wie zuvor die konventionellen

Ingenieure, die hand-werklichen Aspekte ihrer Arbeit in Hilfsberufe, in sogenannte Programmcodierer, ausgelagert. Hier interessiert aber vor allem, wer die Anweisungen entgegennimmt und ausführt. Wer legt, nach den Programmierern, Hand an, um aus Hardware ein Werkzeug zu machen?

Niemand. Wenn der Programmierer mit seiner Beschreibung des schliesslichen Werkzeuges fertig ist, ist dieses Werkzeug auch fertig produziert. Wer die Anweisungen des Programmierers liest, weiss, was der Computer wie macht. Damit ist das Beschreiben des Computers mit einem Programm auch gleichzeitig das Herstellen eines Werkzeuges aus einem Halbfabrikat. Damit werden viele althergebrachte Formulierungen wie „Ingenieure bauen oder konstruieren Maschinen" in einem neuen Sinn adäquat. Die letzte Teil-Arbeit am entwickeltsten Werkzeug erscheint als Beschreibung, wobei auch der Ausdruck „Beschreibung" einen neuen Sinn erhält. Der ausgedruckte „Anweisungs-Plan" des Ingenieurs steht hier am Schluss der Produktion und erinnert an den Stadtplan, der auch nach der Stadt gezeichnet wird. Der Einwand, dass Programme normalerweise nicht in einer lauffähigen Version geschrieben werden, würde einen unwesentlich zufälligen Gesichtspunkt hervorheben, der Einwand aber, dass Programm-Anweisungen von einem Automaten „interpretiert" und „ausgeführt" werden müssen, beruht auf einer Vorstellung, die Automaten abstrakt mit befehlsausführenden Menschen gleichsetzt, also im verwerflichsten Sinne des Wortes tayloristisch ist.

Die Sprache, mit welcher die Informatiker über ihre Produkte sprechen, suggeriert die herkömmlichen Vorstellungen über das Verhältnis des Ingenieurs zu seiner Sache, die auch in den naiven Geschichten der Informatik zum Ausdruck kommen. Herkömmlich ist, dass der Ingenieur Anweisungen erteilt, und dass diese von Arbeitern, beispielsweise von Mechanikern ausgeführt werden. Der Ingenieur spricht – über Medien wie Konstruktionspläne – *mit* den Arbeitern, welche seine Anweisungen befolgen und das von ihm beschriebene Produkt herstellen. Für Menschen, die an dieser Vorstellung über den Ingenieur festhalten, muss im Falle des Informatikers der Computer – oder bildlicher, der Roboter[6] –

---

6 I. Asimov, durch dessen Science-fiction-Erzählungen der Roboter in den 40-er Jahren zur Welt kam, begründete die Gestalt, die er seinen ersten Robotern gegeben

die Rolle des Arbeiters übernehmen. Also spricht der Informatiker *mit* der Maschine (Programm-Sprache), er gibt ihr Anweisungen (in eben dieser Sprache). Er unterstellt dabei, dass die Maschine im Prinzip sprachfähig ist, und begründet das Gespräch in Vereinbarungen mit der Maschine darüber, was was bedeuten soll.

Hierbei stellt sich bei vielen Informatikern das Unbehagen ein, das Halbwahrheiten verursachen. Sie betonen dann beispielsweise, dass Mensch und Maschine sehr unterschiedlich arbeiten, und dass man daher solch irreführende Begriffe wie „Elektronengehirn" nicht benützen sollte (Bauknecht/Zehnder, 1980, 162). Aber weshalb sollte wohl gerade hier die in unserer Sprache sehr übliche Verwendung von Homonymen besonders problematisch sein? Problematisch ist nicht das Homonym, also die Verwendung desselben Wortes für zwei verschiedene Dinge; problematisch ist, wenn man die Verschiedenheit der gleichbezeichneten Dinge nicht erkennt. Dass „Hirn" und Elektronen„hirn" verschieden sind, kann man bislang problemlos sinnlich erkennen. Die Redeweise „Menschen und Maschinen arbeiten sehr unterschiedlich" dagegen, beruht auf dem nicht erkannten Homonym „arbeiten". Maschinen arbeiten nicht, sie fügen sich allenfalls einem physikalischen Konzept, das zufällig auch mit der Buchstabenkette „Arbeit" bezeichnet wird.[7] Das Unbehagen, das durch Homonyme schimmert, die wie „Elektronenhirn" unproblematisch sind, rührt daher, dass mit Denkkategorien, die auf Mensch-Maschinen-

---

hatte, wie folgt: „Wenn eine Maschine alles machen soll, was der Mensch tun kann, hat sie am besten auch die Gestalt eines Menschen" (Asimov, 1982, 266). Den Ausdruck „Roboter" hatte der tschechische Schriftsteller K. Capek, der Satiren über den technischen Fortschritt schrieb, bereits 1920 in *Rossum's Universal Robots* geprägt.

7 F. Taylor zeigt auch in diesbezüglichen Bemerkungen, dass er bei seinen Ausführungen Maschinen, nicht Menschen vor Augen hat. Nachdem er feststellte, dass es „einen Arbeiter ungefähr gleich viel (ermüdet), ob er mit einem Roheisenbarren von 40 kg in den Händen geht oder ruhig steht", sagt er, dass der Arbeiter in einem Falle arbeite, im anderen aber nicht: „Doch ein Mann, der mit seiner Last still dasteht, leistet keine Meterkilogramme. (Denn ‚Arbeit ist' nach der Definition der Mechanik ‚gleich Kraft' in Kilogramm, in diesem Falle das jeweilige Gewicht der Barren, ‚multipliziert mit dem Weg' in Metern, auf dem sich die Kraft bewegt, also hier die Entfernung vom Stapel bis auf den Wagen (...))" (Taylor, 1977, 61). Diese Arbeitsdefinition macht ausschliesslich für Maschinen Sinn, denn wie schwer müssten sonst die Worte von F. Taylor wiegen, damit seine Tätigkeit unter dieser Definition „Arbeit" wäre.

Analogien beruhen, Menschen und Maschinen mit zunehmender Entwicklung der Maschinen immer weniger unterschieden werden können, so dass die Unterschiede immer mehr beschworen werden müssen.[8]
Schmidt interpretiert die Anweisungen, die er erhält als Befehle. Für ihn ist gleichgültig, dass Taylor ihn mit einem Automaten verwechselt, auch wenn er sich das bei einem so gebildeten Herrn sicher kaum vorstellen kann. Automaten können sich gar nicht vorstellen, von Ingenieuren mit Menschen verwechselt zu werden. Es ist ihnen aber völlig gleichgültig, wenn man mit ihnen spricht, als ob sie Menschen wären. Eliza, einer „Automatin", die einen Psychoanalytiker imitiert, ist es so gleichgültig als Mensch behandelt zu werden, dass der Informatiker J. Weizenbaum, der „sie" produziert hatte, sie sogar gefährlich findet. Aber auch J. Weizenbaum beklagt nicht die unentwickelte (primitive) Vorstellung, wonach Menschen mit Maschinen sprechen können, er beklagt nur, dass die meisten Menschen, „die mit ihr (mit Eliza) ein Gespräch führten (!), die höchst bemerkenswerte Illusion hatten, es (das Programm) sei mit Verständnis begabt (...)" (Weizenbaum, 1978, 134).

Seit die technische Intelligenz den Unterschied zwischen Abbilden und Herstellen im Prinzip aufgehoben hat, verfügen wir über jene begrifflich entwickelte Kategorien, die F. Taylor in seiner Darstellung der technischen Intelligenz nur geahnt hat. Die mangelnde begriffliche Adäquatheit von Taylors scharfsinniger Analyse, die in seiner Gleichsetzung von Menschen und Automaten zum Ausdruck kommt, begegnet uns umgekehrt in den herkömmlichen Vorstellungen über Computer, die ihren Niederschlag in der technischen Umgangssprache gefunden haben, unter welcher Maschinen sprechen und interpretieren können, (fast) als ob sie Menschen wären.

Mit seinen Anweisungen an Schmidt hat F. Taylor, alltagssprachlich und unstrukturiert, die modernsten Vertreter der technischen Intelligenz, die Informatiker, vorweggenommen. Hätte F. Taylor Automaten gekannt, hätte er in seinen „Programmen" nicht Schmidts Tätigkeiten als einen Quasi-Automaten beschrieben. Die entwickeltsten Ingenieure beschreiben

---

[8] J. Weizenbaum hat ein weitverbreitetes Buch geschrieben, in dem eigenartigerweise „nichts anderes behauptet wird, als dies: dass erstens der Mensch keine Maschine ist (...)" (Weizenbaum, 1978, 10).

Werkzeuge, die F. Taylor einfach noch nicht zur Verfügung standen. Während F. Taylor Schmidt als Automaten behandelte, weil es noch keine Automaten gab, provozieren heute Metaphern der technischen Umgangssprache Vorstellungen über die Automaten, die weit über deren materiellen Grundlagen hinausgehen. Es handelt sich bei diesen Metaphern um Beschreibungen von Automaten, die noch adäquat waren, solange die Automaten Schmidts waren. Es ist üblich geworden, das Hirn eines Menschen mit einem „Elektronengehirn" und den Menschen überhaupt mit Robotern zu vergleichen, nachdem Automaten Teile der handwerklichen und administrativen Arbeit, die von Schmidts erledigt wurden, überflüssig machten.

1.3. Die Entwicklung des Ingenieurs

Die Entwicklungsgeschichte des Ingenieurs lässt sich sowohl als Geschichte der Entwicklung des individuellen Ingenieurs in seiner Laufbahn wie auch als Geschichte der Entwicklung des Berufes „Ingenieur" im Laufe der Zeit, nur unzulänglich darstellen, weil *der* Ingenieur empirisch schlecht zugänglich und sehr kompliziert ist, und sich in solchen Darstellungen immer auch Aussagen über die Ingenieure als Menschen aufdrängen würden. Wesentlich einfacher ist die Entwicklung des Ingenieurs in der Entwicklung seiner Produkte zugänglich. Diese sind zwar mittlerweile äusserst komplex, sie werden aber eben gerade durch die Ingenieure im Prinzip vollständig verstanden. Dass praktische Maschinen immer Fehler haben, was nichts anderes bedeutet, als dass wir sie nicht vollständig verstanden haben, liegt im doppelten Sinne in deren Entwicklung. Zum einen ist die Entwicklung der konkreten Maschine mit Staunen über die Maschine verbunden, weil die Maschine vielfach Dinge tut, die sie gar nicht können sollte.[9] Zum andern beruht die Entwicklung

---

9 T. Kidder beschreibt im Buch mit dem vielsagenden Titel *Die Seele einer neuen Maschine* dokumentarisch die Entwicklung eines neuen Computertyps in den Labors einer grossen amerikanischen Herstellerfirma. Er zeigt, wie ein wesentlicher Teil der Arbeit darin besteht, zu verstehen, was der gebaute Computer macht (Kidder, 1984).

der Maschinerie gerade darauf, dass wir sie immer besser verstehen. Sicher ist, dass wir im Moment unsere ingeniösen Artefakte wesentlich besser verstehen als uns selbst und mithin als die Ingenieure.[10] Wir entwickeln also die technische Intelligenz sinnigerweise durch die Rekonstruktion ihrer Produkte.

Zunächst haben die Ingenieure Produkte beschrieben. Die dabei erstellten Anweisungen gingen als Befehle an andere Menschen. Dann beschrieben die Ingenieure in einem nicht zur Blüte gekommenen Entwicklungsschritt, den Taylor verteidigte, anstelle des Produktes dessen Produktionsprozess, wobei sie den Anweisungscharakter ihrer Beschreibungen erst eigentlich deutlich machten. Schliesslich beschreiben die Informatiker das Werkzeug und fassen damit sowohl Produkt wie auch den Prozess als Funktionswert des Werkzeuges auf. Auf dieser letzten Produktivkraftstufe wird die Produktionstätigkeit auf einer neuen Ebene wieder ganzheitlich – der ursprüngliche Handwerker ist im Ingenieur im Sinne des Wortes „aufgehoben": abgeschafft und aufbewahrt. Der Ingenieur, der Eisenbahnen oder ganze Welten baut, erscheint als wissenschaftlicher Analytiker. Als Analytiker wird er nicht, wie der als Manufakturtheoretiker missverstandene Taylor, die Arbeit der Handwerker nach Belieben zerlegen und anweisen. Vielmehr sucht er nach adäquaten Beschreibungen. Diese Beschreibungen sind die Schlüssel zum Verständnis der technischen Intelligenz.

---

10 J. Weizenbaum, der Angst davor hat, dass uns die Computer über den Kopf wachsen, argumentiert bezüglich des „immer besseren Verstehens" sehr vorsichtig. Indem er N. Wiener sagen lässt: „Es ist gut möglich, dass wir aus prinzipiellen Gründen keine Maschine zu bauen vermögen, deren Verhaltenskomponenten wir nicht früher oder später verstehen können" (Weizenbaum, 1978, 306), schliesst aber auch er wenigstens nicht prinzipiell aus, dass wir auch unsere komplexesten Maschinen schliesslich verstehen.

2. Die Produkte der Ingenieure

Ingenieure beschreiben Artefakte, eigentlich Werkzeuge. Natürlich beschreiben Ingenieure nicht nur Werkzeuge, sie ‚bauen' auch Wolkenkratzer, Brücken und Raketen. Den Werkzeugen kommt aber schliesslich eine spezifische Bedeutung zu, die es in unserem Darstellungszusammenhang rechtfertigt, der Produktion von Werkzeugen erste Aufmerksamkeit zu schenken. Das systematische Herstellen von Werkzeugen gilt überdies als anthropologisches Kriterium für das Mensch-Sein schlechthin.

Ingenieure haben als intendiertes[11] Produkt das jeweilige Werkzeug, das sie herstellen wollen, vor dem geistigen Auge, aber sie stellen das Werkzeug – unter den diskutierten Vorbehalten – nicht eigentlich her, sie beschreiben es. Zwar beziehen sie sich mit ihren Anweisungen auf die jeweilige Sache, nicht auf deren Darstellung sie sind ‚arbeitsteilig' an der Produktion der Werkzeuge, nicht am Beschreiben interessiert. Die Konstruktionspläne, die sie produzieren, erscheinen ihnen lediglich als Mittel zum Zweck, gleichwohl ist das eigentliche Produkt der Ingenieure die Beschreibung oder richtiger die Abbildung der Sache.

Die Anweisungen der Ingenieure sind Abbildungen, also komplexe Symbole, die auf die jeweils intendierte Sache verweisen. Zunächst nicht intendiertes, aber umso wichtigeres Produkt der Ingenieure ist die Abbildung als solche, respektive deren Entwicklung. Die Entwicklung der anweisenden Abbildung von der Skizze des Handwerkers zur Programmiersprache widerspiegelt die Entwicklung der Werkzeuge und, wenn man so will, die Entwicklung der Ingenieure oder der Menschen überhaupt. Wenn wir uns mit den Produkten der Ingenieure beschäftigen, beschäftigen wir uns, soweit die Entwicklung der Werkzeuge jene der Menschen beeinflusst, zwangsläufig auch mit Vorstellungen, die unser Menschenbild prägen.

---

11 „Intendieren" heisst Wollen im Sinne von innerlichem Zielen oder Anstreben.

2.1. Abbildungen als eigentliches Produkt der Ingenieure

Wir wenden uns zunächst dem eigentlichen Produkt der Ingenieure, den Abbildungen zu. Abbildungen verweisen auf etwas. Sie unterstellen eine relative Wirklichkeit, indem sie sich auf eine solche beziehen. Der Konstruktionsplan verweist auf eine bestimmte Maschine, ein Bild verweist auf die abgebildete Sache. Dieses Verweisen auf eine Wirklichkeit ist nicht ganz trivial. Damit man sich darüber etwas besser verständigen kann, ist es üblich die jeweilig angewiesene Wirklichkeit ‚Referent der Verweisung' und das jeweilig Verweisende ‚Abbildung' zu nennen.[12]

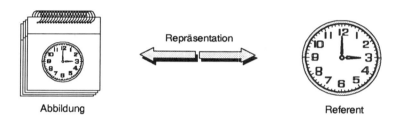

Das Verhältnis zwischen Referent und Abbildung nennen wir Repräsentation. Wir unterscheiden pragmatisch zwei verschiedene Abbildungen. Auf einen gemeinten Referenten, beispielsweise auf eine Uhr, können wir uns zeichnend oder mit Wörtern beziehen.[13]

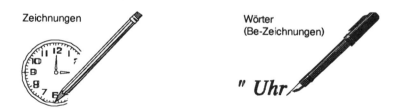

---

12 U. Eco zeigt, dass es viele „übliche" Vereinbarungen gibt (Eco, 1977, 30).
13 G. E. Lessing implizierte die Unterscheidung in seiner theoretischen Schrift *Laokoon, oder über die Grenzen der Mahlerey und Poesie* (Lessing, 1776), um bildende Kunst und Dichtung zu unterscheiden. Die Malerei (im Sinne von bildender

Herkömmliche Ingenieure geben ihre Anweisungen in Form von Zeichnungen, als Konstruktions- oder Baupläne. Sie zeichnen, wenn auch mittlerweile mit CAD-Werkzeugen, Pläne. Natürlich lagern sie auch dabei das eigentliche CA-Zeichnen, wie vormals die Arbeit am Reissbrett, arbeitsteilig aus. Zwar sind die Pläne der Ingenieure üblicherweise nicht reine Zeichnungen, sondern Mischformen, in welchen auch sprachliche Zeichen, insbesondere Masszahlen oder Stücklisten, verwendet werden. Die sprachlichen Zeichen dienen aber hauptsächlich dazu, die Zeichnungen effizienter zu machen.[14] So ist es, auch wo massstäblich gezeichnet wird, wo also der ausführende Arbeiter die nötigen Mass-Informationen der Zeichnung mit einem Massstab entnehmen könnte, üblich, die Masse redundanterweise in Form von Zahlen auf der Zeichnung anzugeben. Doppelt genäht, hält (hier) besser. In gewisser Hinsicht dient sprachliches Abbilden, also Sprechen und Schreiben, ohnehin demselben Zweck wie Zeichnen. Wir verwenden beide Abbildungsarten als Hilfsmittel, um auf etwas, das wir nicht zur Hand, haben zu verweisen. Weshalb aber zeichnen konventionelle Ingenieure?

Soweit man konkrete Dinge, also beispielsweise nicht die Uhr überhaupt, sondern eine jeweils bestimmte Uhr abbildet, bieten Zeichnungen gegenüber sprachlichen Abbildungen pragmatische Vorteile: Zeichnungen sind leicht verständlich und informieren sehr effizient. Zeichnungen lassen den jeweiligen Referenten auf eine bestimmte, unwillkürliche und unmissverständliche Art und Weise erkennen. Zeichnen ist etwas, was alle Menschen können und gegenseitig auch nachvollziehen können. Zeichnungen sind im Unterschied zu Wörtern, die man kennen muss, selbst-redend: man sieht sofort, was mit einer Zeichnung gemeint ist, obwohl sie wie geschriebener Text auch nur aus Linien auf einem Papier

---

Kunst) stellt Formen und Körper mit Hilfe von Figuren und Farben nebeneinander dar; die Dichtung schildert Handlungen im Nacheinander der Zeit. Visionär sagte er, räumlich-statisch zu gestalten, sei allein Aufgabe der bildenden Kunst.

14 In dieser Entwicklungsgeschichte ist nicht nur ausschliesslich von der Teilmenge der werkzeugproduzierenden Ingenieure die Rede, es fehlt auch ein wesentlicher Aspekt der Werkzeuge, nämlich deren Material, und mithin auch der Ingenieur, der dafür verantwortlich ist. Wo Ingenieure nicht nur die Form, sondern auch das Material festlegen, benötigen sie die Sprache nur noch sehr bedingt um effizienter zu werden. Material lässt sich nicht zeichnen.

besteht. Die Referenten der Zeichnungen von konventionellen Ingenieuren sind konkrete Dinge, die produziert werden. Ob die Dinge sprachlich gesehen zu den Uhren oder zu irgendeiner anderen Kategorie gehören, ist für deren produktionsorientierte Darstellung im Konstruktionsplan gleichgültig. Wichtig ist dort nicht, wie die Dinge heissen, sondern dass sie ihre Funktionen erfüllen. Die dazu nötigen Bestimmungen lassen sich zeichnen.

Wenn wir zeichnen, erfassen wir nicht das ganze Ding, sondern nur einen bestimmten Aspekt des Dinges. Zeichnen kann man nur die Form der Dinge. Umgekehrt ist die Form eines Dinges genau das, was man zeichnen kann. Als Form bezeichnen wir die abstrakte Gemeinsamkeit zwischen einer Zeichnung und der gezeichneten Sache.

Jedes konkrete Ding hat eine bestimmte Form. Bereits die primitivsten Werkzeuge, die Faustkeile, beruhten auf einer Formgebung. Die Form ist nicht ein bestimmter Teil eines Dinges, die Form ist etwas Abstraktes. Sie ist etwas, was man von der wirklichen Sache abstrahiert, das heisst, in einem gewissen Sinne abzieht oder wegnimmt. Im Alltag nennen wir auch den subjektiv erlebten Prozess, in welchem wir die Form einer Sache in einer Zeichnung materialisieren, Abstraktion. Mit Abstraktion ist hier aber nicht irgendeine subjektive, empirisch schlecht zugängliche Fähigkeit gemeint, sondern die Produktion der Differenz, die wir zwischen der Zeichnung und der gezeichneten Sache sehen. Diese Differenz ist objektiv, in den hergestellten Objekten; sie ist empirisch zugänglich in der Zusammengehörigkeit der beiden Objekte. Jeder Mensch kann die Sache und die Zeichnungen sehen, und jeder sieht, dass und wie eine Sache und die zugehörige Zeichnung abstrakt gleich sind.

Im Anweisungszusammenhang der konventionellen Ingenieure wird genau diese Gleichheit von Zeichnung und gezeichneter Sache benutzt. Da die Ingenieure beim Zeichnen an die Sache und nicht an die Zeichnung denken, entgeht der sinnenklare Unterschied zwischen den vermeintlich gleichen Sachen ihrer bewussten Aufmerksamkeit. Damit ist nicht vor allem gemeint, dass jeder Ingenieur, wenn man ihm eine Zeichnung von einem Hammer zeigt und ihn fragt: „Was ist das?", mit: „Das ist ein Hammer" antwortet. Jeder normale Mensch würde verkürzt vom Hammer, statt von der Zeichnung eines Hammers sprechen, und auch beim Ingenieur wird man dabei noch nicht die professionelle Deformation unterstellen, die später in der Gleichsetzung von Menschen und Automaten erscheint. Vielmehr zeigt sich das „Vergessen" der Tatsache, dass die Sache und die Zeichnung nur abstrakt gleich sind, darin, dass Begriffe, die eigentlich nur bezüglich Abbildungen Sinn machen, unbewusst auch für die abgebildeten Gegenstände verwendet werden und entsprechende Verwirrung stiften. Ein dafür typisches Beispiel ist die Verwendung des Ausdruckes „analog".

Laut Informatik-Duden bedeutet „analog" eigentlich „kontinuierlich, stetig veränderbar", wird aber alltäglich auch für „ähnlich gelagert" verwendet (Duden, Informatik, 1988, 28). Für technische Pragmatiker bedeutet „analog" dasselbe wie „kontinuierlich", weil sie den Ausdruck im Alltag tatsächlich häufig – unbewusst und unwillkürlich – so verwenden. Wörter mit derselben Bedeutung heissen Synonyme; Synonyme gibt es abgesehen von „gedeutschten" Wörtern wie Bürgersteig für Trottoir praktisch nicht. Die beiden Begriffe „analog" und „kontinuierlich" bezeichnen nur für diejenigen dieselbe Sache, die die beiden eigentlich bezeichneten Sachen nicht unterscheiden können oder *wollen*.[15]

Die analoge Uhr ist das Paradebeispiel, wenn der Ausdruck „analog" umgangssprachlich erläutert werden soll. Häufig wird versucht, „analog" begreifbar zu machen, indem die Beziehung zwischen Uhrzeit und Zifferblatt (der sogenannten analogen Uhr) als analog bezeichnet wird. Wer scharfsinnig ein Zifferblatt für zu statisch findet, um mit etwas so dynamischem wie Uhrzeit in Analogie gesetzt zu werden, ver(schlimm)bessert das Beispiel, indem er die dynamische Uhrzeit als analog zum sich dynamisch verändernden Winkel zwischen den Uhrzeigern postuliert. Davon abgesehen, dass Beispiele Definitionen ohnehin nicht ersetzen, ist das Beispiel Uhr höchstens dazu tauglich, zu zeigen, dass analog nicht, oder nur äusserst bedingt kontinuierlich heissen kann, weil der Sekundenzeiger, wie man bei jeder analogen Bahnhof-Uhr sehen kann, regelmässig jeweils 1 Sekunde lang stehen bleibt. Wo also liegt die mit der Uhr gemeinte Analogie wirklich?

15 B. Brecht liess *den lesenden Arbeiter* darauf hinweisen, dass nicht nur die Ingenieure, sondern die (Bau-)Herren insgesamt den Unterschied zwischen Herstellen und Abbilden gerne verdrängen. Er fragte unter anderem: „Wer baute das siebentorige Theben? In den Büchern stehen die Namen von Königen. Haben Könige die Felsbrocken herbeigeschleppt?" (Brecht, 1976, 656).

Die Uhr ist – sehr formal – eine analoge Abbildung des näheren Weltraumes, in welchem die rotierende Erde um die Sonne rotiert. Der kleine Zeiger zeigt – mit proportionalem Mass – dynamisch, wo er auf der Erde relativ zur Erd-Sonnen-Achse, welche durch die Achse Uhrmitte-(12-Uhr-Zeichen) symbolisiert ist, steht. Der grosse Zeiger zeigt lediglich genauer an, wo der kleine steht. Die Uhr repräsentiert die gemeinte Wirklichkeit sowohl statisch wie dynamisch, aber die gemeinte Wirklichkeit, also die in der Uhr quasi abgebildete Sache, ist eben keineswegs die Zeit. Die Zeit lässt sich nämlich nicht abbilden. Dem Zifferblatt entspricht vielmehr der Raum der Gestirne, den Zeigerbewegungen die Bewegung der Gestirne.

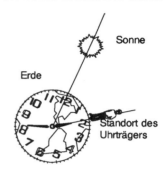

Uhren sind aber selbstverständlich gar keine Abbildungen, weil jene, die Uhren herstellen, keine sternbahnenzeichnende Astronomen, sondern Mechaniker sind. Sie produzieren keine Bilder, sondern Werkzeuge, auf welchen man sehen kann, wie spät es ist. Sie verweisen nicht auf die Gestirne, sondern ermöglichen uns, zeitliche Abmachungen einzuhalten, auch wenn die Sonne nicht scheint. Dass die Uhr mit der Sonne zusammen läuft, ist zufällig, für den Zweck der Uhr so irrelevant wie die Tatsache, dass sich die Sonne in unserer Wahrnehmung kontinuierlich um die Erde dreht.

Obwohl das Bild einer analogen Uhr ein sehr willkürliches Symbol für das ist, was wir Zeit nennen, verstehen wir natürlich ohne weiteres, dass Salvador Dali mit seinen träge dahinfliessenden Uhren nicht Uhren, sondern die Zeit schmelzen lässt. Auch wer zwischen einer Abbildung einer Maschine und der abgebildeten Maschine unterscheidet, versteht bestens, weshalb die analoge Uhr metaphorisch analog heisst.

Eigentlich analog sind Abbildungen, welche den Referenten auf unwillkürliche Art und Weise erkennen lassen. „Analog" bezeichnet eine bestimmte Teilmenge der Abbildungen. Abbildungen, die nicht analog sind, sind digital. Digital steht so wenig für diskret (was mit Ausnahme des konsequenten Duden seltsamerweise auch fast niemand behauptet), wie analog für kontinuierlich. Digital steht für eine – wie im Wort „digit(us)" angedeutet, mit dem Zeigefinger – vereinbarte Abbildung; für eine

| Abgebildete Sache | Abbildung | Art der Abbildung |

Abbildung also, die man vereinbaren muss, weil man ihr nicht ansieht, wofür sie steht.[16] Die Buchstabenkette „UHR" ist völlig willkürlich mit den gemeinten Anzeigegeräten verbunden.

Wenn wir ein Sache analog abbilden, können wir das mit verschieden starken Auflösungen tun. Eine Steigung können wir als schiefe Ebene oder als Treppe sehen. Moutainbiker sehen in Treppen schiefe Ebenen, die man mit Fahrrädern befahren kann, während Freistilkletterer auch in der glatten Wand noch eine Treppe finden. Ob die abgebildete Sache letztlich, auf subatomarer Stufe diskret oder kontinuierlich ist, ist nur philosophisch interessant. Technisch bemühen wir uns um immer feinere Auflösung, also in gewisser Hinsicht darum, immer diskreter zu werden.

Kontinuierlich bezeichnet eine Qualität, die wir der abgebildeten Sache zuordnen, während analog eine Abbildungsart charakterisiert. Die auf Oszillographen angezeigte Sinuskurve ist ein analoges Bild eines kontinuierlichen Signales. Ein Stufenschema zeigt ein diskretes Signal in analoger

---

16 Auch gemäss Duden wird ‚digital' „meist im Gegensatz zu analog verwendet". Seiner Logik folgend schreibt Duden deshalb: „Digital (von lat. digitus = Finger): Eigenschaft eines Elements, nur diskrete, d. h. nicht stetig veränderbare Werte annehmen zu können" (Duden, Informatik, 1988, 172).

Darstellung. Wir können beide Signale – mit vereinbarten Formeln – auch digital darstellen.

Dass wir die Gegenstände analoger Bilder unwillkürlich erkennen, beruht retrospektiv natürlich auf der impliziten Vereinbarung, dass Zeichnungen unmittelbar sinnlich interpretiert werden. Wir sehen in der Zeichnung unmittelbar die Form der gezeichneten Dinge und schliessen daraus, welche Dinge gemeint sein müssen. Wenn wir zeichnen, benützen wir diese unausgesprochene Vereinbarung darüber, wie mit den gezeichneten Linien umzugehen ist.

Bliebe noch zu klären, wie die gemäss Duden alltägliche Interpretation „ähnlich gelagert" zu verstehen ist. Wir nennen zwei Dinge metaphorisch leicht nachvollziehbar analog, wenn sie so „ähnlich gelagert" sind, dass sie mit derselben Zeichnung schematisiert werden können, wie etwa die nicht „homologen" Flügel von Vögeln und Insekten. Natürlich ist die analoge Zeiger-Uhr auch analog zur Sonnenuhr. Schon die 12-Stunden-Uhr zeigt, dass wir massstäbliche Verschiebungen als noch analog akzeptieren. Dass wir die Zunahme von Temperatur in der Zunahme einer Länge abbilden, zeigt wie viel Implikationen und Rekonstruktionsarbeit „ähnlich gelagert" umfasst.

2.1.1. Sprachliche Abbildungen

Man darf sicher annehmen, dass die frühesten produktiven Anweisungen, lange bevor der Ingenieur die Welt betrat, mündlich und somit sprachlich waren. Wo ein unentwickelter (primitiver) Schmied erste, entsprechend undifferenzierte Werkzeuge herstellte, verzichtete er sicher auf Konstruktionszeichnungen, selbst wo er seinen Gehilfen Anweisungen gab. Die Entdeckung, dass man sich in der Produktion anhand von Zeichnungen besser versteht und verständigen kann, ist eine kulturelle Leistung, die mindestens logisch jünger ist, als die Produktion von Werkzeugen. Sprachliche Abbildungen haben aber auch auf entwickelterem Niveau der Produktion einige Vorteile. Man kann sprechend auf Referenten verweisen, die mit Zeichnungen nur sehr schwierig wiederzugeben wären. Taylors Beispiel zeigt, dass sich Zeichnungen nur bedingt als Anweisungen eignen. Man hätte sicher Mühe, seine Anweisungen so zu zeichnen, dass Schmidt sie verstehen könnte. Das eigentliche Sprechen, bei welchem akustische ‚Zeichen' verwendet werden, dient aber den Ingenieuren beim Anweisen auch relativ schlecht. Es ist im Gegensatz zu den Zeichnungen der konventionellen Ingenieure an die unmittelbare Anwesenheit beider Gesprächspartner gebunden. Wo kämen wir hin, wenn neben jedem Handlanger ein Ingenieur stehen müsste? Taylor, der sicher auch nicht allzu gerne mit Menschen wie Schmidt gesprochen hatte, löste dieses Problem, wenn auch nicht zur Zufriedenheit seiner ökonomischen Kritiker, in gewisser Hinsicht ingenieurmässig, indem er den maul-(hand-)werklichen Aspekt der Aufgabe einem Vorarbeiter übergab. Im Militär, dem sprachgeschichtlich ausgewiesenen Herkunftsort der Ingenieure[17], lässt sich die tayloristische Lösung dieses Organisationsproblemes noch aus den Rangbezeichnungen entnehmen: Der Befehlende, der Anweiser heisst Haupt-Mann, weil er mit dem Kopf arbeitet; der Mann, der die Befehle ‚an seiner Stelle' weitergibt, heisst Lieu-Tenant. Wenn sich der Sold des Soldaten *lohn*-en müsste, hätten die militärischen Anweiser so wenig Chancen wie Taylor auf dem Markt. Taylors Anweisungen haben im Gegensatz zu den Befehlen in der militärischen Hierarchie – mindestens seinem Anspruch nach – nicht vor allem Kontroll- und Überwachungsfunktionen. Sie sollen dem Arbeiter helfen, „seine Lebensfreude jedoch nicht stören, ihn im Gegenteil froh und glücklich darüber machen", dass er mit der wissenschaftlich-objektiven Methode viel mehr zu leisten vermag. Befehle im eigentlichen Sinn des Wortes gibt man Menschen, vorab den Menschen, die von sich aus nicht tun würden, was ihnen befohlen wird. Der Befehl impliziert neben der Sprachkompetenz eine potentielle Widerspenstigkeit beim Empfänger, die nur Lebewesen, nicht aber Werkzeugen zukommen kann. Zwar schlägt der Hammer relativ häufig auf den Daumen des Ingenieurs statt auf den Kopf des Nagels, aber nicht, weil er den Befehl verweigert.

---

17 Die ersten namentlichen Ingenieure erscheinen gemäss dem Duden-Herkunftswörterbuch im 16. Jahrhundert. Der Name bezeichnete Zeughausmeister, die sich mit Kriegsbauten beschäftigten (Duden, Band 7, 1963, 287). W. Krohn weist den Ausdruck „Ingenieur" bereits im 12. Jahrhundert für den Handwerkern vorgesetzte Vorarbeiter nach (Krohn, 1977, 65), und J. Langer sieht den Ursprung der Ingenieure in der sich im Mittelalter etablierenden abstrakt produzierenden Intelligenz, zu welcher vor allem auch die Buchhalter gehören (Langer, 1981, 20).

Das eigentliche Problem der sprachlichen Anweisung liegt nicht in der akustischen Flüchtigkeit der gesprochenen Sprache; gegen diese haben wir die Schrift. Wir haben für bestimmte Schallwellen, die wir als Wörter hören, Zeichen vereinbart, die mit Tinte auf Papier geschrieben werden können. Das Problem der sprachlichen Anweisung liegt in der Sprache selbst. Sprachlichen Abbildungen sieht man, im Unterschied zu Zeichnungen, nicht an, wofür sie stehen. Sprachliche Be-Zeichnungen muss man kennen; Sprache muss man lernen oder noch genauer gesagt, vereinbaren. Wenn man sich statt mit einer Zeichnung mit dem – gesprochenen oder geschriebenen – sprachlichen Zeichen „UHR" auf eine Uhr beziehen will, muss vorgängig abgemacht worden sein, dass „UHR" für eine Uhr steht. Damit man überhaupt sprachlich kommunizieren kann, muss man für jede Sache einen bestimmten Ausdruck abmachen.

Damit man über Dinge sprechen kann, muss man den Dingen einen Namen geben, weil sie von sich aus keinen Namen haben. Es ist ihnen überdies völlig gleichgültig, wie sie heissen; sie akzeptieren jeden Namen. Wir könnten – wenn alle mitmachen würden – ohne weiteres die Uhren ‚Tische' nennen und statt Stuhl ‚Spiegel' sagen. Natürlich darf man die Beliebigkeit der Worte nicht so missverstehen, dass jeder die Dinge für sich bezeichnen kann.[18] Weil aber die Namen, abgesehen davon, dass sie innerhalb einer Sprachgemeinschaft gültig sein müssen, eben doch beliebig sind, kann man ihnen auch nicht ansehen, für welche Sache sie stehen. Man kann insbesondere nicht von einem Wort auf die gemeinte Sache schliessen, obwohl das manchmal zu funktionieren scheint. So könnte man etwa meinen, Erdbeeren seien Beeren, weil sie (Erd-)Beeren heissen. Unter biologischem Gesichtspunkt sind Erdbeeren aber keine Beeren, sondern gehören zu den Rosaceen und tragen als Früchte kleine Nüsschen auf einem süssen, roten Fruchtboden. Biologisch wirkliche Beeren, etwa Himbeeren, haben Kernen in saftigem Fruchtfleisch. Erdbeeren teilen mit wirklichen Beeren lediglich, dass sie mit Vanille-Eis gute Desserts abgeben. Der Walfisch, der noch nicht einmal so heisst, ist kein Fisch, sondern ein Säuger; die Baumnuss ist keine

---

18 P. Bichsel zeigt mit seiner Kindergeschichte *Ein Tisch ist ein Tisch*, wie Menschen, wenn sie die sprachliche Konvention brechen, was die Sprache ohne weiteres zulässt, vereinsamen (Bichsel, 1974, 15).

Nuss, sondern eine grüne Steinfrucht, usw. Gerade daran, dass viele Wörter – scheinbar – falsch gewählt wurden, kann man sehr gut erkennen, dass sie auf Vereinbarungen beruhen. Wer eine Fremdsprache spricht, weiss, dass die Dinge in der anderen Sprache andere Namen haben, dass die Namen also irgendwie zufällig gewählt sein müssen. In der eigenen Sprache – die einem ja ohnehin nur in speziellen Fällen kompliziert erscheint – merkt man die Beliebigkeit der Namen nicht ohne weiteres, weil – auch wenn wir uns nicht immer daran halten – jede Sache nur einen Namen hat. Überdies ist man bei der Vereinbarung der Sprache meistens nicht dabei, weil Mutter und Kind ihre Sprache nur sehr bedingt vereinbaren.

Vereinbarungen darüber, welcher Sache welche Bezeichnung zugeordnet wird, liegt schliesslich immer eine Form von Zeigen zugrunde. Wir zeigen gleichzeitig auf den Referenten und auf das entsprechende Zeichen, oder wir zeigen auf den Referenten und sprechen das zu vereinbarende Zeichen aus. Wo F. Taylor seine Anweisungen gibt, kommt er aus mehreren durchaus praktischen Gründen nicht umhin, eine sehr ungenau vereinbarte Sprache zu verwenden. Weil F. Taylor merkte, dass Schmidt ein sehr unkonventioneller Automat ist, machte er als Quasi-Schauspieler vor, was er anweisend beschrieb. F. Taylors Anweisungen lassen sich nämlich praktisch nicht nur nicht zeichnen, sie lassen sich auch sprachlich nicht ohne weiteres eindeutig ausdrücken. Informatiker würden umgangssprachlich sagen, F. Taylors Anweisungen seien nur sehr bedingt ein effektives Verfahren, weil sie wie ein Kochrezept im Detail viel offen lassen und einen verstehenden Automaten verlangen.[19] Wenn F. Taylor nicht vormachen würde, was er mit „Eisenbarren aufheben" genau meint, müsste Schmidt ihn missverstehen, da im „richtigen (!) Aufheben und Wegtragen von Roheisen" gemäss F. Taylor „eine solche Summe von weiser Gesetzmässigkeit" liegt, dass Anweisungen wie „Aufheben!" viel zu wenig detailliert sind, so dass es auch für den fähigsten Arbeiter unmöglich ist, zu verstehen, wie genau er sich bücken, und wie er den

---

19 J. Weizenbaum schreibt: „Ein Regelsystem – das heisst, eine Anzahl von Regeln, die den Spieler exakt vorschreiben, wie er sich verhalten muss – wird als effektives Verfahren bezeichnet" (Weizenbaum, 1978, 74). Wenn er zwischen den beschreibenden Regeln und dem beschriebenen Verfahren unterscheiden würde, müsste er sagen, dass die Regeln ein effektives Verfahren beschreiben.

Eisenbarren anfassen soll. ‚Vormachen' ist eine gängige Form der Vereinbarung. ‚Vormachen' hat analogen Charakter, es dient Taylor bei der Kommunikation mit Schmidt, wie eine Zeichnung dem konventionellen Ingenieur dient.

Auch wenn weniger komplexe Referenten als „Eisenbarren aufheben" vereinbart werden, ist das zeigende Vereinbaren eine nicht ganz triviale Angelegenheit. Dass der eine zeigen kann, verlangt, dass der andere das Zeigen versteht. Ein Hund etwa schaut, wenn man ihm mit gestrecktem Zeigefinger etwas zeigen will, auf den Finger, statt auf die gezeigte Sache. Ist die gemeinte Sache beispielsweise aus einem Wohnraum heraus nur durch einen Vorhang oder durch einen entlaubten Baum hindurch zeigbar, muss man merken, das nicht der Vorhang oder der Baum, sondern eben die Sache dahinter gemeint ist.

Vereinbarendes Zeigen ist, obwohl es unbewusst alltäglich verwendet wird – noch weniger trivial als das Zeigen an sich. Beim Vereinbaren genügt es keineswegs, statt auf den zeigenden Finger oder auf den nichtgemeinten Vorhang auf die gezeigte Sache zu schauen, denn normalerweise ist die konkrete Sache nur ein Beispiel für das, was man vereinbaren will. Wer vereinbarend „Hund" sagt und auf einen konkreten Hund, beispielsweise auf einen Pudel zeigt, meint eben nicht, dass jeder Hund wie dieser Pudel aussieht, sondern nur, dass dieser Pudel auch ein Hund ist, dass also das „Hund-Sein" auch in diesem konkreten Pudel steckt. Im Vereinbaren erscheint die hier zunächst interessierende, doppelte Problematik der sprachlichen Abbildung überhaupt: Sprachliche Ausdrücke[20] sind erstens vereinbart und stehen zweitens nicht für konkrete Dinge, sondern für deren Bedeutungen.

2.1.2. Ausdruck und Bedeutung

Wir verwenden unsere Sprache, um unsere Welt abzubilden, um Aussagen über unsere Umwelt zu machen. Wir haben für alle Dinge Wörter,

---

20 Die Ausdrücke „Name" (nicht zu verwechseln mit Eigen-Name) und „Bezeichner" werden zum metasprachlich üblichen Ausdruck „Ausdruck" häufig, aber – wie etwa die Programmiersprache Pascal zeigt – keineswegs immer, synonym verwendet.

wir bilden aber unsere (Vorstellungs-)Welt nicht mit einzelnen Wörtern, sondern prinzipiell mit Sätzen ab. Wir sagen beispielsweise: „In meiner Wohnung hat es zwei Telefonanschlüsse". Solche Sätze bestehen aus impliziten Teilsätzen, die wir aus praktischen Gründen durch vereinbarte Er-sätze, durch Ersatz-Wörter ersetzen. Das Wort „Telefonanschluss" ist ein solches Ersatzwort, es steht für eine aufwendige Beschreibung, die wir nicht jedesmal wiederholen wollen. Es ist eben bequemer, wenn man innerhalb eines Satzes statt eines ganzen Teil-Satzes nur ein Wort sagen muss, wenn man also statt:

„In meiner Wohnung hat es zwei ...

vierpolige Schwachstrom-Steckdosen, an welchen ich ein Gerät anschliessen kann, welches Mikrofon, Lautsprecher und Wählscheibe hat, und mit dem ich mit anderen Menschen, die auch so ein Gerät haben, sprechen kann."

einfach sagen kann:

„In meiner Wohnung hat es zwei ... *Telefonanschlüsse.*"

Ausdrücke ersetzen *Beschreibungen* von den Dingen, über die wir sprechen wollen:

| < Sache > | ==> | < Satz > | ==> | < Er-satz > |
| von der wir sprechen wollen | | Beschreibung | | z.B. „Telefon" der Sache |

Diese ursprüngliche Reihenfolge, die Namensgebung, beschäftigt uns selten. Der Erfinder des Telefons hat beispielsweise der Sache, die er erfunden hat, den Namen „Telefon" gegeben. Das Wort „Telefon" steht dabei für eine inhaltliche Beschreibung, für einen ganz bestimmten Satz, welcher selbst aus mehreren Sätzen bestehen kann.

„Telefon" := < Beschreibungs-Satz >

Wörter sind lediglich Namen.[21] Als Namen stehen sie nicht für Sachen,

---

21 Diese Aussage ist für verschiedene Wörter verschieden adäquat. Die meisten Wörter unserer Sprache erfüllen ihre Funktion nur im übergeordneten Satzzusammen-

sondern für Abbildungen von Sachen.[22] Unser anfängliches Repräsentations-Schema

ist bezüglich der sprachlichen Abbildung verkürzt. Sprachliche Zeichen stehen nicht für konkrete Dinge, sondern für Beschreibungen von diesen Dingen. Das Zeichen „UHR" steht nicht für die wirkliche, konkrete Uhr, sondern für eine Beschreibung von der Uhr überhaupt; „TELEFON" steht, wo das Anschlussgerät gemeint ist, für eine Beschreibung des quasi durchschnittlichen Gerätes.

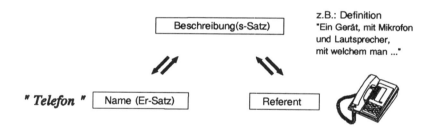

Wer ein bestimmtes Wort verwendet, verweist damit – abgesehen von Eigen-Namen, die einen anderen Charakter haben – nicht auf die Sache

hang. Es geht hier nur darum, den Verweisungscharakter der Ausdrücke hervorzuheben.
22 K. Popper, der ein sehr ambivalentes Verhältnis zu Definitionen hat, unterscheidet zwischen „von-rechts-nach-links-Definitionen" und „von-links-nach-rechts-Definitionen", wovon die ersteren nur „short label" (Er-Satz-Wörter) einführen sollen, und deshalb praktisch seien, obwohl sie auch nichts erklären, während die letzteren unzulässigerweise etwas über das Wesen der bezeichneten Sache aussagen wollen (Popper, 1945, 13ff).

selbst, sondern auf eine Beschreibung, die ihm von der gemeinten Sache vorschwebt. Ausdrücke wie „Telefon" verweisen nicht vor allem auf eine bildliche Vorstellung im engeren Sinne, also nicht auf ein „geistiges Bild", sondern auf Auffassungen, die man vom Telefon überhaupt hat. Wir nennen diese gedanklichen Repräsentationen „Bedeutung", weil wir uns damit auf die Bedeutung der Sache beziehen.

Eine sehr verbreitete Meinung besagt, dass die Bedeutung einer Sache subjektiv sei, erst durch die Interpretation entstehe; dass die Dinge an sich keine Bedeutung haben, sondern diese erst durch konventionellen Gebrauch erhalten. Ein Tisch, um ein beliebiges Beispiel zu nehmen, ist diesem Verständnis nach nur ein Tisch, weil er von allen als Tisch behandelt wird. Würden wir unsere Tische als Regenschirme benützen, so würden sie auch Regenschirme sein. Vertreter dieser Ansicht verwenden natürlich gerade nicht Beispiele, in welchen die Sache und die Beschreibung der Sache ohne weiteres unterschieden werden können. Vielmehr verwenden sie Beispiele, in welchen – meist formale – Beschreibungen auf anderen Beschreibungen abgebildet sind. Aber es ist klar, dass auch wenn noch so viele Leute, um sich gegen Regen zu schützen, statt Schirmen Tische verwenden würden, Tische Tische blieben. Die Bedeutung eines Tisches ist objektiv, im Objekt, nicht in einer willkürlichen Konvention. Sie wird dem Gegenstand nicht im nachhinein zugeschrieben, sie wird produziert. Wir nennen diese objektive Bedeutung Gegenstandsbedeutung. Sie wird dem Gegenstand vom Hersteller des Gegenstandes gegeben. Natürlich ist „Hersteller" nicht zu eng aufzufassen, die Sinnstiftung ist nicht ans Handanlegen gebunden. Überdies ist klar, dass diese Argumentation auch ihre Lieblingsbeispiele hat. Sie funktioniert zuerst, wo die Gegenstände wirklich hergestellt wurden.

Gegenstands-Bedeutung, also Bedeutung im engeren Sinne, haben nur produzierte Dinge. Wo wir Bedeutung in die Natur projizieren, nennen wir die Bedeutung „Inhalt". Inhalt haben alle „Dinge", beispielsweise auch Erdbeeren oder Menschen, die uns unter unserer Produktionsterminologie als produziert erscheinen. Mit dem Ausdruck „Inhalt" drücken wir die Abstraktion davon aus, ob etwas ein Artefakt, also ein produziertes Ding ist oder nicht. Die sprachliche Nicht-Unterscheidung zwischen Inhalt und Bedeutung widerspiegelt, dass uns, weil unsere Produktionsterminologie so hoch entwickelt ist, nichts näher liegt, als auch Dinge, die wir nicht – oder, die nicht wir – produziert haben, als gebaut zu betrachten. Und weil wir die Bedeutung auch bei produzierten Dingen nicht immer sicher erkennen, sprechen wir auch dort häufig von Inhalt, wo wir Bedeutung meinen.

Lax gesprochen beschreiben inhaltlich gebundene Ausdrücke ihre Referenten, indem sie deren Bedeutung wiedergeben. Der Ausdruck ist in diesem Sinne Ausdruck der Bedeutung des gemeinten Referenten. Die Gegenstandsbedeutung ist für Menschen nachvollziehbar, sie konstituiert gewissermassen das Mensch-Sein.[23] Wer beispielsweise einen Bilder-Nagel hat und zum ersten Mal einen Hammer sieht, erkennt im vollen Sinne des Wortes, was und wozu ein Hammer ist.[24] Wenn man die Bedeutung einer Sache nicht erkennt, wenn man also beispielsweise anstatt vor einem Automaten einfach vor einem metallenen Ungetüm steht[25], ist einem seine Bedeutung offensichtlich verdeckt, sie ist sozusagen hinter der Sichtbarkeitsgrenze geblieben. Man steht dann vor einem Artefakt. Zum „Artefakt" gelangt man über eine spezielle Abstraktion, bei welcher von der Bedeutung als etwas Gewiss-vorhandenem, aber (noch) nicht Erkanntem, abgesehen wird. Gesehen wird nur noch, dass der Träger dieser unbekannten Bedeutung produziert wurde.

Natürlich existieren Grenzfälle und Täuschungen. Speziell bei prähistorischen Funden fällt die Entscheidung, ob man das Werkzeug eines Urmenschen oder nur das Resultat eines Steinschlages in den Händen hat, im allgemeinen nicht sehr leicht. Jüngere Dinge, die sicher hergestellt wurden, aber einer bestimmten Ökonomie nicht entsprechen, müs-

---

23 Unsere Hypostasierung unserer Produktionsterminologie gipfelt in unserem Selbstverständnis als werkzeugherstellende Gattung. Werkzeugherstellung ist das Kriterium des Menschseins schlechthin.

24 Wer ein Floss oder ein Schiff hat und zum ersten Mal ein Ruder sieht, erkennt im vollen Sinne des Wortes, dass es ein Ruder ist. Man muss keineswegs schon gerudert haben oder gar Rudern können, um, wie etwa J. Weizenbaum argumentiert, „ein Ruder wirklich als Ruder (zu) sehen" (Weizenbaum, 1978, 36).

25 Damit dies gesamtgesellschaftlich nicht passiert, wird unsere gesamte Kultur auf Mikrofilm dokumentiert und in stählernen Tonnen - atombombensicher! - für eine unbestimmte, wohl entseuchte Nachwelt aufbewahrt. Über diese vorausschauende Problemlösungshilfe wird in den Medien zur allgemeinen „Beruhigung" regelmässig berichtet: falls unsere Nachwelt je auf diese Bedeutungsprobleme stösst, wird sie es einfach haben!

sen ihr Dasein häufig als Kunst- oder Kultgegenstände fristen. Wenn nämlich ein Ding nach längerem Betrachten immer noch keinen Sinn ergibt, ist es eben entweder Unsinn, ohne Bedeutung, oder es wird zum Ding, dem man jede Bedeutung andichten kann. Insbesondere Kunstgegenstände kennen das ungebundene Interpretieren ihrer Betrachter. Zu oft müssen sie sich von selbsternannten Sachverständigen vermeintlich fundierte Bedeutungen zuschreiben lassen. Wirklicher Sachverstand wird aber auch in solchen Fällen Bedeutungen nicht hineininterpretieren, sondern diesbezüglich nur tun, was angesichts eines Artefaktes jeder tut, nämlich versuchen, dessen objektive Bedeutung zu erkennen.

Das Artefakt, also der produzierte Gegenstand, ist logisch der erste Gegenstand überhaupt, dem Bedeutung zukommt. Viele Ingenieure leben im Bewusstsein, sie würden die zuvor verstandene Natur kopieren, nützliche Aspekte der Natur nachbauen. Dieser Vorstellung entspricht ein Minderwertigkeitskomplex, in welchen sich die Ingenieure den Naturwissenschaften unterlegen fühlen, weil sie lediglich gesammeltes Wissen jener anwenden, die die Natur eigentlich verstehen. Wirklich aber verstehen wir die sogenannte Natur genau so gut, wie sie sich unseren – technischen – Vorstellungen fügt. Mit jedem Werkzeug machen wir uns auch sprachlich ein Stück Natur zugänglich, indem wir dessen Bedeutung als Inhalt in die Natur projizieren.

Zur Bedeutung oder zum Inhalt einer Sache kommt man, indem man von der Form der Sache abstrahiert, zur Form kommt man umgekehrt, indem man vom Inhalt dieser Sache abstrahiert, wodurch auch die Bezeichnung Inhalt plausibel wird. Anschaulich wird die komplementäre Ergänzung von Form und Inhalt, wenn man einen Kuchen aus der Back-Form nimmt. Die Backform ist wie eine dreidimensionale Zeichnung eine Materialisierung der Form des Kuchens, sie ist (wenn man von ihrem eigenen Material absieht) eine Form ohne Inhalt. Der vormalige Inhalt der Backform bleibt Kuchen(inhalt), selbst wenn er auseinanderbricht. Wir sprechen dann von Kuchen-Krümel, weil die Teile des auseinandergebrochenen Kuchens eine neue Form angenommen haben, aber immer noch Kuchen sind. Jeder Kuchen hat eine bestimmte Form, aber der Kuchen überhaupt hat keine Form. So wie wir vom Kuchen die Form abstrahieren, können wir auch sein „Kuchen-Sein" abstrahieren. So hat jedes Ding, das eine Form hat, auch ein „inhaltliches Sein". „Inhaltliches

Sein" meint hier nichts Geistiges, Philosophisches, sondern das, worauf wir uns mit Wörtern wie „Telefon" oder „Uhr" beziehen. Wenn wir von der Uhr überhaupt, also nicht von einer bestimmten Uhr sprechen, verweisen wir auf deren inhaltliches „Uhr-Sein", also auf die abstrakte Uhr oder eben auf das abstrakte Sein aller Uhren unabhängig von deren Formen. Wenn wir von der Uhr überhaupt sprechen, interessiert uns nicht, ob sie rund ist, ob sie im Kirchturm hängt, oder ob sie Zeiger hat oder nicht. Die Uhr überhaupt hat keine Form. Man weiss nicht, wie sie aussieht, man kann sie nicht zeichnen, man kann sie sich nicht im engeren Sinne vorstellen. Aber man kann sie sprachlich abbilden, man kann auf ihr „inhaltliches Sein" oder auf ihren Inhalt verweisen. Die Uhr ist ein Gerät, wenn wir „Uhr" sagen, verweisen wir ganz allgemein auf (Zeit)-messgeräte.

Im Alltag verwenden wir das Wort „Inhalt" für alles, was eine Form füllt, insbesondere auch für durch Formen abgegrenzte Flächen und Räume, wie Quadrate oder Würfel. Manchmal spricht man auch vom Inhalt einer Flasche, weil man ihn nicht genauer benennen kann. In beiden Fällen verwendet man den Begriff uneigentlich, aber durchaus sinnvoll.

Das Artefakt ist logisch auch der erste Referent, also der Gegenstand, der zuerst bezeichnet wird. Sprache entwickelt sich in der Produktion. Die Bedeutung, auf die wir uns sprachlich beziehen, ist dem Artefakt gewiss, es gibt kein bedeutungsloses Artefakt. Als Artefakt erscheint gerade das, was nicht erkannte Bedeutung hat. Eigentlich handelt es sich bei der Isolierung des Artefaktes nicht um eine Abstraktion im strengen Sinne, da ja Nichtbekanntes weggelassen wird. Das Artefakt ist vielmehr Resultat eines diskursiven Aktes, mit welchem auf die Bedeutung, also auf den anfänglichen Sinn der Produktion des Artefaktes verwiesen wird, indem diese weggelassen wird. Die Verdrängung der Bedeutung wird einerseits zum historischen Problem des Anfanges, wie krampfhafte Versuche, allen voran Evolutions- und Urknalltheorien, belegen, tut aber andrerseits der Geschichtsschreibung im eigentlichen Sinne, also der Rekonstruktion von Gegenständen keinen Abbruch.

Wenn das Artefakt steht, kann es bedeutungsmässig prinzipiell rekonstruiert werden.[26] Ein Automat beispielsweise lässt sich begrifflich re-

---

26 Artefakte von beträchtlichem Ausmass, wie die ägyptischen Pyramiden, harren der

konstruieren, er hat eine vollständige Geschichte, auch wenn diese in der industriellen Produktion unsichtbar wird. In der seriellen Produktion scheint jede Reihenfolge, jede sachliche Grenze und jeder Anfang aufgehoben. Die einzelnen Teile werden relativ unabhängig von einander produziert. Verschiedene Entwicklungsstufen eines Produktes gelten als jeweilige Produktionszwecke. Die Produktion von Schrauben wird nicht auf die Roboterproduktion bezogen, sondern bildet ein eigenes Geschäft. Die Pläne, sachlogisch Ab- und Nachbildungen, erscheinen zeitlich zuerst usw. Die serielle Produktion scheint beliebig zerlegt und wieder verknüpft. Trotzdem, auch ein Roboter baut einen Roboter in einem logisch begrenzten Prozess. Jeder Automat, auch ein roboterherstellender Roboter ist bedeutungsmässig ein begrenztes Produkt. Die Bestimmungen des zu realisierenden Automaten erscheinen dabei als potentielle Bedeutungen. Man weiss, was der Automat schliesslich macht und wie er funktionieren wird. Zu einem gegebenen Zeitpunkt ist die Produktion abgeschlossen, das Produkt fertig. Davor ist das Produkt nur potentiell schon ein Automat, eben noch nicht realisiert. So tritt der Automat in seiner Produktion schon als Gegenstand auf, bevor er existiert. Allerdings als sich wandelnder Gegenstand, als schrittweise werdender Gegenstand.[27] Als solcher bleibt er derselbe, obwohl er sich laufend ändert, er bildet eine Identität. Als Identität durchläuft er Entwicklungsstufen, bis er seine volle Entwicklung erreicht hat.

Wir entscheiden Form und Bedeutung unserer Produkte in der Produktion. Beide Aspekte sind abstrakt. Mit Zeichnungen geben wir die Form wieder, mit unserer Sprache beziehen wir uns auf die Bedeutungen. Mit der Sprache können wir uns, wie jeder Sprechende weiss, nicht nur auf Bedeutungen beziehen. Wir können unter vielem anderen sogar auch die Form einer Sache beschreiben. Wir können sagen: „Der Gegenstand hat die Form eines Würfels, oder er ist rund oder länglich usw". Wesentlich aber ist hier, dass wir mit unserer Sprache über Sachen sprechen können,

---

Erklärung sowohl ihrer Produktionsweise wie auch ihrer Bedeutung noch immer. Als freie Dichtung muss nach E. von Däniken die Geschichte bezeichnet werden, nach welcher die Steinblöcke der Pyramiden auf rollenden Baumstämmen über Sandrampen an ihre Orte gezogen wurden (Däniken, 1968, 130ff).

27 Ihren Namen erhalten viele Gegenstände noch früher, nämlich sobald man sich vorstellen kann, wozu sie gut sind, also lange bevor man weiss, wie sie aussehen.

die man nicht zeichnen kann. Wenn man begriffen hat, was eine Uhr ist, und dass diese Sache eben Uhr heisst, kann man von einer Uhr sprechen, ohne an eine bestimmte Uhr zu denken. Man realisiert, dass die Uhr, wie bestimmte andere Dinge des täglichen Gebrauchs, noch allgemeiner gesprochen ein Gerät ist, dass es Armband-, Kuckucks-, Sonnen-Uhren, also verschiedene Uhren gibt, die selbst als solche auch nur abstrakt (quasi in unseren Köpfen) existieren.

Weil die Unterscheidung zwischen Form und Bedeutung unsere Vorstellungen darüber prägt, was sich in unseren Köpfen bezüglich sinnlicher Wahrnehmung und Denken abspielt, erscheint sie immer auch als Aussage über das menschliche Denken.[28] Die Unterscheidung selbst ist aber, wie bereits früher hervorgehoben wurde, objektiv, sie bezieht sich auf zwei Abbildungsarten, respektive auf zwei Formen der Repräsentation, ohne etwas über die Funktionsweise unserer Köpfe zu behaupten.

Erfahrungsgemäss fällt es vielen Menschen schwer, bei sich selbst festzustellen, dass Dinge wie *die* Uhr oder *das* Telefon wirklich keine Form haben. Man darf über dieses Argument nicht nur nachdenken, man muss es sinnlich prüfen. Man muss die Augen wirklich schliessen und ernsthaft versuchen, sich *die* Uhr (oder irgendein anderes Ding) vor sich hinzustellen. Normalerweise sieht man zunächst einen typischen Vertreter der Kategorie, beispielsweise die eigene Armbanduhr. Dann vermischt man dieses Bild allmählich mit Bildern von ähnlich aussehenden Vertretern der Kategorie, beispielsweise mit dem Bild einer Kirchenuhr, usw. Wenn man den Versuch ernsthaft durchführt, wird man bereits nach der ersten Überlagerung feststellen, dass man das vermeintliche Bild nicht mehr zeichnen kann. Die Formen lassen keinen Kompromiss zu. Allerdings, und davon darf man sich nicht blenden lassen, schleichen sich vielfach schematische Bildchen in die Vorstellung, sogenannte Piktogramme oder bildhafte Symbole (wie sie in diesem Text verwendet werden). Piktogramme suggerieren manchmal so etwas wie eine Durchschnitts-Form, sie verraten sich aber als Pseudo-Zeichnungen, wo sie quasi veralten oder wo sie, wie etwa der Totenkopf, der für Gift und Gefahr steht, wirklich jenseits der Form auftreten und trotzdem verstanden

---

28 Auf der Unterscheidung zwischen sinnlicher Erkenntnis und Denken begründete K. Holzkamp (1976) die Erkenntnislehre der *Kritischen Psychologie*.

werden.[29] Übrigens sind Bilder im engeren Sinne des Wortes, also Gemälde und Fotographien auch keine Zeichnungen in unserem Sinne. Solche Bilder ersetzen die gezeigte Wirklichkeit, ohne von dieser die Sinnesqualität Form zu abstrahieren. Sie unterliegen diesbezüglich derselben Wahrnehmung wie die abgebildete Wirklichkeit.

2.1.3. Terminologie

Da man den sprachlichen Abbildungen nicht ansieht, wofür sie stehen, muss man wissen, was sie „bedeuten". Die Lehre, die sich damit beschäftigt, was Ausdrücke „bedeuten", also damit, welche Symbole oder Wörter in einer Sprachgemeinschaft empirisch tatsächlich für welche Gegenstände verwendet werden, heisst Pragmatik. Nicht nur Sprachwissenschafter sprechen, wenn sie von Bedeutung sprechen, häufig von der „pragmatischen Bedeutung" der Symbole. „Bedeutung" bezeichnet in diesem Kontext die in einer bestimmten Zeit oder an einem bestimmten Ort normale Verwendung des jeweiligen Ausdruckes. Die Etymologie, eine typisch pragmatische Wissenschaft, zeigt beispielsweise, wie der Ausdruck „Zweck", der früher von den Schützen für den Nagel in der Mitte der Zielscheibe verwendet wurde und so natürlich das Ziel der Schützen war, allmählich für jedes Ziel und schliesslich nur noch für Ziel verwendet wurde. So bedeutet für den Pragmatiker „analog" dasselbe wie „kontinuierlich", weil der Ausdruck tatsächlich so gebraucht wird. Wie sich die ökonomischen Pragmatiker nicht für den Wert, sondern nur für den tatsächlichen Preis einer Ware interessieren, interessieren sich sprachwissenschaftliche Pragmatiker[30] nicht für die „eigentliche" Bedeutung, die ja jenseits der Sprache liegt. Für sie zählt die messbare, eventuell gewichtete Häufigkeit, mit welcher ein Ausdruck für eine Sa-

---

29 Computerhersteller wie Apple, die mit Piktogrammen weltweit kommunizieren, wissen mittlerweile aus teurer Erfahrung, dass Piktogramme gelernt werden müssen und keineswegs für sich selbst sprechen. Sie haben gegenüber anderen Symbolen nur den Vorteil, dass wir sie besser memorieren.

30 Eigentlich müsste man von sprach(verwendungs)wissenschaftlichen Pragmatikern sprechen, weil die Pragmatik keine sprachwissenschaftliche Lehre im engeren Sinne ist.

che verwendet wird. Natürlich haben sie mit den Metaphern, also mit „un-eigentlich" gebrauchten Ausdrücken etwas Mühe.[31] Pragmatisch ist den Metaphern nicht beizukommen, weil die pragmatische „Bedeutung" nichts mit der Gegenstandsbedeutung zu tun hat. Der pragmatische Bedeutungswandel betrifft die Vereinbarung der Ausdrücke, die unabhängig von der eigentlichen Bedeutung der Referenten ist.

Sprachliche Ausdrücke können für verschiedene Bedeutungsebenen (Inhalte) desselben Referenten[32] und für die Bedeutungen von verschiedenen Referenten stehen. Zum einen macht man sich je nach Ort und Zuhörer verschiedene Bilder und Vorstellungen von einer bestimmten Sache. In einem Wohnzimmer wird man eher ein Ölgemälde als einen Konstruktionsplan eines Schiffes aufhängen, ohne das Gefühl zu haben, das Bild sei ungenau. Ölgemälde können je nach Situation adäquater sein als Konstruktionspläne und umgekehrt. Jeder Ingenieur wird im Konstruktionsbüro über eine bestimmte Maschine anders sprechen als in einem Verkaufsgespräch. Zum andern gibt es die Ausdrücke, die wir Homonyme nennen, die tatsächlich verschiedene Dinge bezeichnen und so verlangen, dass man aus dem Zusammenhang der Worte merkt, wovon aktuell die Rede ist. Der Ausdruck „Bank" steht unter anderem für Geldinstitute und für eine bestimmte Sitzgelegenheit. Wenn jemand sein Geld hinbringt, wird wohl ersteres gemeint sein. Es gibt Homonyme, beispielsweise „Bedeutung", die etwas mehr Verwirrung stiften.

Das bisher diskutierte Repräsentations-Schema

Bedeutung (Beschreibung)

Ausdruck (Name)　　　　　　　　Referent

---

31 Der Pragmatiker E. Leisi sagte einmal: „Mit der Metapher begeben wir uns in des Teufels Küche" (Weidmann, 1979, 31).

32 „Im Aufsatz *Über Sinn und Bedeutung* schreibt Frege, dass ‚Morgenstern' und ‚Abendstern' denselben Gegenstand bedeuten (den Planeten Venus); ‚Morgenstern' habe jedoch einen anderen Sinn als ‚Abendstern', das heisst, der Planet Venus sei hier und dort in verschiedener Weise gegeben" (zit. in: Gut, 1979, 23). Mit dem Ausdruck „Morgenstern" kann man pragmatisch genau die Venus meinen, man kann aber auch das Phänomen, dass die Venus am Morgen hell leuchtet, meinen.

trägt diesen pragmatischen Aspekten nur bedingt Rechnung. So kann in vielen Sprachen zum einen wegen der fast uneingeschränkten Beliebigkeit der Namensgebung ein und derselbe Ausdruck über verschiedene Bedeutungen auf verschiedene Referenten verweisen:

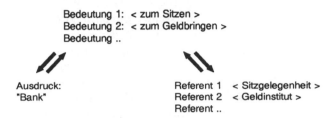

Ausserdem kann derselbe Ausdruck verschiedene Bedeutungen desselben Referenten ausdrücken, weil jeder Referent verschiedene inhaltliche Abstraktionen zulässt:

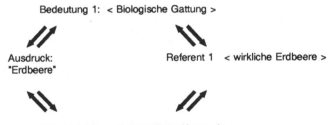

So würde wohl jeder Bauer, wenn man ihm auf dem Marktplatz vortrüge, dass Erdbeeren keine Beeren, sondern Nüsse, dass dagegen Baumnüsse keine Nüsse, sondern Steine von Steinfrüchten seien, antworten: „Aha, Sie sind wohl Biologe?" und damit die Kommunikationsproblematik pragmatisch aus der Welt schaffen. Der verkaufende Bauer ordnet seine Waren – bewusst, wenn auch häufig ohne Wissen – nach verschiedenen Konsumtionsarten, nach Essgewohnheiten. Und er wird in seiner Interessengemeinschaft, vor allem von seinen Käufern verstanden. Verkäufer und Käufer sehen auf dem Markttisch vielmehr die Abstraktion ‚Esswaren' als konkrete Vertreter von biologisch bestimmten Gattungen und Familien.

Unsere Sprache ist in diesem Sinne kompliziert; man kann sich – was noch dazu kommt, aber hier nicht gemeint ist, auch absichtlich – miss- oder nichtverstehen, und zwar nicht nur, weil man wie ein Fremdsprachiger oder ein Kind nicht alle Wörter kennt, respektive noch nicht für alle Wörter gelernt hat, welche Sache sie bezeichnen. Die hier hauptsächlich interessierende Verständigungsschwierigkeit liegt nicht darin, dass man mit einem bestimmten Wort gar nichts oder etwas ganz Falsches verbindet, sondern in diffusen Widersprüchen, die zwischen an sich sprachkundigen Gesprächspartnern auftreten. Selbst der etwas einfache Schmidt ahnte, dass Taylor mit dem absichtlich gewählten Ausdruck „erste Kraft" nicht unbedingt dasselbe meinte wie er. Wenn man merkt, dass der andere ein Wort etwas seltsam anwendet, wird man wie Schmidt, als Taylor von der „ersten Kraft" sprach, durch Zurückfragen prüfen, was der andere mit seinem Ausdruck „eigentlich" meint. Man erneuert sozusagen die Vereinbarung, weil sie unsicher scheint, indem man definitorische Bestimmungen der gemeinten Bedeutung verlangt. Sinnvolle Gespräche beruhen auf einer Sprache, deren Vereinbarungen mindestens durch Umschreibungen oder Erläuterungen explizit gemacht werden können.

Wir nennen Sprachen, in welchen die wichtigsten Ausdrücke durch Definitionen festgelegt sind, Terminologien. Terminologien sind Fachsprachen. Auch die Ausdrücke einer Terminologie sind beliebig und lassen deshalb keinen logischen Schluss auf die bezeichnete Sache zu, sie sind aber eindeutig vereinbart. Primitive Fachsprachen, wie sie vor allem im Handwerk verwendet werden, beruhen darauf, dass für alle abgrenzbaren Dinge neue Wörter als Bezeichner erfunden und zeigend vereinbart werden. So kennt jeder Gärtner ein paar hundert lateinisch anmutende Wortgebilde und jeder Schreiner zig Sorten von Nägeln. Entwickeltere Fachsprachen, die vor allem die empirischen Wissenschaften kennzeichnen, beruhen weniger auf neuen Wortkonstruktionen, wiewohl hierin auch Wissenschaftler nicht geizen, als darauf, dass die verwendeten Ausdrücke kontextbezogen explizit vereinbart werden, wodurch immer auch der jeweilige Kontext mitgeklärt wird.

Die Zeichnungen lassen im Unterschied zu den Begriffen keine (hier zu diskutierenden) Miss-Interpretationen zu. Natürlich streiten Ingenieure (manchmal mit Arbeitern) anhand von Zeichnungen darüber, ob eine Konstruktion sinnvoll ist. Sie streiten aber, wenn die Zeichnung korrekt ist, nicht darüber, was die Zeichnung bedeutet. Die Zeichnungen selbst verlangen keine klärenden Diskussionen. Wo der Ingenieur dem Facharbeiter nicht nur gezeichnete Anweisungen gibt, verwendet er normalerweise eine Fachsprache. Insbesondere sind etwa die bereits erwähnten sprachlichen Abbildungsteile auf Konstruktionsplänen, hauptsächlich die Stücklisten, Auflistungen von Fachausdrücken, die auch der Arbeiter kennen muss. Es handelt sich aber im wesentlichen um Ausdrücke einer primitiven (handwerklichen) Terminologie, in welcher nur Ausdrücke für Gegenstände festgelegt sind, die man zeigen oder zeichnen kann. Weil die inhaltliche Bestimmung der Produkte innerhalb der Produktion relativ bedeutungslos ist, können normalerweise nicht nur die Arbeiter, sondern auch die Ingenieure ihre Fachausdrücke spontan nicht durch Beschreibungen ersetzen, für welche die Fachausdrücke stehen. Sie können kein Kriterium nennen, mit welchem man beispielsweise Maschinen von Werkzeugen oder Automaten abgrenzen kann, auch wenn sie berufsmässig Werkzeuge, insbesondere Automaten produzieren.

2.1.4. Definition und Begriff

Man kann Automaten produzieren, und insbesondere auch anweisend abbilden, ohne inhaltlich genau sagen zu können, was ein Automat ist. Dass der Ausdruck „Automat" existiert und alltäglich verwendet wird, zeigt zunächst lediglich ein pragmatisches Klassifikationsinteresse bezüglich der technischen Produkte. Es ist im praktischen Leben nicht gleichgültig, ob man ein handgeschaltetes Auto oder einen sogenannten ‚Automaten' fährt, ob man primitive Haushaltsmaschinen oder luxuriöse Wasch-, Näh- und Kochautomaten zur Verfügung hat. Automaten hat man einfach lieber, auch wenn sie etwas kompliziert und teuer sind. Der Ausdruck „Automat" steht in diesem – terminologisch ungebundenen – Sinne für praktische Dinge, bei welchen man in Kauf nimmt, dass man ihnen etwas ausgeliefert ist, wenn sie zufällig nicht richtig funktionieren.

Hinter der praktischen Erwägung, lieber einen Automaten als eine einfachere Maschine zu haben, steht die Einsicht, dass es verschieden weit entwickelte Maschinen gibt. Auch wer im engeren Sinne nichts von Maschinen versteht, nimmt den sachlichen Unterschied zwischen einer Nähnadel und einer Nähmaschine, die Knopflöcher auf Knopfdruck hin ‚automatisch' festoniert[33], ohne weiteres wahr. Die sprachliche Unterscheidung zwischen Automaten und anderen Werkzeugen, auch wenn sie pragmatisch motiviert ist und entsprechend frei variiert wird, ist sachlich, in verschiedenen Gegenständen, begründet. Man kann also der Sache nach ernsthaft nach der eigentlichen Bedeutung der Automaten fragen – und man wird die Frage selbst sofort doppelt, also sowohl auf den Ausdruck, als auch auf die Sache bezogen, verstehen.

Sinnigerweise – das lehrt die alltägliche Kommunikation – beantwortet man solche Fragen, indem man anstelle einer langwierigen Beschreibung Beispiele zitiert: „Ein Kaffeeautomat, ein Fahrkartenautomat, ein Waschautomat." Häufig genügen Beispiele, insbesondere, wenn der Fragende nur das Wort nicht kennt. Selten, etwa dort, wo Piktogramme vorgeben, die Form des Referenten wiederzugeben, hilft die Beschreibung der sinnlich-konkreten Oberfläche, also die Antwort auf die Frage, wie die Sache aussehe. Beispiele sind die naheliegendsten Erläuterungen. Sie dienen auch effizient, um grundlegende Missverständnisse auszuräumen, die aus der Verwendung eines Ausdruckes für verschiedene Bedeutungen resultieren. So lässt das Beispiel „Coca-Cola-Automat" nicht nur den Mathematiker erkennen, dass im gegebenen Zusammenhang nicht der formale Automat gemeint ist. Wenn wir Beispiele geben, reproduzieren wir in gewisser Hinsicht sprachlich die zeigende Vereinbarung.

Dem Anspruch, den wir hier verfolgen, genügen Beispiele jedoch nicht, vielmehr suchen wir, was den Beispielen gemeinsam ist oder inwiefern sie überhaupt Beispiele sind. Die Frage verlangt, mit „eigentlich" akzentuiert, eine Formulierung, anhand welcher für alle konkreten fraglichen Objekte entschieden werden kann, ob sie Automaten sind oder nicht. Nackte Beispiele dienen der Verständigung nicht oder nicht genügend, wenn es nicht nur darum geht, die Zuordnung zwischen Ausdruck und Bedeutung zu prüfen, sondern darum, die Bedeutung genauer zu spezifizieren, also darum, die erfragte Sache zu definieren. Unsere normale alltägliche Verständigung beruht, wo Beispiele nicht dienen, weniger auf definitionsartigen Bestimmungen, als darauf, dass wir die ge-

---

33 Aus der Schneider-Terminologie für „Stoffkanten mit Knopflochstich ausarbeiten".

meinte Sache durch Aufzählen von wesentlichen Funktionen oder Merkmalen – was fälschlicherweise vielfach auch als Definieren betrachtet wird – charakterisieren: „Automaten arbeiten selbständig ... ersetzen Arbeiter ... wiederholen immer dieselbe Tätigkeit ..." Damit beschreiben wir, was Automaten machen oder wozu sie benützt werden, also nur sehr bedingt, was Automaten eigentlich sind. Definitionen haben eine bestimmte Struktur, die wir auch in unseren alltäglichen Beschreibungen - häufig unbewusst – implizieren, wenn uns die genaue Verständigung wichtig ist. Wir sagen etwa, ein Automat sei eine „selbständig arbeitende Maschine" und führen damit eine mit einem Oberbegriff bezeichnete Kategorie (Maschinen) und ein Kriterium (selbständig arbeitend) ein, das die Automaten genauer bestimmt.[34] Dabei geht es vorerst nicht, wie in Definitionen im engeren Sinne, um eine möglichst präzise Bestimmung der nächst höheren Gattung (genus proximum) und des entscheidenden Klassenmerkmals (differentia specifica) der zu definierenden Sache, sondern vor allem um eine verdeutlichende Heraushebung relevanter Züge des Gemeinten zur besseren intersubjektiven Verständigung über das, wovon die Rede sein soll (wobei Abgrenzungen gegenüber anderen Tatbeständen sich zwangsläufig mitgeben). Gleichwohl unterscheidet man Sachen nach ihrer Zugehörigkeit zu verschiedenen Kategorien und gibt Kriterien, anhand dessen entscheidbar ist, ob eine bestimmte Sache in die jeweils gemeinte Kategorie fällt oder nicht.

Wir ordnen – um das, seit C. Darwin die Evolutionstheorie von Wallace zum Allgemeingut machte, naheliegendste Beispiel zu nennen – verschiedene Tiere verschiedenen Kategorien wie Wirbellose und Wirbeltiere zu. Wir bilden mit dem Kriterium „das Tier hat oder hat keine Wirbel" zwei Kategorien. Bei den Wirbeltieren unterscheiden wir zwischen Säugetieren und anderen Wirbeltieren mit dem Kriterium „das Muttertier säugt seine Jungtiere oder nicht". Wenn man die fortgesetzten Unterscheidungen darstellen will, eignet sich die Form eines (Stamm-)Baumes[35], auf welchem schliesslich jedes Tier seinen Platz hat. Wir

---

34 „Definition: Festlegung und Beschreibung eines Begriffs. Dabei benutzt man meistens einen umfassenderen Begriff (Oberbegriff) und gibt dann eine kennzeichnende Eigenschaft für den zu definierenden Begriff an" (Duden, Mathematik, 1985, 92). Im Duden bleibt undeutlich, dass wir Gegenstände, nicht Begriffe definieren.
35 Der Mind-Map-Autor M. Kirckhoff führt die Methode der begrifflichen „Stamm-

sprechen bei solchen Darstellungen von einem Begriffsbaum mit Ästen und Verzweigungen, wobei jede Verzweigung auf einer bestimmten Höhe liegt und für eine bestimmte Kategorie steht. Huftiere und Raubtiere sind in unserem Beispiel Kategorien auf demselben Niveau.

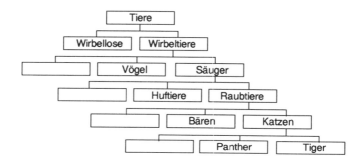

Alle Vertreter einer tieferliegenden Kategorie sind auch Vertreter der höheren Kategorien, die man im Baum durchlaufen muss, um zur tieferen Kategorie zu gelangen. Jede Katze ist also auch ein Raubtier und ein Wirbeltier. Aber nicht umgekehrt: Nicht alle Raubtiere sind Katzen. Im idealen Begriffsbaum[36] hängt jede Verzweigung an genau einem Ast. Die oberste Verzweigung heisst, weil diese Bäume kopfstehen, Wurzel, die jeweils untersten Astenden sind nur noch potentielle Verzweigung und heissen Blätter. Jeder Ast bildet mit den zugehörigen Verzweigungen einen Teilbaum und repräsentiert einen Begriff mit einem relativen Oberbegriff und einem relativen Unterbegriff. „Raubtier" ist Oberbegriff zu „Katze" und Unterbegriff zu „Säuger".

Definitionen sind bestimmt strukturierte, inhaltliche Beschreibungen. Wörter oder Ausdrücke, die Definitionen ersetzen, heissen Begriffe. Definieren heisst, einer Sache in einem Baum ihren Platz zuordnen. Wirbel-

---

bäume", die das Wesen von Mind Mapping ausmachen, auf den Spanier R. Llull zurück, der etwa 1232-1316, also ein bisschen vor Darwin, lebte (Kirckhoff, XIV, 1988).

36 Graphentheoretisch heissen solche Bäume „Arboreszenzen" (Duden, Informatik, 1988, 57), womit belegt ist, dass nicht nur Schneider und Gärtner komische Wörter (er)finden.

tiere sind Vielzeller mit Wirbeln, Tiger sind Katzen mit Streifen im Fell. Definieren heisst also, einen passenden Baum und einen bestimmten Platz im Baum suchen. Wenn man den Baum schliesslich vor dem (geistigen) Auge hat, findet man die sprachliche Formulierung, indem man den Baum quasi rückwärts liest. Ein Tiger ist eine Katze, eine Katze ist ein Raubtier, ein Raubtier ist ... Der vollständige Begriffsbaum enthält nicht nur Kategorien, sondern auch die Kriterien, welche die Kategorien scheiden. Die Kriterien ergeben die Fragen, die im Bestimmungsprozess an der jeweilgen Verzweigung zu stellen sind. Will man eine Katze genauer bestimmen, muss man beispielsweise prüfen, ob sie Streifen im Fell hat. Gängigen alltäglichen Bezeichnungen wie „Erdbeere" liegen, wenn sie nicht völlig beliebig sind, häufig naturwüchsige, praktische Begriffsbäume zugrunde, die in den Wissenschaften kritisiert werden. So ordnen etwa die Biologen die Pflanzen nicht nach unseren Essgewohnheiten, vermutlich weil sich die Pflanzen bezüglich Züchtbarkeit auch nicht nach unseren Essgewohnheiten richten. Verschiedene Perspektiven führen zu verschiedenen Begriffsbäumen. Würde man etwa eine Tier-Kategorie mit dem Kriterium „das Tier hat Flossen" verwenden, wären Wal und Fisch – vielleicht zusammen mit schwimmfüssigen Enten – enger verwandt, sie hingen begrifflich am selben Ast, statt wie im bei uns üblichen Begriffsbaum, wo weder Wale noch Enten zu den Fischen gehören.

2.2. Automaten als intendierte Produkte der Ingenieure

Die eigentlichen Produkte der Ingenieure sind nicht-inhaltliche Abbildungen. Aber *über* die Produkte der Ingenieure, sowohl über die eigentlichen wie auch über die intendierten, kommunizieren wir zunächst mit inhaltlichen Definitionen.

2.2.1. Der Automat

Ingenieure intendieren mit ihren Abbildungen Werkzeuge, eigentlich Automaten. Was sind Automaten?

Sinnigerweise beginnen wir die Beantwortung der Frage mit Beispielen: „Ein Kaffeeautomat, ein Fahrkartenautomat, ein Waschautomat." Dann beginnen wir die gemeinte Sache genauer oder eigentlich zu beschreiben, ohne dabei bereits auf die begriffliche Form zu achten: „Automaten arbeiten selbständig ... ersetzen Arbeiter ... wiederholen immer dieselbe Tätigkeit ..." Wenn man eine Beschreibung und einige Beispiele hat, sucht man den geeigneten Begriffsbaum, indem man die bereits geleisteten Formulierungen auf mögliche Oberbegriffe und Kriterien hin untersucht. Man nennt diesen Suchprozess „analysieren". Beim Analysieren nimmt man die vorhandenen Beschreibungen sehr wörtlich und prüft quasi die Wahl der Wörter. Hat man beispielsweise den Satz: „Automaten sind Maschinen, die selbständig arbeiten"[37], prüft man mit der Frage, ob wirklich alle Automaten Maschinen sind, den implizit vorgeschlagenen Oberbegriff. Wenn man die Frage verneinen würde, müsste man auch den Beschreibungssatz zurückweisen und nach einer andern Beschreibung suchen. Wenn man die Frage auch aufgrund der Beispiele bejaht, muss man, um nicht einem Synonym aufzusitzen, auch die Negation des begrifflichen Gegenteils prüfen. In unserem Beispiel muss also auch der Satz „Nicht alle Maschinen sind Automaten" wahr sein. Genau dann hat man einen möglichen Begriffsbaum gefunden, in welchem die Frage nach dem Kriterium Sinn macht: „Welche Maschinen sind Automaten?".

Maschinen teilen sich in solche, die lebendig gesteuert und in solche, die tot gesteuert werden. Die einen nennen wir eigentliche Maschinen, die andern Automaten.

In jeder Definition verwendet man wieder bestimmte Wörter, die teilweise gar nicht verstanden werden oder aber selbst definiert sein wollen. In unserem Beispiel müsste man einerseits wohl fragen, was „tot gesteuert" heissen soll, und andrerseits nach einer Definition der Maschine verlan-

---

37 „Ein Automat ist im klassisch-technischen Sinne jede Maschine, Vorrichtung usw., die in der Lage ist, ihr Verhalten selbst, das heisst, ohne unmittelbares Eingreifen des Menschen zu steuern" (Klaus (1), 1969, 54).

gen. Nun scheint es, als ob man sich damit auf eine endlose Definiererei einlasse. Besinnt man sich aber darauf, weshalb man überhaupt definiert, merkt man, dass das Definieren nur solange weitergetrieben werden muss, bis das anstehende Kommunikationsproblem verschwindet. Das hier implizierte Kommunikationsproblem liegt in der Gleichsetzung von Mensch und Maschine, die in der leicht misszuverstehenden Aussage, „Automaten arbeiten" zum Ausdruck kommt. In bestimmter Redeweise arbeiten nämlich nur Menschen. Es würde auch Ingenieuren nicht einfallen, mit einem Automaten einen Arbeitsvertrag abzuschliessen. Bestimmte Kommunikationsprobleme verschwinden, wenn die Gesprächspartner sich auf den vorgeschlagenen Begriff (im Begriffsbaum) einigen.

Dieses Definitionsprozedere wird häufig mit den zwei Thesen abgewehrt, dass eben jeder seine eigene Definition habe, und dass sich die Bedeutung der Begriffe im Laufe der Zeit ohnehin verändere. Letzteres ist kein Argument, da man sich durch Definitionen nicht für die Ewigkeit festlegen, sondern lediglich im aktuellen Kontext verstehen will. Der vordere Einwand beschreibt Menschen, die nicht ernsthaft miteinander sprechen (können) – also genau das, was wir hier überwinden wollen.

Wir haben also vorerst zwei Punkte zu klären. Erstens, was ist eine Maschine, und zweitens, was heisst hier „tot gesteuert". Wir führen dazu unsere Definition noch etwas weiter:

Ein Automat ist ein Werkzeug. Werkzeuge teilen sich in solche, die durch „lebende" und solche die durch „tote" Energie angetrieben werden. Die einen nennen wir eigentliche Werkzeuge, die andern Maschinen. Maschinen teilen sich in solche, die lebendig gesteuert und in solche, die tot gesteuert werden. Die einen nennen wir eigentliche Maschinen, die andern Automaten.

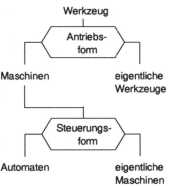

„Automaten sind tot gesteuerte, durch tote Energie angetriebene Werkzeuge." Die Definition veranschaulicht einige Aspekte des Definierens, die hier zusammenfassend nochmals hervorgehoben werden sollen, bevor die Definition selbst weiter erläutert wird. Zunächst, Definitionen sind keine Dogmen[38], sie sind weder wahr noch bedingungslos richtig; Definitionen sind in erster Linie Kommunikationsmittel, sie klären Missverständnisse. Sie werden demgemäss im Dialog so weit entwickelt, bis man sich so verstanden hat, dass sich im folgenden auftretende Widersprüche nicht mehr auf Missverständnisse bezüglich des definierten Begriffes rückführen lassen. Definitionsprozesse haben ein Abbruchkriterium.

Dann sieht man relativ leicht, dass Definitionen nur nützen, wenn die Gesprächspartner die jeweilige Sache bereits irgendwie kennen. Wer keine Ahnung davon hat, was ein Fisch ist, hat auch noch keine Ahnung davon, nachdem er die Definition „Wirbeltier mit Schwimmblase" gehört hat. Wir definieren nur, was wir ohnehin schon kommunizieren. Wer weder Automaten noch andere relativ entwickelte Werkzeuge gesehen hat, kann mit unserer Definition nichts anfangen. Am Anfang steht das Zeigen der wirklichen Sache. Wir werden diesen Tatbestand später aufgreifen und zeigen, wie er für Dinge stimmt, und wie er im Diskurs, wo nicht nur von Dingen die Rede ist, umgangen wird.

Dann zeigt das Beispiel, dass nicht nur die Kategorien eines Begriffsbaumes, sondern auch dessen Kriterien direkt in die sprachliche Formulierung der Definition einfliessen und diese vollständiger machen.

Schliesslich wäre es durchaus möglich, dass man sich auf einen Baum einigt, indem man kritische Knoten ausblendet. So kann man unseren Baum ohne weiteres um die problematische Maschine kürzen, wenn man sich über das Kriterium, welches die Maschinen von den andern Werkzeugen abgrenzt, nicht einigen kann. Der Automat ist dann einfach ein tot gesteuertes Werkzeug.

Wir wenden uns jetzt wieder unserer konkret vorliegenden Definition selbst, also unserer bisherigen Beschreibung des Automaten, zu. Sie enthält nun auch „Maschine" als mit Oberbegriff und Kriterium eingeführten Begriff und hat so unser inhaltliches Problem: „Was ist eine Maschi-

---

38 K. Popper, dessen ambivalentes Verhältnis zu Definitionen bereits hervorgehoben wurde, sagt – in Anlehnung an K. Menger – in bezug auf seine eigenen (Wissenschafts-)Definitionen: „Definitionen sind Dogmen, nur die Deduktionen aus ihnen sind Erkenntnisse" (Popper, 1976, 27). Die hier vorgeschlagenen Definitionen beruhen auf Erkenntnissen, die im Gespräch implizit verwendet werden.

ne?" zum Problem: „Was ist ein Werkzeug?" verschoben. Damit zeigt sie aber auch, inwiefern wir sagen können, ein Automat sei ein Werkzeug. Ein Automat ist begrifflich ein Werkzeug, obwohl er sich von eigentlichen Werkzeugen wie beispielsweise einem Hammer unterscheidet, weil alle Vertreter von Unterbegriffen eines Begriffbaumes auch Vertreter der jeweiligen Oberbegriffe sind. Automaten sind genau spezifizierte, hochentwickelte, nämlich eben „tot gesteuerte" Werkzeuge.

Neben dem bereits früher als klärungsbedürftig bezeichneten Ausdruck „tote Energie" enthält die Definition nun auch noch den Ausdruck „tote Steuerung". Was ist mit diesen Ausdrücken gemeint? Wir suchen für diese Ausdrücke keine Definitionen, wir vereinbaren sie diskursiv, wir erläutern sie anhand der Definition. Wir verwenden dieses vom Definieren unterscheidbare Verfahren, weil diese Ausdrücke keine Begriffe sind, sondern für Kriterien stehen. „Tote Energie" steht für Energie, die nicht in Lebewesen gespeichert ist. „Tote Steuerung" steht entsprechend für eine Steuerung, die nicht unmittelbar von Lebewesen geleistet wird. Eine Fahrradlampe, die selbst merken würde, wann sie ihre Umgebung beleuchten muss, wäre „tot gesteuert". Wenn sie Licht gibt, weil der Fahrer des Fahrrades den Dynamo gegen das Rad gedrückt hat, wird sie durch diesen – lebenden – Fahrer gesteuert. Wenn die Lampe mit der Energie einer Batterie brennen würde, würde sie „tote Energie" verwenden, während eine Lampe, die ihre Energie scheinbar vom Dynamo bezieht, auf die Antriebskraft des – lebenden – Fahrers angewiesen ist. Selbstverständlich kann man jetzt gegen die Definition einwenden, der Ausdruck „tot" sei sehr schlecht gewählt. Das schadet aber weder der Definition noch dem noch zu erläuternden Zweck der Definition.

Wer weder das begriffliche Abbilden im allgemeinen noch die bisherige Definition im speziellen als unangemessen überhaupt verworfen hat, wird die Definition mit kritischen Fragen vor allem anhand widerspenstiger Beispiele weiter problematisieren. Es gibt Fragen – und als solche wird eine sinnvolle Verteidigung[39] der Definition möglichst alle Einwän-

---

39 T. Kuhn gibt unter dem Begriff „Paradigmenwechsel" Beispiele, die zeigen, dass die jeweils abgelösten Auffassungen (seien sie nun „wissenschaftlich" oder nicht) häufig – und für den wissenschaftlichen Prozess sogar notwendigerweise – solange verteidigt werden, dass die neuen Theorien als Revolutionen, also als verzögerte Evolutionen erscheinen (Kuhn, 1976, vor allem 113).

de interpretieren –, die nur eine genauere Erläuterung der Definition verlangen. Dann aber wird man auch Einwände finden, die den kommunikativen Sinn der Definition erhellen, indem sie zeigen, inwiefern sich die reale Welt der Definition nicht fügt. Bevor wir uns diesen wirklich kritischen – und erkenntnismässig sinnvollen – Fragen zuwenden, soll anhand eines fiktiven, aber möglichen Einwandes gezeigt werden, wie die Definition weiter erläutert wird.

Man wird Beispiele finden, in welchen ein Werkzeug von Energie angetrieben wird, die ursprünglich lebendig war und in tote Energie überführt wurde, wie etwa die vergnügliche Talfahrt eines Radfahrers, die von einer Höhendifferenz profitiert, die der Radfahrer vorgängig erarbeitet hat. Solche Beispiele zeigen, dass die Definition mit idealen Zuständen argumentiert, also vom unebenen Gelände des Radfahrers abstrahiert. Die Definition betrachtet das Werkzeug in seinem prinzipiellen Aspekt: beim Radfahren muss man lebendige Energie zuführen. Die Definition legt nicht nur die Entscheidung fest, ob das Fahrrad eine Maschine sei, sondern vor allem auch, unter welchen Bedingungen das Fahrrad in Betracht kommt. Schliesslich versagt die Definition einen grundsätzlichen Dienst, den man von ihr fordern möchte, weil sie nur dient, wenn man die Sache schon kennt: Sie hilft nicht, wenn man entscheiden will, ob ein Fahrrad, ein Kunstwerk à la Tingueli oder eine Kaffeemaschine überhaupt unter den Oberbegriff Werkzeuge gehören, oder – unabhängig von Antriebs- und Steuerungsform – nichts von alledem sind, was zu den Werkzeugen gehört. Auf ihrer obersten Ebene leistet die Definition in ihren Implikationen nur noch notwendige Kriterien. Unsere Definition etwa verlangt, dass jedes Werkzeug Energie aufnimmt und abgibt, dass jedes Werkzeug gesteuert wird und dass jedes Werkzeug ein hergestellter, konkreter Gegenstand ist.[40]

Dann gibt es Einwände gegen die Definition, die eine pragmatische Bewährung verlangen. Wie etwa verhält sich die Definition zur praktischen Frage, ob ein Dynamo eine Maschine sei? Im Alltag, dem solche

---

40 Die sogenannten „tools" der Informatiker (tool ist das englische Wort für Werkzeug) sind in diesem Sinne sicher keine Werkzeuge, die Uhr erfüllt das Kriterium „Energie abgeben" nur sehr bedingt, was der eigentliche Grund dafür ist, dass sie beispielsweise auch von J. Weizenbaum als „autonome Maschine" bezeichnet wird (Weizenbaum, 1978, 45).

Fragen entstammen, herrschen sinnliche Kriterien. Der Dynamo ist sinnlich als eigenständiges Ding erkennbar, das überdies irgendwie eine Arbeit zu leisten scheint. Für den Radfahrer ist das „Ding mit dem Rädchen, das man gegen den Velopneu drückt", ein Dynamo. Die elektrische Leitung zur Lampe gehört so wenig zum Dynamo, wie der Pneu am Rad des Fahrrades, der das Dynamorädchen treibt. Das Rädchen am Dynamo dagegen ist selbstverständlich ein Teil des Dynamos. Und weil der Dynamo ein mechanisches Ding ist, könnte man ihn an unserer Definition messen wollen. Die Definition aber entscheidet nicht für beliebige Dinge, ob sie Maschinen oder Automaten sind. Vielmehr zeigt sie, dass ein Dynamo als Gegenstand für diese Frage keinen Sinn macht. Ein Dynamo ist kein Ganzes, sondern nur, wie beispielsweise eine Schraube, ein Teil einer Maschine oder eines Werkzeuges.[41] In einer bestimmten Konstellation, beispielsweise am diskutierten Fahrrad, ist er nicht Teil einer Maschine, sondern Teil eines Werkzeuges. Viele Bauteile können sowohl in Maschinen wie auch in Werkzeugen verbaut sein. Die Definition strukturiert die Welt so, dass Dinge auftreten, für die entscheidbar ist, ob sie Automaten sind. Die Definition unterscheidet Bedeutungen. Auf der Ebene der Werkzeuge ist die Zwecksetzung jeweils nur durch die ganze Konstruktion, also beispielsweise durch Antriebs-, Transmissions- und Werkzeug-Mechanismen erreicht.

Wir wenden uns jetzt einem wirklich kritischen Einwand gegen die Definition zu, der den Sinn der Definition deutlich macht, obwohl oder weil er sie teilweise zerstört. Auch dieser Einwand tritt in Form von Fragen auf, die eine pragmatische Bewährung der Definition verlangen. Wir betrachten als Beispiel die Frage: „Ist Grossmutters Tret-Nähmaschine keine Maschine?" Zwar ist klar, dass die Tret-Nähmaschine, nur weil sie „Maschine" genannt wird, sowenig eine Maschine sein muss, wie die Erdbeere eine Beere ist. Aber verdrängen lässt sich die Frage, indem man auf den sprachlich-ausdrücklichen Aspekt des Einwandes verweist, nicht. Die Tret-Nähmaschine verweist auf ein tieferliegendes Problem. Definitionen implizieren durch ihre Begriffsbäume Verwandtschafts-

---

41 C. Babbage, der Vater des Computers, definierte: „Die Vereinigung aller dieser einfachen Instrumente, durch einen einzigen Motor in Bewegung gesetzt, bildet eine Maschine" (zit. in: Marx, 1975, 396).

oder Entwicklungstheorien. Zu unserer Einteilung der Tierwelt beispielsweise gehören implizite Evolutionstheorien. Die unterstellten Verwandtschaften können falsch oder bedingungsmässig unvollständig sein, wobei „falsch" hier weder logisch noch letztlich, sondern umgangssprachlich gemeint ist. Definitionen und die in ihnen steckenden „Theorien" sind umgangssprachlich falsch, wenn sie am praktischen Anliegen scheitern. Ein Wal ist in diesem Sinne kein Fisch, weil er nicht in einem unmittelbar über dem Wasser gedeckten Aquarium gehalten werden kann.[42] In unserem Zusammenhang interessiert aber mehr, dass es Theorien gibt, deren Gegenstände sich „bewusst" gegen die Theorie verhalten können. Naturwissenschaftliche Gegenstände haben kein Eigenleben, die Erde muss sich drehen, ein Magnet muss Strom induzieren, wenn er unter bestimmten Bedingungen steht. Es geht nicht darum, dass sich die letzten Gegenstände der Naturwissenschaften der Bestimmbarkeit auch entziehen, oder darum, dass konkrete Wissenschaft immer durch noch gründlichere Erkenntnis ersetzt wird. Hier geht es um die wissenschaftlichen Gegenstände selbst. Naturwissenschaften definieren sich über Gegenstände, die keinen Willen haben. Sozialwissenschaftliche Theorien dagegen – davonabgesehen, dass sie in einem unmittelbaren Sinne falsch sein können – leiden immer auch darunter, dass sie einen Gegenstand haben, den die Menschen bewusst verändern können. Wenn wir also von Menschen hergestellte Gegenstände klassifizieren, können wir nicht verhindern, dass Menschen die postulierte Ordnung – begründet – brechen.

---

42 B. Whorf gibt Beispiele, in welchen sich „falsche" inhaltliche Konnotationen als existentiell falsch erweisen. Beim Analysieren von Brandversicherungsfällen ist er oft darauf gestossen, dass unvorsichtiges Verhalten, das Brandschäden verursachte, daraus resultierte, dass Bezeichnungen quasi zu wörtlich genommen wurden, so etwa wenn neben „leeren" Benzinfässern geraucht wurde, weil „leer" nicht mit „voll explosiver Gase" verbunden wurde, oder der unter Umständen sehr gut brennende Kalk„stein", weil er Stein heisst, nicht vor Hitze geschützt wurde, usw. (Whorf, 1963, 74f). E. de Bono gibt entsprechende Beispiele unter umgekehrtem Gesichtspunkt: Ein Flugzeug konnte sicher gelandet werden, obwohl die Leitwerkhydraulik ein Leck hatte und keine Ersatzflüssigkeit an Bord war, „weil im letzten Moment einer auf die Idee kamm, das System mit Urin aufzufüllen. Es war eine einfache (...) Lösung, doch wären die wenigsten Leute auf sie verfallen, da Urin und hydraulisches System ihrem Namen und ihrer Klassifikation nach weltenweit voneinander entfernt sind" (De Bono, 1967, 92).

Die Tret-Nähmaschine ist eine ‚Maschine', der die ‚vernünftige' Energieversorgung fehlt. Sie ist eine typisch anachronistische Ingenieursleistung: Ein Werkzeug, das die Entwicklungsstufe der Maschine hat, aber – energiemässig – keine ist. Die Erfinder(ingenieure), die im Falle der ersten Nähmaschinen mehr technische Pioniere als Ingenieure waren, widersetzten sich unserer Definition nach dem Gebot der Praxis. Die Praxis (hier wohl der Markt) verlangte nach einem Werkzeug, das die relativ einfache, aber (für Handwerkerinnen) komplizierte Nähbewegung ersetzte, aber nicht zu teuer war. Was „teuer" damals geheissen hat, zeigen heute weniger die vollautomatischen Billigst-Nähmaschinen, als die fehlende Strominfrastruktur in den Entwicklungsländern. Die Tret-Nähmaschine erfüllt bestimmte Gebote des praktischen Lebens. Wer etwa, um Wasser zu schöpfen, einen lebenden Ochsen an den Ziehbrunnen spannt, macht dies wohl eher, weil er kein vernünftigeres Werkzeug, als weil er etwas gegen unsere Definition hat.[43] Gleichwohl hat er, oder vielmehr macht er etwas gegen die Definition. Der Ochse am Ziehbrunnen ist dem Ochsenbesitzer, was der Sklave seinem Feudalherrn und was unser Schmidt seinem Taylor. Alle überbrücken eine vor-zeitige Idee. Sie stehen für antizipierte Werkzeuge, die noch nicht entwickelt sind.[44] So gesehen verfolgen die Ingenieure eine antizipierte Wirklichkeit, sie ‚entwickeln', packen aus oder entfalten, was dem Werkzeug immer schon innewohnt. Ingenieure entwickeln das Werkzeug im besten Sinne des Wortes. Sie entwickeln, wenn man so will, die Menschen aus ihrer viehischen Not, andere Lebewesen, insbesondere andere Menschen als Werkzeuge zu missbrauchen.[45]

43 W. Schulz schrieb 1843, also etwas vor unserer Zeit: „Von diesem Gesichtspunkt aus lässt sich denn auch eine scharfe Grenze zwischen Werkzeug und Maschine ziehen: Spaten, Hammer, Meissel usw., Hebel- und Schraubenwerke, für welche, mögen sie übrigens noch so künstlich sein, der Mensch die bewegende Kraft ist (...) dies alles fällt unter den Begriff des Werkzeuges; während der Pflug mit der ihn bewegenden Tierkraft, Wind- usw. Mühlen zu den Maschinen zu zählen sind" (zit. in: Marx, 1975, 392).
44 „Roboter" ist eine etymologische Ableitung von robot, einem veralteten Ausdruck für Frondienst, der dem gleichbedeutenden tschechischen Ausdruck „robota" entstammt. Roboter heisst aber nicht Roboter, weil er den Frondienst übernimmt, sondern weil er ihn potentiell überflüssig macht.
45 Natürlich schaffen sie nur notwendige, keineswegs hinreichende Bedingungen.

2.2.2. Der eigentliche Automat

Als Automaten definierten wir „tot gesteuerte Maschinen". Diese Definition ist bisher schwach entwickelt, was vor allem darin zum Ausdruck kommt, dass wir die verwendeten Kriterien „-form" genannt haben, nämlich die Antriebsform und die Steuerungsform. Unsere Kriterien heissen „Form", weil sie sich auf einen diskursiven Zusammenhang, der sich erst rückblickend einstellt, beziehen. Ein Werkzeug wird als Mittel für einen bestimmten Zweck konstruiert und nicht unter dem Gesichtspunkt, etwas herzustellen, was menschlicher Energie und Steuerung bedarf. Vielmehr hat der Konstrukteur den Zweck des Werkzeuges im Auge und nimmt lediglich in Kauf, dass es vom Menschen bedient werden muss. Dieser Nachteil des Werkzeuges erscheint erst von der Maschine her gesehen. Auch die Maschine wird nicht als etwas hergestellt, das man steuern muss, sondern als ein Werkzeug mit dem Vorteil, tote Energie zu verwenden.

Auf der technisch-konstruktiven Ebene ist die Energie als solche unwichtig; sie ist vorhanden. Das technische Problem besteht darin, mit der Energie optimal umzugehen.[46] Die Maschine unterscheidet sich vom eigentlichen Werkzeug dadurch, dass sie „tote" Energie benutzt oder umwandelt. Konstruktiv äussert sich dieser Unterschied darin, dass bei der Maschine die Energiezulieferung mithergestellt oder mindestens konstruktiv mitberücksichtigt werden muss, beim eigentlichen Werkzeug dagegen nicht. Die Tretnähmaschine, um unser Un-Beispiel nochmals ins Licht zu rücken, ist als Konstruktion, von den Steuerungsaspekten abgesehen, hauptsächlich eine kompliziert übersetzte Energiezufuhr unter anderem für eine Nadel, also für einen Maschinenteil, der in etwas anderer Form selbst als Werkzeug auftreten kann. Maschinen mit erkennbaren Werkzeugen, wie Näh- oder Bohrmaschinen, erscheinen uns als typischste Maschinen, weil sie funktional sichtbar bestimmt sind. Maschinen wie Dynamos oder Motoren erscheinen zwar als eigenständige Dinge,

---

46 Wobei der technische Umgang mit der Energie auf globalerer Ebene, wie sie sich in der Gesetzgebung niederschlägt, selbst verschiedene Phasen durchläuft. Bis vor knapp einhundert Jahren stellten wir der Technik die Aufgabe, uns vor natürlichen Energien zu schützen, bis etwa 1960, uns natürliche Energien verfügbar zu machen, und jetzt schützen wir die Natur vor unseren Anwendungen der Energie.

die wir als Maschinen auffassen; weil sie aber als Werkzeug funktional nicht festgelegt sind, heissen sie, wo sie überhaupt als Maschinen betrachtet werden, einschränkend „Kraft"-Maschinen. Kraftmaschinen sind Werkzeugteile, sie zeigen ihren Werkzeugcharakter erst im konkreten Einsatz, in welchem sie immer innerhalb einer Gesamtheit stehen, deren Funktion konstruktiv festgelegt ist.

Unsere „Form"-Kriterien rekonstruieren die bedeutungsmässige Intention der Automatenhersteller nur diskursiv. Die Plausibilität dieser Kriterien zeigt sich überhaupt erst – quasi rückblickend – in der weiteren Entwicklung der Definition.

2.2.2.1. Die Konstruktion der Automaten

Alle Automaten sind tot geregelt, aber eigentliche Automaten haben eine *explizit* konstruierte Regelung.[47] Die konstruktive Intention des Ingenieurs richtet sich beim eigentlichen Automaten nicht mehr nur auf den Zweck des Werkzeuges, sondern sekundär auch auf das Werkzeug selbst.

Natürlich unterscheiden sich „tot gesteuerte Maschinen" von „lebendig gesteuerten" auch durch konstruierte Merkmale; alle Maschinenteile, die den menschlichen „Steuermann" überflüssig machen, sind konstruiert. Aber das Kriterium „Steuerungsform", das Automaten von Maschinen trennt, unterscheidet zwischen konstruierter und nicht konstruierter Steuerung, während das Kriterium „Steuerungskonstruktion" zwei verschiedene *Konstruktionsarten* unterscheidet. Beim eigentlichen Automaten ist die Steuerung in einer eigenständigen Konstruktion verwirklicht.

Tot gesteuerte Maschinen teilen sich – konstruktiv – in solche, die implizit gesteuert und in solche, die *explizit* gesteuert sind. Die einen nennen wir Halbautomaten, die andern eigentliche Automaten.

---

47 „Im Gegensatz zur Steuerung von (...) Vorgängen wird bei einer Regelung das Ergebnis der Verstellung ihrer Grössen durch fortwährende Messung kontrolliert

Auch Halbautomaten sind totgesteuerte Maschinen, also Maschinen, die nicht einfach stur ‚arbeiten', bis man sie abstellt. Sie ‚merken' wie Automaten in bezug auf bestimmte Funktionen auch automatisch, wann sie was ‚arbeiten' müssen, auch sie ‚reagieren' auf bestimmte Bedingungen selbst.
Wo wir von Reagieren auf bestimmte Bedingungen sprechen, ist eine weitere Redeweise nachzuführen. Reagieren impliziert eine bestimmte *Sensibilität*. Wer mit eigentlichen Werkzeugen arbeitet, ist selbst, quasi anstelle des Werkzeuges, sensibel. Er steuert den Hammer auf den Nagel, und zwar nur so lange, bis der Nagel im Brett ist. Auch eine eigentliche Maschine ‚merkt' so wenig wie ein Werkzeug. Sie besitzt weder Sensibilität nach aussen noch nach innen; sie hat weder Sensoren, die irgendeine Rückmeldung leisten, noch verwendet sie ein inneres Modell. Selbstverständlich sprechen wir auch nicht von Sensibilität, wenn beispielsweise eine Bohrmaschine auf zu hartes Material oder zu grossen Vorschub reagiert, indem sie festgeht oder den Bohrer bricht. Von Sensibilität sprechen wir – jedenfalls bei Werkzeugen - nur, wenn sie adäquat reagieren. Alle Automaten sind funktional Werkzeuge, die bestimmte Bedingungen prüfen und adäquat reagieren. Automaten sind in genau bestimmter Art sensibel.
Der Fliehkraftregler ist in gewisser Hinsicht der Urtyp des Halbautomaten, auch wenn er bei weitem nicht die älteste tote Regelung verkörpert.[48] Der 1786 von J. Watt eingeführte Fliehkraftregler steht als Modell

    und, wenn erforderlich, korrigiert" (Thome, Wie funktioniert das? Die Technik (...), Lexikon, 1986, 84). Für den hier diskutierten konstruktiven Gesichtspunkt ist die ohnehin problematische Unterscheidung zwischen Steuerung und Regelung nicht nötig.
48 „Die älteste bekannte Regelung ist eine Schwimmerregelung bei einer (antiken) Wasseruhr. (...) Erst aus der Zeit nach 1600 können Neuentwicklungen auf dem Gebiet der Regelungstechnik beobachtet werden. Der Niederländer Cornelis Drebbel entwickelte die erste Temperaturregelung. Die Schwimmerregelung gewann beim Dampfkessel- und Dampfmaschinenbau neue Bedeutung. Der neue Industriezweig förderte die Entwicklung von Druckregelungen. Im 18. Jahrhundert findet man viele Regelungen, die ihren Ursprung im Mühlenbau hatten. Alle bisher erwähnten Regelungen (...) wurden dem technischen Publikum kaum bewusst: Erst über den berühmten Fliehkraftregler der Dampfmaschine wurde das Reglerproblem allgemein bekannt" (Ilgauds, 1980, 60f).

für Maschinenregelung schlechthin.[49] Bis J. Watt den Fliehkraftregler auf der Dampfmaschine einsetzte, verwendeten die Techniker das Regelungs-„Prinzip rein intuitiv, und es ist niemand bekannt, der das Gemeinsame zwischen den verschiedenen Regelungen bemerkt und ausgedrückt hätte" (O. Mayr zit. in: Ilgauds, 1980, 61). Beim Fliehkraftregler nutzt man die mit steigender Drehzahl wachsende Zentrifugalkraft auf in Radialrichtung bewegliche Gewichte aus. Diese werden beispielsweise gegen eine Feder, durch welche sie zurückgezogen werden, in Abhängigkeit der Drehzahl nach aussen gezogen, so dass ihre Distanz zum Zentrum proportional zur Drehzahl ist. Bei der Fliehkraftkupplung in einem Auto beispielsweise befindet sich der abtreibende Kupplungsbelag auf der Innenseite einer Trommel, der antreibende Kupplungsbelag auf radial beweglichen Gewichten innerhalb der Trommel. Die Kupplungsbeläge der treibenden Seite werden durch die von der Drehzahl abhängigen Fliehkraft nach aussen gezogen und gegen die Beläge der getriebenen Seite der Kupplung gedrückt, respektive bei sinkender Drehzahl durch entgegengesetzte Federkraft zurückgezogen. Die Fliehkraftkupplung schliesst die Kraftübertragung, wenn man Gas gibt und damit die Motorendrehzahl erhöht, und unterbricht sie, wenn man – zum Schalten oder zum Anhalten – vom Gas geht. Die Fliehkraftkupplung ‚merkt' in ihren Fliehgewichten, wann sie schliessen muss. Sie entnimmt die nötige Information der Fliehkraft, die auf ihre Gewichte wirkt. Sie reagiert unmittelbar auf die vom Motor zum Getriebe zu übertragende Energie, also auf eine *im* eigentlichen Energiestrom liegende, und deshalb *implizit* genannte Information.

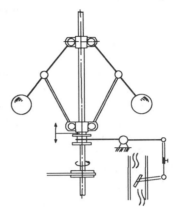

Fliehkraftregler
(nach Bechstein/Hesse, 1974, 26)

---

49 J. Watt war keineswegs alleine, er hatte die Fliehkraftregelung nur sehr wirksam eingesetzt. Sie wurde beispielsweise etwa gleichzeitig auch von T. Mead im Mühlenbau verwendet (Bechstein/Hesse, 1974, 63).

Eine explizite Steuerung der Kupplung dagegen würde vermeintlich nachahmen, was im handgeschalteten Auto passiert. Dort wird die Information „Drehzahl" auf ein Drehzahl-Anzeigeinstrument ausgelagert, und die Kupplung, auch abhängig von der Drehzahl, aber durch den Autofahrer ‚gesteuert'. Dabei ist hier unwesentlich, ob die Energie des Kupplungsmechanismus als Servomotorenergie tot ist, oder ob sie vom Fahrer stammt. Entscheidend ist die als Steuerung konstruierte Auslagerung der Drehzahlinformation. Wir werden später ausführlicher diskutieren, dass die Redeweise, wonach in einer Fliehkraftkupplung „Information verarbeitet" wird, darauf beruht, dass Kategorien, die anhand von eigentlichen Automaten gewonnen wurden, auf Halbautomaten projiziert werden. Auch die Redeweise „Auslagerung der Information" beruht auf der Idee, dass die Information vorgängig implizit im primären Energiekreis vorhanden war.

Die Alltagssprache ist in mancher Hinsicht sehr präzise. So heissen viele der landläufig als Halbautomaten bezeichneten Maschinen, beispielsweise Automobile, in welchen man zwar schalten, aber dabei nicht auskuppeln muss, Halbautomaten, nicht weil man quasi die Hälfte der Funktion selbst übernehmen muss, sondern weil sie halb-automatische Bauteile wie Fliehkraftkupplungen enthalten.

Dagegen gehen wir mit dem Ausdruck „Automat" in anderer Hinsicht nicht sehr wählerisch um. Häufig bezeichnen wir recht primitive Apparate als Automaten, weil irgendein kleiner Teil des Apparates einen Automatismus bildet.[50]

Reine Maschinen sind mittlerweile selten. Viele Maschinen, auch wenn ihre Gesamtfunktion in der Lieferung mechanischer Kraft besteht, enthalten steuernde Bauteile. Der Viertakt-Otto-Motor ist zweifellos ein Energieerzeuger, also eine Kraft-Maschine im herkömmlichen Sinne. Er besitzt aber – konstruierte – Komponenten, die der Übertragung von Information dienen.[51] Eine solche Komponente von bestimmten Viertakt-

---

50 Nicht nur der Alltag: Das Deutsche Museum in München zeigte auf einer Sonderausstellung, die mit dem sehr schönen Bildband *Wenn der Groschen fällt ...* (Kemp/Gierlinger, 1988) dokumentiert ist, beliebige Apparate, die, weil sie auf Münzeinwurf reagieren, als Automaten bezeichnet werden.

51 Wir sprechen im Alltag von Information, wo diese nur implizit vorhanden ist, wie wir von Energie-*Erzeugung* sprechen, wo Energie nur umgewandelt wird.

Motoren ist die Stösselstange, eine Stahlstange, die ein durch Federn offengehaltenes Ventil periodisch schliesst, sobald die Kurbelwelle des Motors dreht. Wenn sich die Kurbelwelle dreht, wird die Nockenwelle mit den Nocken, auf denen die Stösselstangen aufsitzen, mitgedreht. Dadurch bewegen sich die Stösselstangen auf und ab, wodurch in Intervallen genau zur richtigen Zeit die Ventile des jeweiligen Zylinders geöffnet und geschlossen werden. Der Viertakt-Otto-Motor bedarf auch des richtigen Zeitpunktes für den Zündfunken, was in einer weiteren Automatik gelöst ist. In eigentlichen Maschinen gibt es derartige, implizit oder explizit gesteuerte, „richtige Zeitpunkte" nicht. Im Zweitakt-Diesel-Motor beispielsweise ist, obwohl er auch ein Verbrennungsmotor mit Kolben ist, weder die Bestimmung des Zeitpunktes der Ventilbewegung noch des Zündfunkens ausgelagert, weil nämlich sowohl Ventil als auch Zündkerze in dieser Konstruktionsweise fehlen. Anstelle von Ventilen hat dieser Motortyp nur Schlitze in der Zylinderwand, die durch den sich hin- und herbewegenden Kolben geöffnet und geschlossen werden. Man könnte allenfalls sagen, die Steuerung des Brennstoff-Flusses und des Zündzeitpunktes sei bei dieser Maschine noch „impliziter", etwa in der Anordnung der Ein- und Auslass-Schlitze, während beim beschriebenen Viertaktmotor die Stösselstange dem Ventil ‚mitteilt', wann es offen und wann es zu sein muss, damit das Verbrennungsgemisch zur rechten Zeit in den Zylinder fliesst.

Beide Beispiele, die Fliehkraftkupplung und die Ventilsteuerung, beruhen auf Konstruktionen, die das Reagieren auf die entsprechenden Bedingungen vorsehen. Während bei der Kupplung die Information vollständig impliziert wird, ist die Stösselstange ein Teil, der eigens dazu konstruiert wurde, die entsprechende Information von der Kurbelwelle zum Ventil weiterzugeben. Die beiden Konstruktionen sind unterschiedlich weit ent-wickelt, in beiden wird aber die Information unbedingt weitergegeben. Der Benutzer dieser Halbautomaten kann nicht intervenieren. Im Falle der Stösselstange ist auch nicht ohne weiteres einsichtig, inwiefern man überhaupt intervenieren möchte. Die Fliehkraftkupplung dagegen zeigt ihren Nachteil im Auto, wenn man das Auto anschieben möchte, weil der elektrische Anlasser ausgefallen ist. Da die Kupplung ihre Schliess-Befehle ausschliesslich vom laufenden Motor entgegennimmt, lässt sich der Fliehkraft-Halbautomat im Unterschied zu Fahrzeugen mit „normalen" Kupplungen nicht anschieben.

Übrigens, ob wir im Alltag eine Maschine mit automatischen Teilfunktionen als Maschine oder als Automaten bezeichnen, ist durch den Unterschied mitbestimmt, ob man der Automatik – praktisch erfahrbar – ausgeliefert ist oder nicht. Wenn die Ventilsteuerung in einem Auto defekt ist, bleibt das Auto, Automatik hin oder her, definitiv stehen, wenn aber der Anlasser defekt ist, kann man das Auto – falls es kein Automat ist – anschieben. Die Kupplungsautomatik ist im Unterschied zur Ventilautomatik als Problemquelle unmittelbar erfahrbar.[52] Während viele sogenannte Automaten mit dürftigen Funktionen ihren Namen mit dem bereits erwähnten Detail, dass sie Münzen erkennen, begründen, scheint beim diskutierten Motor dem Alltagsverstand dessen praktischer Nutzen, Energie zu erzeugen, alle automatischen Konstruktionsmerkmale zu überwiegen.

Während in Halbautomaten die Information in der primären Energie steckt, die den Halbautomaten auch antreibt, fliesst sie bei eigentlichen Automaten auf eigens dazu konstruierten, sekundären Energiekreisen. Bei Halbautomaten entscheidet die primäre Energie, wann und wie der Halbautomat bezüglich der automatischen Funktionen arbeitet. Halbautomaten können – von ihrer impliziten Funktion abgesehen – weder durch die Benutzer noch andere Umstände anders

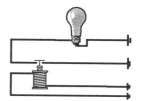

Schalter mit eigener Stromquelle

als über den primären Energiefluss gesteuert werden. Die Fliehkraftkupplung kann also gar nicht gesteuert werden, wenn der Motor still steht.

Eigentliche Automaten werden mit sekundärer Energie gesteuert. Natürlich sind Computer im weiteren Sinne die besten Beispiele für Automaten. Da aber die Computer in einem gewissen Sinne Ziel dieser Ent-

---

52 Der Auto-Halbautomat unterscheidet sich vom Automaten für den Benutzer vor allem dadurch, dass letzterer nicht nur selbständig kuppelt, sondern auch schaltet. Anschieben lässt sich nämlich auch der Automat, der eben in dieser Hinsicht auch keiner ist, nicht.

wicklungsgeschichte sind, verwenden wir für die Erläuterung der expliziten Steuerung zunächst andere Beispiele. Und weil wir unter den existierenden Maschinen für den folgenden Entwicklungsschritt kein vernünftiges Beispiel finden, erfinden wir eine Maschine, die hier als Beispiel dient.[53] Wir stellen uns eine Maschine vor, in welcher die Stösselstange durch einen Draht ersetzt wird, dessen Ende an einem Apparat angeschlossen ist, der registriert, wann das verbrannte Gas aus dem Zylinder ausgestossen werden soll, und dessen anderes Ende zu einem Hilfsmotor führt, der entsprechend das Ventil betätigt.[54] Da dieser Hilfsmotor von einer eigenen Energiequelle angetrieben ist, könnte man ihn abstellen, auch wenn der eigentliche Motor noch arbeitet. Sinnvoller wäre ein solcher Hilfsmotor im anderen der obigen Beispiele, wenn er dazu dienen würde, die Kupplung zu schliessen, wenn man das Auto in der Not anschieben möchte. Beide der damit erfundenen Maschinen sind richtige, wenn auch unsinnige Automaten insofern, als sie neben dem primären Energiefluss, zu dessen Zweck sie gebaut wurden, einen zweiten besitzen, der nur der Steuerung des ersteren dient.

Die Unterscheidung zwischen primärer und sekundärer Energie ist begrifflich nur vom jeweiligen Schalter her gesehen sinnvoll, sie ergibt sich nicht aus einer übergeordneten Funktionseinheit, in welche der jeweilige Schalter eingebaut ist. Wie bereits erwähnt, bedarf beispielsweise unser Viertakt-Motor neben der Ventilsteuerung auch der Steuerung des Zeitpunktes der Zündung, was in einer eigenen Automatik gelöst ist. Die Zündung des Benzingemisches geschieht mittels eines durch die sogenannte Zündkerze elektrisch erzeugten Funkens. In einfachen Motoren wird der Zündzeitpunkt über einen Mechanismus, den sogenannten Zündverteiler, festgelegt, der ähnlich wie die Nockenwellen der Stössel-

---

53 Das Erfordernis, eine derartige Maschine zu erfinden, besteht, weil anschauliche Beispiele in der Praxis tatsächlich fehlen. Wir müssen die Maschine aber nicht neu erfinden; J. Weizenbaum, von dem das Beispiel mit der Stösselstange stammt, hat die entwickeltere, explizite Variante der Ventilsteuerung bereits „entworfen" (Weizenbaum, 1978, 68).
54 Die vielen modernen Motoren, die gemäss J. Weizenbaum tatsächlich so funktionieren (Weizenbaum, 1978, 68), scheinen auf dem Markt keinen grossen Erfolg zu haben. Mir ist kein einziger, der auch nur „ungefähr in dieser Weise funktioniert" bekannt.

stangen von der Kurbelwelle angetrieben wird. Immer wenn sich die Kurbelwelle entsprechend häufig gedreht hat, schliesst dieser Mechanismus den Stromkreis der Zündkerze und löst so den Zündfunken aus – wenn der Stromkreis nicht an einer anderen Stelle, beispielsweise im Zündschloss des Autos, unterbrochen ist. Dieser Zündstromkreis ist im Vergleich zum kerzenlosen Dieselmotor ein konstruktiv ausgelagerter Energiekreis, der seine Energie von einer separaten Quelle, nämlich von der Batterie, bezieht. In gewisser Hinsicht erscheint der Zündverteiler als Steuerungsmechanismus für den Motor. In bezug auf die Teilkonstruktion wird aber, durch den von der Kurbelwelle angetriebenen Zündverteiler, der Zeitpunkt des Zündfunkens gesteuert, so dass der Zündfunken bezüglich der Steuerung die primäre Energie darstellt. Ob und wann die Zündkerze funkt, wird in Abhängigkeit der Drehzahl des mit Benzin angetriebenen Motors entschieden, so dass dieser im Steuerungszusammenhang als sekundärer Energiekreis auftritt.

Typische Beispiele für Automaten auf dem bisher diskutierten Niveau gibt es nicht, weil das, was die Automaten produktiv sinnvoll macht, auf diesem Niveau gerade nicht zur Geltung kommt. Die Auslagerung der Steuerung in einen sekundären Energiekreis macht, wenn nicht ausschliesslich, so hauptsächlich dort Sinn, wo der Benutzer der Maschine eben gerade nicht unmittelbar steuern muss, sondern seine Anweisungen, die an bestimmte Bedingungen geknüpft sind, im Automaten hinterlegen kann. Die erfundenen Beispiele zeigen aber – auch wenn sie nur für analytische Entwicklungsschritte stehen, die in der konstruktiven Praxis übersprungen werden – zwei wesentliche Aspekte der expliziten Steuerung. Zum einen sind konstruktive Auslagerungen von Steuerfunktionen aufwendig. Sie lohnen sich nur, wenn aufwiegende Vorteile damit verbunden sind. Die Anschiebbarkeit ist für automatisch geschaltete Autos, vielleicht weil die Anlasser zu wenig versagen, kein genügend gewichtiger Vorteil, um entsprechende Konstruktionsaufwände aufzuwiegen. Zum andern wird sichtbar, dass die explizite Steuerung zusätzliche Fehlerquellen schafft, die Maschinen also anfälliger macht. Der Otto-Motor kann abstellen, weil der Vergaser ganz schliesst, ihm also die primäre Energie, das Benzingemisch entzieht, er kann aber auch abstellen, weil der sekundäre Energiekreis unterbrochen wird, also der Zündkerze der Strom entzogen wird, was dem primitiveren Dieselmotor nicht passieren kann.

Umgekehrt gibt es aber, da die technische Evolution in kleinen Schritten marschiert, sehr wohl praktische Beispiele für die konstruktive Auslagerung von bestimmten Steuerungsfunktionen in eigene Energiekreise oder in hinterlegbare Medien wie Lochkarten, die älter und, wie unsere erfundenen Beispiele, primitiver sind als Computer. Das naheliegendste Beispiel für den ersten Aspekt bildet sicher die Relais-Station, ein konstruktiver Ursprung der expliziten Steuerung, obwohl der intendierte Sinn der ersten Relais nur bedingt in der Steuerung lag. Das Relais wurde als Teil des Verstärkers für die Telegraphie entwickelt. Die Funktion des Verstärkers ist, das schwächer werdende oder zu schwach ausgestrahlte Signal zwischen Sender und Empfänger zu verstärken. Ein Relais ist ein elektromagnetisch gesteuerter Schalter.[55]

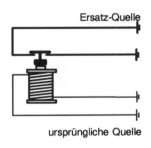

Die Funktionsweise des Verstärkers beruht darauf, dass der primäre Strom des Senders im Verstärker als sekundärer, steuernder Strom auf ein Relais geleitet wird. Das Relais schliesst dann im Verstärker einen primären Stromkreis, wodurch das Signal vom Verstärker mit einer eigenen Energiequelle neu gestartet wird, was im Wort Verstärker relativ schlecht zum Ausdruck kommt. Der Ausdruck „Relais" lehnt sich an die Tatsache, dass bei der Pferdepost, deren Stationen Relais hiessen, die Pferde auch nicht verstärkt, sondern ausgewechselt wurden.

Naheliegende Beispiele für den zweiten Aspekt der ausgelagerten Steuerungsfunktionen sind Konstruktionen, die sehr häufig als Vorläufer der Computer zitiert werden, weil sie mit der Auslagerung der Steuerung insofern wesentlich weiter gehen als unsere Im-Prinzip-Automaten, als sie die Steuerung vom primären Energiefluss ganz abkoppeln und so die Fle-

---

55 R. Weiss beklagt in seiner „Geschichte der Datenverarbeitung", dass anfänglich auch die „Radioröhren (...) zu Schaltern degradiert wurden" (Weiss, 1983, 16). In seiner Geschichte schneiden die Ingenieure ohnehin nicht immer bestens ab: „Die Ingenieure der frühindustriellen Zeit entwickelten lieber monströse mechanische Schalter, um den Strom (...) zu leiten", statt die bereits 1874 entdeckte Halbleitereigenschaft zu verwenden (Weiss, 1983, 11).

xibilität gewinnen, dass auf derselben Maschine verschiedene Steuerkarten verwendet werden können. Die Webstühle von J.Jacquard (1805) reagierten auf in Karton gestanzte Lochmuster, das heisst, die Weber – oder vielmehr deren Vorarbeiter – konnten im voraus steuern, was die Webstühle weben sollten.[56] Dieses losgelöste Steuern ermöglichte, dass sich die Lochkarten mehrfach verwenden und mit geringem Aufwand kopieren liessen. Die Lochkarten erlaubten nicht nur, dass auf verschiedenen Maschinen parallel gewoben wurde, sie ermöglichten auch, dass man für eine Stoffbahn sich wiederholende Muster nur einmal festlegen musste.[57]

Schliesslich vereinigen einige Konstruktionen, die häufig schon als Computer bezeichnet werden – wir zählen sie zur „nullten" Generation der Computer –, beide hier erwähnten Aspekte des Automaten. Diese eigentlicheren

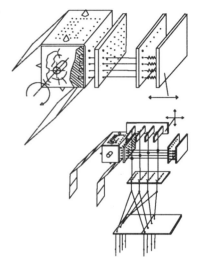

Jacquard-Steuerung
(nach Bechstein/Hesse, 1974, 31)

Automaten – Beispiele sind die ZUSE, die MARK und die ENIAC, die alle dafür berühmt wurden, dass sie Rechnen konnten – konnten vor allem, wenn auch sehr beschränkt, etwas, was den praktisch orientierten

---

56 J.Jacquard verbesserte die Strickmaschinensteuerung von Falcon (1728). Aber kein Automat soll der erste sein: Von vielen Automaten aus der Antike sind vor allem jene bekannt, die Heron von Alexandria (100 Jahre v. Chr.) in seinem Buch *Über die Anfertigung von Automaten* beschrieben hat. Berühmt sind unter anderen die Tempeltüröffner und die geregelten Wasseruhren von Ktesibios (Bechstein/Hesse, 1974, 15ff). Im Mittelalter wurden diverse Steuerungselemente wie Stiftwalzen an Musikautomaten verwendet. J.Jacquard war der erste, der Automaten mit Erfolg industriell nutzte.

57 C.Babbage, der bereits zitierte Erfinder des Computers, hatte vor allem den industriell wichtigen Vorteil hervorgehoben, dass an der gesteuerten Webmaschine schlechter qualifizierte, billigere Leute stehen konnten. Wir werden später darauf zurückkommen.

Webautomaten noch ganz abging: sie konnten nämlich erstens mehrere unabhängige Zwischenergebnisse festhalten und diese im weiteren verrechnen, und sie konnten diese Zwischenergebnisse potentiell für die eigene Steuerung verwenden.

Solche Automaten beruhen auf der Entdeckung, dass die manipulierbaren Schalter eines Automaten, beispielsweise Relais oder Transistoren, sowohl als Speicher von primär interessierenden Ergebnissen wie auch für die Steuerung des Automaten selbst benutzt werden können. Die ersten dieser Automaten reagierten wie Jacquards Webstühle auf Lochkarten. Aber sie unterschieden sich steuerungsmässig in einem wesentlichen Punkt von den Webstühlen. Der Steuermechanismus des Webstuhles war nicht veränderbar, er war auf *eine* Funktion festgelegt. Die Lochkarten solcher Webstühle enthielten lediglich Angaben darüber, wie der gewobene Stoff aussehen soll, aber keinerlei Angaben, die den Steuerungsmechanismus veränderten. Auch die Volkszählungsmaschine von H. Hollerith, die die Lochkarten berühmt machte, war auf eine vorgegebene Verwendung festgelegt. Die Lochkarten enthalten nur Daten, keine Programme. Die „Daten" der Volkszählung, die H. Hollerith auf dollarnotengrosse Karten lochen liess, weil die Banken schon damals genügend Ablagekästen dafür liefern konnten, begründeten die sogenannte „Datenverarbeitung". Holleriths Daten waren durch Umkodierung von natürlichsprachlichen Beschreibungen entstanden, sie waren also digitale Abbildungen. J. Jacquards Webstuhlkarten dagegen enthielten keine Symbole, sie entsprachen einer analogen Abbildung. Die Lochkarten erlaubten oder verhinderten durch entsprechende Lochung, dass der jeweilige Kettfaden des Webgutes mustergemäss gehoben wurde. Dem praktischen Verstand erscheint die Jacquard-Lochkarte als Programm zur Maschinensteue-

Alter	Stand	Beruf	Religion
bis 5 Jahre	ledig	Industr. arbeit	prot.
6-10 J.	verhei.	Landarbeit.	kath.
11-20 J	gesch.	Kaufm.	jüd.
21-30 J	Zahl der Kinder	Leitend. Angest.	andere Relig.
31-40 J	1 Kind	Staatsdienst	Mtl. Eink.
41-50 J	2 Kind.	Freie Berufe	bis 100 $

Aufbau der Lochkarte von H. Hollerith (nach Bechstein/Hesse, 1974, 39)

rung[58], aber natürlich „steuern" in demselben Sinne auch Holleriths „Daten"-Karten die Maschine zu einem gewünschten Resultat. In beiden Fällen verändert sich die Maschine durch nachgeführte Beschreibungen, aber programmiert im engeren Sinne werden beide Maschinen nicht. Die Unterscheidung zwischen Daten und Programmen verlangt eine Lochkartenmaschine, wie sie von G. Tauscheck 1930 vorgestellt wurde. Mit der „Programm-Lochkarte", welche zunächst als Stecktafel auftrat, konnte Tauschek die Maschine so verändern, dass sie die „Daten-Lochkarten" auf verschiedene Arten verarbeiten konnte, während Jacquards und Holleriths Maschinen ihre Daten nur in einer Weise verarbeiteten. Wesentlich ist, dass die Programme, die bestimmten, wie die Daten-Lochkarten verarbeitet wurden, selbst auch auf einer Art „Lochkarten" gespeichert waren. Durch die Einführung dieser zweiten Art von Lochkarten wurde die Steuerung einerseits explizit von den Daten getrennt und andrerseits praktisch gezeigt, dass Programme wie Daten gespeichert werden. Diese Steuerungslochkarten, die in den ersten Computern verwendet wurden, wirken als festgelegte Schalter auf manipulierbare Schalter in den Automaten. Durch ein bestimmtes Loch in der Lochkarte wird dabei jeweils ein Strom ausgelöst, der beispielsweise über ein Relais einen bestimmten Schalter im Automaten schliesst, so dass ein weiterer Stromkreis, der durch diesen Schalter unterbrochen war, geschlossen wird. Die Stromkreise, die diese Schalter öffnen und schliessen, sind also mehrfach verschachtelt. Ausserdem kann jeder Stromkreis von mehreren unabhängigen Relais abhängig sein. Da der jeweilige Stromkreis nur ge-

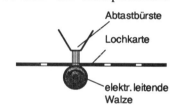

Abtastung von Lochkarten
(Duden, Informatik, 1988, 334)

---

58 „Mit einer sinnreichen, mit aneinandergereihten Lochkarten ausgeführten Programmsteuerung, (...) gelang es ihm (Jacquard), jeden Kettfaden (...) mustergemäss zu senken" (Bechstein/Hesse, 1974, 30). „Die Maschinensteuerung lässt sich bis auf zwei französische Erfindungen zurückverfolgen: die von Falcon (...) und die von Jacquard, eine gesteuerte Webmaschine" (Braverman, 1977, 154). „Der Jacquard-Webstuhl arbeitet mit gelochten Pappkarten (die ersten Lochkarten) als Steuermedium, (...)" (Weiss, 1983, 9).

schlossen ist, wenn alle seine Schalter geschlossen sind, führt das Schliessen eines bestimmten Schalters nicht zwangsläufig zum Schliessen des Stromkreises, in welchem der Schalter ist. Solche Konstruktionen ermöglichen, dass die Steuer-Lochkarte bedingte Anweisungen, respektive unbedingte Anweisungen, die nur bedingt ausgeführt werden, gibt: ein bestimmter Stromkreis wird jetzt geschlossen, wenn zuvor ein bestimmter anderer auch geschlossen wurde, sonst nicht. Die zuvor angesprochenen Schalter wirken quasi als Speicher, die Information darüber enthalten, ob sie zuvor geschlossen wurden oder nicht.

Damit war die sogenannte Turing-Maschine, die einen universellen Steuerungsmechanismus darstellt, im wesentlichen gebaut. Entsprechend äusserten die Erbauer von ENIAC in der Zeitung „Prisma" vom November 1946: „Bei der Konstruktion von ENIAC wurden manche Erfahrungen gewonnen, die es ermöglichen werden, in Zukunft ähnliche Maschinen kleiner und einfacher auszuführen. *Keinesfalls* wird es aber gelingen, elektronische Rechenmaschinen zu bauen, die mehr leisten als ENIAC, denn bisher hat man trotz aller Bemühungen noch keine einzige noch so komplizierte mathematische Aufgabe gefunden, die ENIAC nicht einwandfrei gelöst hat" (zit. in: Weiss, 1983, 17). Diese etwas unverschämt anmutende Äusserung ist in gewisser Hinsicht korrekt. Die Computer der „nullten" Generation sind bereits eigentliche Automaten. Wir nennen sie Turing-Maschinen, weil A. Turing eine mathematische Theorie geliefert hat, die formal nachweist, dass diese Maschinen die Transformationsregeln jeder formalen Sprache verkörpern können, weil sie ihrerseits auf einer „universellen Maschine" beruhen, die alle steuerbaren Automaten simulieren kann.[59]

Mit seiner ideellen „Maschine" zeigte A. Turing, dass sich mathematische Abstraktionen in Maschinen begründen. Insbesondere hat A. Turing mit seiner Maschine den Begriff des Algorithmus, der zuvor für rechnerische Verfahren insgesamt verwendet wurde, spezifiziert.[60] Ein eigentli-

---

59 Das konstruktive Prinzip der sogenannten Turing-Maschine erläutert J. Weizenbaum anhand eines „Tonbandgerätes", das in Abhängigkeit der auf dem Band gespeicherten Töne das Band vorwärts oder rückwärts bewegt und weiter Töne aufnimmt, respektive vorhandene Töne ersetzt (Weizenbaum, 1978, 85ff).
60 „Die Bezeichnung *Algorithmus* wird auf den Namen des persisch-arabischen Mathematikers und Astronomen Ibn Musa Al Chwarismi zurückgeführt. Man ver-

cher Algorithmus (effektives Verfahren) ist eine abstrakte, vollständige Beschreibung eines Maschinensteuerungsprozesses.[61] Hinter jedem Algorithmus steckt die Steuerung einer wirklichen Maschine. Selbstverständlich gibt es keine Allzweckmaschine. Universell ist die Turing-„Maschine" lediglich als Steuerungskomponente *für* Maschinen. Im gleichen Sinne könnte man auch den Otto-Motor als universelle Maschine bezeichnen, weil er als Antriebs-„Maschine" alle wirklichen Maschinen antreiben kann.

Computer, die sich lohnen, beruhen seit ihrer ersten Generation auf der von J. von Neumann formulierten, nach Tauscheks Maschine an sich trivialen Tatsache, dass man nicht nur Zwischenresultate, sondern auch die Daten, die insbesondere auf der Steuerungs-Lochkarte gespeichert sind, in den Computern selbst abspeichern kann. Dadurch wird die Geschwindigkeit, mit welcher der Computer die Anweisungen aufnehmen kann, beachtlich erhöht. Vor allem aber können in solchen Automaten auch Zwischenresultate des Computers effizient zur Steuerung des Computers verwendet werden. Das ist in lochkartengesteuerten Computern nur theoretisch möglich, weil dort die Zwischenresultate immer, entsprechend umgeformt, zuerst auf die Steuerungs-Lochkarten gestanzt werden müssten, die gerade die Anweisungen geben. Man hat anfänglich tatsächlich einzelne quasi vorzeitliche Computer-Dinosaurier mit bis zu siebzig Lochstreifenlesern ausgerüstet, zwischen welchen jeweils hin und her geschaltet wurde. Sie sind rasch ausgestorben; sie sind durch die viel flexibleren Rechner, die J. von Neumann beschrieben hat, ersetzt worden. Die Computer, die ihre Steuerbefehle wie andere Daten gespeichert haben, bilden die praktische Lösung der Problematik. J. von Neumanns Beschreibung hat deshalb eine enorme praktische Bedeutung, während Turings Maschine „nur" theoretisch interessant war.[62]

---

stand darunter ursprünglich das um 1600 n. Chr. in Europa eingeführte Rechnen mit Dezimalzahlen" (Duden, Mathematik, 1985, 31f).

61 Duden argumentiert – mathematisch – umgekehrt: „Die Angabe eines Algorithmus als Lösungsverfahren eines Problems ermöglicht es prinzipiell, das Problem auch mit Hilfe von Rechenanlagen zu lösen" (Duden, Mathematik, 1985, 32).

62 Dem Theoretiker gilt deshalb Turings, dem Praktiker von Neumanns Beschreibung als entscheidender Durchbruch: „Es war einer der grössten Triumphe der menschlichen Intelligenz, als 1936 der englische Mathematiker Alan M. Turing beweisen

Damit ist eine noch engere Definition des Automaten impliziert. Die Steuerung des Automaten muss in Abhängigkeit von bestimmten Bedingungen, die *in ihm* gespeichert sind, auf die vorgesehenen äusseren Bedingungen reagieren. Der angeführte Zündstromkreis im Auto, der mit dem Zündschlüssel unterbrochen werden kann, erfüllt diese Bedingung nicht, weil mit dem Zündschlüssel nur unmittelbar eingegriffen werden kann, die angeführte Webstuhlsteuerung erfüllt diese Bedingung nicht, weil sie stur durchzieht. Eigentliche Automaten sind explizit gesteuerte Werkzeuge, deren Steuerung selbst auf variable Bedingungen reagiert. Eigentliche Automaten befolgen nicht ein festgelegtes, sondern ein flexibles Programm, das sie selbst nach Massgabe von relativ äusseren Bedingungen beeinflussen.

2.3. Sprache als nicht-intendiertes Produkt der Ingenieure

Als nichtintendierte Produkte bezeichnen wir umgangssprachlich Produkte, die, wenn auch nicht ungewollt, so trotzdem nebenbei entstehen. Teflon, um ein Beispiel zu nennen, das eine Alltagsgeschichte hat, ist ein hitzebeständiges Material, das eine Zeitlang unter anderem in Bratpfannen als Belag diente. Das Material wurde gemäss dieser Geschichte einerseits als „Abfall"-Produkt der Raumfahrtforschung vermarktet, da es aber im Alltag lange Zeit nützlicher war als die Weltraumflüge, musste es immer auch als typisches Beispiel für sich lohnende Nebenprodukte der enorme Kosten verursachenden Raumfahrtforschung herhalten. Intendiert, eigentlich beabsichtigt, hatten diese Ingenieure Raketen, die genügend hitzebeständig waren, um in der Atmosphäre nicht zu verglühen, erfunden haben sie unter vielem andern, lange bevor die Raketen ihren Zweck erfüllten und auf dem Mond gelandet waren, Bratpfannenbeläge.

konnte, dass der Bau einer solchen Maschine möglich ist" (Weizenbaum, 1978, 88); „Hier erfolgte der bahnbrechende Schritt, den John von Neumann in einer genialen Abstraktion des Steuerungsprozesses vollzog" (Weiss, 1983, 15). G. Révész schreibt in einer Von-Neumann-Biographie gar: „Die Turing-Maschine ist eine rein mathematische Abstraktion, die wegen ihrer Primitivität für den praktischen Gebrauch absolut ungeeignet ist" (Révész, 1983, 100).

Natürlich entwickeln sich die nicht-intendierten positiven Abfallprodukte nicht zufällig bis zur Marktreife. Vielmehr schaffen ursprünglich nichtintendierte Produkte, wenn sie als mögliche Produkte auftauchen, eine neue Intention in Form einer neuen technischen Aufgabe, die dann meistens von anderen Ingenieuren wahrgenommen wird.

In einem weit allgemeineren Sinne fassen wir alle Produkte, die in der für Werkzeugentwicklung wesentlichen Zweck-Mittel-Verschiebung entstehen, als zunächst nicht-intendierten Produkte auf. In dieser Zweck-Mittel-Verschiebung, in welcher die Bestellung des Ackers zunächst die Hacke und dann den Pflug verlangte, erforderte die Produktion der computergesteuerten CNC-Werkzeugmaschinen, mit welchen mittlerweile landwirtschaftliche Anbaumaschinen produziert werden, die selbst hochautomatisiert sind, neben Konstruktionszeichnungen auch *Programmiersprachen*.[63]

2.3.1. Die Abbildung der Automaten

Obwohl die Maschine konstruktiv komplexer ist als ein Werkzeug, stellt sie, was ihre Abbildung betrifft, für die Ingenieure gegenüber dem Werkzeug keine neuen Probleme. Maschinen erscheinen in den Abbildungen der Ingenieure wie eigentliche Werkzeuge als strukturierte Gegenstände, die sich, nachdem sie einmal hergestellt sind, nicht darstellungswürdig verändern. Eine Zange etwa, die man öffnet und schliesst, nimmt zwar verschiedene Zustände an, aber nicht einmal einem Konstrukteur, der sich mit Zangen beschäftigt, fällt es ein, ihre Bewegungen als Veränderungen zu beschreiben. Man bildet Zangen wie Hämmer oder Schraubenzieher in statischen Konstruktionszeichnungen ab, weil ihre Bewegungen weder bei ihrer Anwendung noch bei ihrer Herstellung Missverständnisse zulassen. Auch komplexere Werkzeuge wie der Dynamo, die Turbine oder unser Viertaktmotor lassen sich, von hier nicht in-

---

[63] Mittlerweile ist natürlich auch die Abbildungs-Sprache als solche durchaus intendiert: „Aufgabe der Informatik ist es nicht nur, künstliche, formale Sprachen zur expliziten und eindeutigen Formalisierung von Algorithmen bestimmten Typs, das heisst *Programmiersprachen*, zu entwickeln (...)" (Schneider, 1983, 262).

teressierenden Materialangaben abgesehen, mit Zeichnungen konstruktiv vollständig beschreiben. Maschinen und Werkzeuge, übrigens auch Uhren, sind insofern „zeitlos", als sie zeitunabhängig darstellbar sind. Dass im Verbrennungsmotor in einem bestimmten Moment ein Ventil zu, und der Kolben oben ist, ist eine zwingend Folge der Konstruktion, die man nicht zusätzlich beschreiben muss. Die zunehmende Komplexität der Werkzeuge zeigt sich bis hin zum Halbautomaten lediglich in mehr aufeinander abgestimmten Einzelteilen. Für komplexere Maschinen ist es zwar im Sinne von F. Taylor üblich, neben den Konstruktionsplänen auch Montageanweisungen zu erstellen. Damit wird in einem gewissen Sinne eine zeitliche Abfolge dokumentiert, aber sie betrifft nicht das Werkzeug als solches, das durch solche Anweisungen nicht präziser, sondern nur anschaulicher bestimmt wird. Sehr anschaulich sind die sogenannten Explosions-Zeichnungen, die – hauptsächlich in Ersatzteilkatalogen – die Anordnungen der Teile so zeigen, wie sie nacheinander zusammengebaut werden müssen. Auch zeitabhängige Darstellungen von Belastungsproben wie etwa die Darstellung einer aufschwingenden Brücke haben, da sie vor allem dokumentieren, wie ein schlechtkonstruiertes Werkzeug „zugrunde" geht, nicht anweisenden Zweck. Dass heute nicht nur Brükken, sondern viele Werkzeuge und Maschinen als von verschiedenen Einflüssen abhängige Teilsysteme betrachtet werden, zeigt, dass statische Phänomene häufig beschränkter Auflösung geschuldet sind. Der Konstruktionsanweisung selbst genügt – ausser bei eigentlichen Automaten – dennoch die statische Zeichnung.

Wir haben damit ein praktisches Kriterium für Automaten gefunden: Nichtautomatische Werkzeuge kann man konstruktiv vollständig zeichnen. Ob man ein Werkzeug zeichnen kann, hängt nicht davon ab, ob das Werkzeug auf äussere Bedingungen reagiert, sondern wie es das tut. Halbautomaten reagieren auch auf ihnen äusserliche Bedingungen, da ihre Steuerung aber implizit, also so eingebaut ist, dass sie sich in der Zeit nicht verändern, lassen sich Halbautomaten zeichnen – und damit praktisch eindeutig ausgrenzen. Werkzeuge, die keine Automaten sind, verändern sich nur während ihrer Herstellung. In diesem Prozess, in dem sie überhaupt erst Werkzeuge werden, verändern sie sich unter dem Einfluss der Energie, die für ihre Herstellung nötig ist, bis sie ihren Endzustand erreicht haben. Wenn eine Maschine fertig hergestellt ist, wird ihr nur noch Energie zugeführt, die sie umgewandelt wieder abgeben soll, ohne dass die Maschine sich dabei verändert.

Eigentliche Automaten transformieren nicht nur ihr Produkt, sie ändern im Unterschied zu den andern Werkzeugen vor allem auch sich selbst. Dazu benötigen sie sekundäre Energie. Den Automaten muss auch nach ihrer eigentlichen Herstellung, die in diesem Sinne nie abgeschlossen ist, weiter „Herstellungs"-Energie zugeführt werden. Diese Steuerungsenergie ist „Herstellungs"-Energie, weil sie dem eigentlichen Zweck des Automaten verloren geht, da sie nicht dem Produkt, sondern nur dem Automaten selbst dient. Wir bezeichnen die Energie, die im Automaten in diesem Sinne „verloren" geht, als dissipative (zerstreute) Energie.[64] Während die Energie, die beispielsweise in Maschinen in Reibungswärme umgewandelt wird, uns wirklich verloren geht, verwenden die Automaten die Steuerungsenergie dissipativ zur Erzeugung von Strukturzuständen, die sie an die jeweiligen Teilaufgaben adaptieren. Bestimmt eingesetzte Steuerungsenergie verwandelt die Automaten-Hardware sogar in verschiedenste konkrete Automaten, so dass dieselbe Hardware manchmal Teil einer Buchhaltungsmaschine und manchmal Teil einer Textverarbeitungsmaschine ist. Bei der Konstruktion der Hardware lässt sich die Abfolge der Zustände eines Computers nicht vorhersehen.

Zwar weiss der Konstrukteur einer Zange auch nicht, zu welchen Zeiten, respektive unter welchen Bedingungen die von ihm konstruierte Zange verwendet wird, aber es ist für seine Konstruktionszeichnung insofern ohne Belang, als die Zange unverändert allen vernünftigerweise verlangten Bedingungen genügt. Natürlich bleiben auch die einzelnen Teile in der Hardware eines Automaten immer an derselben Stelle, und wenn bestimmte Schalter öffnen und schliessen, machen sie auch nicht kompliziertere Bewegungen als eine Zange, die beisst, oder als ein Ventil im laufenden Otto-Motor. Dementsprechend lässt sich ein Automat in jedem seiner möglichen Zustände, also in jedem bestimmten Zeitpunkt

---

[64] I. Prigogine revolutionierte die Naturwissenschaften mit der Erkenntnis, dass die dissipative Energie, die wir gedanklich mit Verlust (Entropie) verbinden, Quelle der jeweils makroskopischen Ordnung – die sich etwa in der Struktur der Kerzenflamme zeigt – ist (Prigogine/Stengers, 1980, 152), was nach H. Haken „leider" nicht immer stimmt (Haken, 1988, 241).

auf seine Hardware reduzieren und zeichnen, wie ein eigentliches Werkzeug oder eine Maschine. Aber ein Automat ist durch die Lage und die Bewegungsräume seiner Schalter nicht ausreichend bestimmt. Ein Computer ist vor seiner Programmierung kein betriebsbereites Werkzeug, sondern lediglich ein Halbfabrikat, das erst durch die Programmierung für zwar beliebige, aber immer genau bestimmte Zwecke hergestellt wird.[65] Der Automat ist konstruktiv erst vollständig bestimmt, wenn seine bedingten Zustandsänderungen festgelegt sind.

Als Anweisungen haben Zeichnungen gegenüber sprachlichen Abbildungen einige bereits diskutierte Vorteile; sie haben aber auf dem Produktionsniveau der Automaten einen entscheidenden Nachteil: sie sind statisch. Die bedingten Übergänge in jeweils andere Hardware-Zustände, die den Automaten ausmachen, lassen sich aus prinzipiellen Gründen nicht zeichnen. Das man nicht zeichnend programmieren kann, hat nichts mit der Einfältigkeit heutiger Automaten zu tun. Ein ausgedachter Roboter, wie ihn etwa F. Taylor in Form von Schmidt beschrieben hatte, würde Zeichnungen zwar ohne weiteres als Anweisungen akzeptieren. In diesen Anweisungen wäre aber nicht mehr der Automat, sondern nur das durch ihn hergestellte Produkt beschrieben. Es ist nicht die Beschränktheit der Automaten, die sprachliche Anweisungen erfordert; es sind die Anweisungen, die bedingte Veränderungen abbilden, die sich nicht zeichnen lassen.[66] Zwar kann man Zeichnungen in Comics oder in Fil-

65 Diese Betrachtungsweise ist keineswegs gekünstelt, sie wird von Informatikern vorgeschlagen. K. Bauknecht und C. Zehnder schreiben in ihrem Informatik-Lehrbuch, die Hardware ohne Programm sei ein flexibles Gerät für verschiedene Zwecke, aber nur im Sinne einer Bereitschaft, während die Hardware mit Programm eine Maschine für die Lösung einer bestimmten Aufgabe darstelle (Bauknecht/Zehnder, 1980, 19). Nebenbei bemerkt, wird der Ausdruck „Maschine" auch in ihrer Formulierung für inhaltlich festgelegte Geräte verwendet.

66 Als „neuronale Netzwerke" werden Automaten bezeichnet, deren Input/Output-Relation „trainiert", statt programmiert wird. Die hinter der Sichtbarkeitsgrenze gehaltene Steuerung wird solange manipuliert, bis der Automat die gewünschte Funktion verkörpert, also auf einen bestimmten Input einen bestimmten Output liefert. Im Jargon der KI-Forschung wird diese versteckte Trial-and-Error-Programmierung häufig naiv als Lernen der Automaten bezeichnet. Da das Training auf die Produkte bezogen ist, kann es natürlich mit Zeichnungen erfolgen. Was im Automaten geschieht, lässt sich aber auch bei „neuronalen Netzwerken" nur sprachlich beschreiben.

men so aneinanderreihen, dass sie eine Veränderung eines Referenten dokumentieren, dazu müssen aber die Veränderungen des Referenten, respektive das Auftreten der für die Veränderung relevanten Bedingungen zeitlich determiniert sein, was dem Wesen des Automaten ganz genau widerspricht. Das Wesen des Automaten, also sein geordnetes Verhalten in der Zeit, seine reproduzierbar beabsichtigte (gesteuerte) Veränderung, lässt sich nur sprachlich abbilden, was eben darin Ausdruck findet, dass seine konstruktive Fertigstellung „(programmier-)sprachlich" erfolgt.

Automaten zeichnen sich nicht dadurch aus, dass sie dynamisch sind, sondern dadurch, dass sie nur dynamisch beschreibbar sind. Wesentlich ist nicht, dass sich in Automaten etwas bewegt, obwohl das wie auch in Maschinen mindestens auf die Energie bezogen immer der Fall ist, sondern dass die verschiedenen Zustände in ihrer Reihenfolge nicht so festgelegt sind, dass sie sich aus einem zeichenbaren Anfangszustand zwangsläufig ergeben.

2.3.1.1. Der abstrakte Automat

Der eigentlich produktive Witz der Sprache liegt aber nicht nur in der Möglichkeit der dynamischen Abbildungen, sondern vor allem darin, dass man sich mittels Sprache auf „inhaltslose" Referenten beziehen kann, also auf Referenten, die weder Form noch Inhalt haben. Dieser Aspekt der Sprache, der durch die Ingenieure – die durch ihre Konstruktionspläne bereits das Zeichnen produktiv bedeutungsvoll machten – entwickelt wurde, erlaubt es, Automaten, die immer eine bestimmte Form und eine bestimmte Bedeutung haben, inhaltslos abstrakt zu beschreiben. In diesen Sprachen erscheint der Automat als System.

„System" steht für die abstrakte Repräsentation der Automaten, in welcher vernachlässigt wird, was für die konstruktive Abbildung des Automaten überhaupt unwichtig ist. Dass der Begriff System im terminologischen Sinne ausschliesslich für die abstrakte Repräsentation des Automaten steht, wird auch von vielen Fachleuten ignoriert. Weil der Begriff innerhalb ihrer Systembeschreibungen nur als oberster Oberbegriff erscheint, wird er in den meisten Büchern, die sogar ihren Titeln nach ein System beschreiben, nie verwendet – und dementsprechend schon gar nicht erklärt.[67] Das Wissen um die im abstrakt-einfachen Begriff versteckte Komplexität findet nicht zuletzt darin seinen Ausdruck, dass wir – jenseits der Fachsprachen – fast alles, was wir nicht verstehen, mit dem Allerweltsausdruck System bezeichnen.[68] Weil in unserem Zusammenhang nicht vor allem der Begriff des Systems, sondern die Funktion und die Art der Abstraktheit von inhaltsleeren Begriffen interessiert, verwenden wir im folgenden einen zwar korrekten, aber sehr restringierten Systembegriff. Wichtig ist, dass wir diese Art abstrakter Begriffe nicht über Definitionen im bisherigen Sinne vereinbaren (können).[69] Wir vereinbaren „inhaltsleere" Begriffe, indem wir den Abstraktionsprozess, der zum jeweiligen Begriff führt, – wie es in den folgenden Abschnitten beispielhaft für einige relevante Begriffe ausführlich geschieht – beschreiben.

Als System erscheint der ursprüngliche Automat wie ein völlig durchsichtiges Skelett. Seine ursprünglich bedeutungsvollen Teile sind bis auf ihren Grund abgemagert; sie heissen, nachdem wir ihre Form und ihre Bedeutung abstrahiert haben, Entitäten. Von den Teilen eines Automaten bleibt in abstrakten Entitäten nur, dass sie entweder selbst aus weiteren Entitäten bestehen (wir sprechen auch von Sub-Entitäten) oder aberkleinste Entitäten sind, und dass sie in einer bestimmten Anordnung miteinander verbunden sind. Ein System ist in diesem noch nicht ausformulierten Sinne eine strukturierte Entität, die sich in der Zeit gesteuert verändert.

Entitäten haben Identität.[70] Ein praktisch – in der Praxis – wichtiger

---

67 Während M. Vetter beispielsweise in seinem Buch *Aufbau betrieblicher Informationssysteme* (Vetter, 1987) den Begriff System gar nie verwendet, erklärt C. Zehnder in seinem Buch *Informationssysteme und Datenbanken* unter dem Titel „Systemübersicht": „ein Datenbanksystem im weiteren Sinne ist die Gesamtheit aller für den Betrieb einer Datenbank notwendigen Informations- und Informatik-Komponenten" (Zehnder, 1987, 19).

68 Natürlich ist auch ein gewöhnlicher Hammer ein System, wenn man den Menschen, der den Hammer bedient, respektive steuert, als Anhängsel der entsprechenden Hammer-Maschinerie auffasst.

69 „Definieren" und „vereinbaren" wird häufig synonym verwendet, so dass der Ausdruck „Definieren" zum Homonym wird. Hier wurde vereinbart, dass „definieren" inhaltlich gebundene Oberbegriffe einführt.

70 „Eine Entität ist ein individuelles und identifizierbares Exemplar von Dingen, Personen (...)" (Vetter, 1987, 24).

Aspekt der gesteuerten Maschinen ist, dass nicht nur die gleiche, sondern dieselbe Hardware nacheinander für verschiedene Automaten benutzt werden kann. Dieselbe Hardware dient im einen Moment der Textverarbeitung und im nächsten Moment der Buchhaltung, also unter zwei nur teilweise verschiedenen Programmen in zwei völlig verschiedenen Automaten, weil sich der Automat durch neue Programme so verändert, dass er jeweils ein anderer Automat wird. Aber sowohl die Hardware wie auch die einzelnen konkreten Automaten sind identifizierbar, weil sie, obwohl sie sich verändern, als Entitäten dieselben bleiben. Auch wenn ein Automat stoppt, weil eine bestimmte Bedingung erfüllt ist, wird er deshalb nicht ein anderer Automat. Er bleibt derselbe, er ist nur inaktiv.

Entitäten haben Eigenschaften, sie sind eigentlich – wie das alltagssprachliche Ding – durch die Abstraktion nichts anderes mehr als Eigenschaftsträger. Ein Automat ist beispielsweise gross, teuer oder langsam. Ein einzelner Teil dieses Automaten kann klein, billig und schnell sein. Alles, was eine Entität charakterisiert, von anderen Entitäten unterscheidbar macht, heisst Eigenschaft. Eigenschaften sind Hypostasierungen von Abstraktionen, bezüglich welcher teilweise Gleichheit von nicht identischen Dingen möglich ist. Beispielsweise können zwei verschiedene Dinge blau, also in bezug auf ihre Farbe gleich sein. Wer eine bestimmte Eigenschaft, oder genauer einen bestimmten Eigenschaftswert feststellt, wer also sagt, dass ein Ding gleich lang ist oder dieselbe Farbe hat wie ein anderes Ding, impliziert eine Eigenschaftsdomäne, die verschiedene Eigenschaftswerte enthält.[71] Wer beispielsweise sagt, ein Ding sei blau, impliziert die Domäne „Farbe" mit den möglichen Eigenschaften blau, rot, grün usw.[72] Natürlich müssen Eigenschaftswerte nicht sinn-

---

71 "Eine Domäne stellt eine eindeutig benannte Kollektion aller zulässigen Eigenschaftswerte einer Eigenschaft dar" (Vetter, 1987, 42).
72 Damit haben wir auch ein anschauliches Beispiel dafür, wie die Terminologie der Ingenieure die natürliche Sprache aufklärt. Die Unterscheidung zwischen Domäne und Eigenschaft(swert)en wird von den natürlichen Sprachen schlecht unterstützt. Wenn wir sagen, ein Ding sei blau, verwenden wir Farbe als Domäne, bezeichnen Farbe aber umgangssprachlich als Eigenschaft. Als Eigenschaft(swert) – der namenlosen Domäne „XY" mit den Werten „farbig" und „farblos" – verwenden wir „Farbe", wenn wir sagen, ein Ding sei farbig.

lich wahrnehmbar sein. Da überdies Eigenschaftsdomänen sehr abstrakt sein können, muss der Name der Eigenschaftsbezeichnung nicht mit dem Namen der Domäne übereinstimmen. So lassen sich die Eigenschaften „Alter in Jahren" und „Gewicht in Kilogramm" durch Werte der Domäne „Zahlen", die nur Zahlen enthält, ausdrücken.

Subjektiv erleben wir jede Eigenschaft als Ergebnis einer Analyse. Analyse heisst der Abbildungsaspekt, der in abstrakter (Eigenschaftswert-)Gleichheit von nicht identischen Gegenständen erscheint, analysieren heisst bestimmte Eigenschaften feststellen.[73] Die umgangssprachliche Nicht-Unterscheidung zwischen Domäne und Eigenschaft beruht darauf, dass wir eigentlich nur festgelegte, nicht variierbare Merkmale einer Entität wie etwa die Grösse oder die Schnelligkeit eines Automaten als Eigenschaften bezeichnen. Wenn wir einen Automaten kaufen, interessiert uns auch vor allem seine festgelegte Leistung, also beispielsweise wie schnell wir mit ihm arbeiten können. Ein gegebener Automat wird nicht grösser oder schneller, er ist in dieser Hinsicht statisch wie eine Maschine. Er lässt sich diesbezüglich statisch beschreiben, weil sich seine diesbezüglich wichtigen Eigenschaften nicht ändern.

Die in bezug auf ihre Abbildung wesentlichen Eigenschaften einer statisch beschreibbaren, komplexen Entität nennen wir Struktur.[74] Komplexe Entitäten beschreiben wir unter den folgenden drei Eigenschaftsaspekten: Erstens, die Entität hat eine Grösse; eine Entität wächst, indem die Anzahl ihrer Teilentitäten, die wir auch Elemente nennen, grösser wird. Zweitens, die Entität hat eine Differenziertheit; eine Entität differenziert sich, indem ihre Inhomogenität zunimmt, was einer Spezialisierung der Teilentitäten entspricht. Drittens – und darauf kommt es hier ganz besonders an –, die Entität hat eine Ordnung: eine Entität erreicht eine höhere Ganzheitlichkeit oder Individuation, indem ihre Ordnung eindeutiger wird, also durch eine höhere Integration der Sub-Entitäten.

---

73 Die technische Intelligenz verlangt mehr: „Alles Messen, was messbar ist, und versuchen messbar zu machen, was es noch nicht ist" (Galilei). Dass quantitatives Messen die qualitative Analyse und kategoriale Entscheidungen voraussetzt, wird häufig stillschweigend übergangen.

74 Struktur steht für eine Eigenschaft. Die umgangssprachliche „Struktur" ist immer eine Entität mit einer bestimmten Struktur, was sehr häufig übersehen wird.

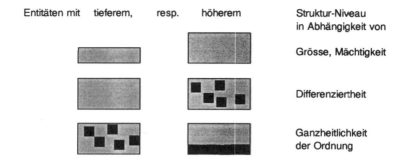

Der Ausdruck „Struktur" steht also für die geordnete Inhomogenität einer Menge von Teilentitäten, wobei Inhomogenität das Vorhandensein mehrerer und verschiedener Elemente bezeichnet.[75] „Verschiedene Elemente" ist eine laxe Formulierung dafür, dass, wenn die Struktur nur ein Elementtyp enthält, quasi Nichtelemente andere Stellen der Anordnung besetzen. „Individuation" bezeichnet hier die Unterscheid- und Erkennbarkeit einer bestimmten Entität unter anderen Entitäten. Struktur ist eine „inhaltsleere" Eigenschaft, die es möglich macht, Entitäten jenseits von Inhalten quasi durch Form zu charakterisieren.

Mit inhaltsleeren Begriffen kann man sich auf beliebige inhaltlich gebundene Dinge beziehen. So erscheint beispielsweise eine Ansammlung von Maschinenteilen wie Schrauben, Gehäuseteile, Dichtungen, Kolben und Stösselstangen – abstrakt – als eine abzählbare Menge von Entitäten. Natürlich gehört zu jeder In/Homogenität eine bestimmte Auflösungsfeinheit. Als Maschinenteile ist die Menge homogen, wenn man die einzelnen Teile unterscheidet, ist sie inhomogen. Die Ganzheitlichkeit oder Individuation einer Entität entspricht dann dem Grad ihrer quantifizierbaren strukturellen Ordnung, nicht mehr ihrem inhaltlichen Gebrauchswert oder Sinn. Für einen bestimmten, relativ unsensiblen Roboter, der beim Bau seiner Nachfolgegeneration Schrauben bestimmter Grösse benötigt, müssen diese so sortiert sein, dass er am selben Ort im-

---

75 Diese Parameterformulierung zur Struktur stammt von N. Bischof (Bischof, 1982, 1f). Sie wird, worauf N. Bischof verweist, von H. Haken, beispielsweise in *Erfolgsgeheimnisse der Natur* (Haken, 1981) impliziert.

mer dieselbe Schraubengrösse findet. Wären die Schrauben nicht oder nach einem anderen Kriterium als der Grösse sortiert, erschienen sie dem Roboter als Unordnung. Un-Ordnung bei den Schrauben zeigt sich dem Roboter darin, dass es zufällig ist, ob er jeweils eine richtige oder eine ungeeignete Schraube zieht. Ordnung ist die Negation dieser Zufälligkeit, wo Ordnung ist, zieht auch der relativ einfältige Roboter immer die richtige Schraube. Schliesslich kann das jeweilige Gesamt der geordneten Teile auch, von den einzelnen Teilen aus, als Organisation betrachtet werden. Alle gleich grossen Schrauben sind organisiert, wenn sie unter ihresgleichen in derselben Schachtel sind. Was vom jeweiligen Gesamt, also von der Schachtel her gesehen Ordnung ist, ist für die Teile ihre Organisation. Ordnung ist innen-, Organisation ist aussen-orientiert. Wir sagen umgangssprachlich, erstere hat Sinn, letztere hat Zweck. Die Ordnung einer Organisation ist sinnvoll, wenn die Organisation ihrem Zweck adaptiert ist. Wenn die Schrauben beispielsweise ihrer Grösse nach sortiert sind, ist ihre Organisation an ein bestimmtes Auflösungsvermögen des Roboters adaptiert. Ein Roboter, der ‚merkt', ob er eine richtige Schraube ergreift oder nicht, ist an eine relative Desorganisation der Schraubenansammlung adaptiert. Abstrakt lässt sich strukturelle Ordnung als Wahrscheinlichkeit eines bestimmten Variablenwertes bei einer Messoperation, die Qualität und Auflösung festlegt, respektive als das Mass der Wahrscheinlichkeit, mit welcher die Anordnung der Elemente relativ zu anderen Elementen voraussagbar ist, interpretieren. Die Voraussagbarkeit beruht bei dieser Abstraktion auf zwei Ordnungsprinzipien, die durch unseren Roboter veranschaulicht werden. Wir unterscheiden Harmonie oder inneres Gleichgewicht und Organisation oder Adaption, je nach dem, ob die Vorhersage bezüglich der Qualität eines Elementes auf der Anordnung von Elementen innerhalb oder ausserhalb der Struktur beruht:

Gleichgewicht   Adaption

In einer Sache ist in diesem abstrakten Sinn um so mehr Ordnung, je sicherer sich die Art und die Anordnung der Teile vorhersagen lassen. Deshalb erscheinen beispielsweise symmetrische Figuren als relative Ordnungen. Hohe Ordnung entspricht betreffs des Informationsgehalts hoher Redundanz, sie lässt sich mit einer Formel quantifizieren.[76]

Systeme haben zwar pro Zeitpunkt jeweils einen bestimmten Strukturzustand. Sie lassen sich mit Strukturbegriffen nicht vollständig charakterisieren. Strukturbegriffe unterliegen bezüglich dynamischer Referenten denselben Beschränkungen wie Zeichnungen.

Systeme sind Referenten von abstrakten, inhaltslosen Abbildungen, die die gesteuerte Veränderung einer Entität beschreiben. Systeme existieren nur abstrakt. Umgangssprachlich bezeichnen wir jeden Gegenstand, der die Projektion einer entsprechenden Abbildung zulässt, als System. Wenn wir beispielsweise von etwas sagen, es sei ein Automat, dann meinen wir, dass diese Sache ein Automat ist. Wenn wir dagegen von etwas sagen, es sei ein System, drücken wir eigentlich aus, dass wir auf diese Sache eine bestimmte Beschreibung sinnvoll projizieren können. Das System ist wie die Form eine Repräsentation, die in der Abbildung ihren Ausdruck findet. Wenn wir, alltäglich verkürzt gesprochen, einen Tisch zeichnen, zeichnen wir eigentlich die Form eines Tisches. Wenn wir einen Automaten inhaltslos abstrakt beschreiben, beschreiben wir das System des Automaten. Ein vollständiges Programm ist eine vollständige Beschreibung des Systems. Wenn man es liest, weiss man nicht, wie der Automat aussieht, aber man weiss, was der damit beschriebene abstrakte Automat abstrakt macht.

Systeme sind Entitäten, die meistens reversibel, immer aber reagierend verschiedene Zustände annehmen können. Generell fassen wir auch Systeme als Variablen, ihre Zustände als die Werte der Variablen auf. Wir nennen den Übergang eines Systems zum jeweils nächsten Strukturzustand, also die Änderung des Wertes einer Variable, (Teil-)Prozess.

Jeder Prozess braucht Zeit. Für den Automaten aber ist die Zeit so un-

---

76 Die Formel von C. Shannon für den Informationsgehalt der einzelnen Variablen einer Struktur entspricht der Entropie-Formel: $\text{Inf}(N) = -\log \text{dual } P(N)$. Sie gibt die Zahl der optimalen Ja-Nein-Fragen an, die man stellen muss, um den Wert der Variablen zu identifizieren. Sie ist quasi ein Mass für die Un-Ordnung, da bei Unordnung mehr Fragen nötig sind.

erheblich wie für die Uhr, der Automat reagiert auf Bedingungen, die er
– in unserer Abbildung – „nacheinander" prüft. Wenn wir von einem
Automaten sagen, dass er wartet, bis eine bestimmte Bedingung erfüllt
ist, meinen wir, dass er in regelmässigen Abständen eine entsprechende
Messung vornimmt. Wenn seine Taktfrequenz relativ gross ist, reagiert
er relativ schnell. Wesentlich aber ist, dass jeder Automat mit einem
Takt arbeitet und so eine Systemzeit impliziert. Jede Strukturveränderung konstituiert (System-)Zeit. Im System kann alles variieren, nur die
Zeit nicht. Die Systemtheorie umschreibt die Tatsache, dass die Zeit nie
als Variable in ein kybernetisches Modell eingehen kann, damit, dass sie
sich nicht bewirken lässt, noch wirken kann. Die Zeit gilt quasi als vom
Schöpfer für das Welttheater gewählter Spielraum; so wie unsere Wahrnehmung allen Inhalten Form entzieht, gibt unser Denken allen Veränderungen Zeit.[77]

2.3.1.2. Formale Begriffe

Wenn wir inhaltsleere Begriffe verwenden, wenn wir beispielsweise von
einem System sprechen, sprechen wir von etwas, das nicht nur keinen
Inhalt, sondern auch keine Form hat. *Das* System kann man sich nicht
vorstellen. Wie bereits diskutiert, kann man sich auch *den* Hund oder *die*
Uhr nicht vorstellen. Aber beide verweigern sich der Vorstellung ganz
anders als das System. Anstelle der Uhr überhaupt tritt in unserer Vorstellung halbwegs begründet eine oder mehrere konkrete Uhren, die
Armband-, die Kirchturm-, die Bahnhofsuhr oder wenigstens ein Piktogramm einer Uhr. Inhaltlich gebundene Begriffe dulden insofern, als sie
alles andere noch schneller ausschliessen, inhaltlich gebundene Konkretisierungen. Anstelle des Systems überhaupt tritt aber in unsere Vorstellung inhaltlich insofern gar nichts, als praktisch alles möglich wäre. Inhaltslose Referenten lassen sich nur sehr bedingt konkretisieren oder
durch typische Beispiele anschaulich machen, weil sie sich inhaltlich beliebig konkretisieren lassen. Die Referenten von inhaltsleeren Begriffen

---

77 Nicht ganz zufällig betrifft F. Taylors Argumentation die – von Schmidt – gesparte Zeit.

sind wie die Form selbst etwas völlig Abstraktes, sie sind aber im Unterschied zur Form sinnlich nicht zugänglich. Die unwillkürliche Abstraktion der Form erscheint uns jenseits unseres Denkens, als sinnliche Leistung, als eine Erkenntnisleistung unserer Sinne; das System aber beruht auf einer Abstraktion, die wir als Denken oder als Formalisieren bezeichnen.

Im Ausdruck „formal" steckt leicht erkennbar das Wort „Form". Form ist das Gegenteil von Inhalt, respektive der komplementäre Aspekt zu Inhalt, bildlich in Kuchen und Kuchenform. Der Ausdruck „Inhalt" ist Metapher dafür, dass wir in der inhaltlich-sprachlichen Beschreibung die zeichenbare Form der Sache abstrahieren.

„Förmliche" Abbildungen, gezeichnete *und* sprachliche, abstrahieren vom Inhalt. Zeichnungen aber provozieren den jeweiligen Inhalt aufgrund der unwillkürlichen, sinnlichen Zuordnung zwingend. Wenn man die „förmliche" Zeichnung einer Uhr sieht, sieht man zwangsläufig auch den Inhalt „Uhr". Inhaltslose sprachliche, eben formale Begriffe suggerieren dagegen inhaltlich nichts.

Ingenieure verwenden formale Begriffe. Formale Begriffe sind aber keineswegs eine Erfindung der Ingenieure. „Ding" ist ein formaler Ausdruck unserer natürlichen Sprache. Wir sprechen alltäglich vom Ding und meinen damit beliebige inhaltlich gebundene Referenten. Ding steht uns für alles, es erscheint auch als Quasi-Oberbegriff für Automaten. Das undisziplinierte Formalisieren ist eine kulturelle Leistung, die so alt ist wie der Mensch oder seine Sprache. Wir formalisieren unbewusst ohne die geringsten Probleme. Jedes Kind lernt das Zählen, zwar erheblich nach dem Sprechen, aber auch ohne Grammatik, als ob Zahlen die selbstverständlichste Sache wären. Und es ist allem Anschein nach auch nicht die Zahl als solche, die dem Kind Mühe macht, sondern die Disziplin erheischende Ordnung der Zahlen. Die Zahl selbst steht in der natürlichen Sprache wie der Ausdruck „Dings-da" als praktisches Mittel zur Verfügung, das seine Komplexität erst in der Reflexion, also wenn man beispielsweise versucht, sich eine bestimmte Zahl vorzustellen, zeigt.[78]

---

78 Dann nämlich fühlt man wie Alice, die, nachdem sich die grinsende Edamer-Katze nicht mehr plötzlich auflöste, sondern ganz allmählich, von der Schwanzspitze

Die formale Abstraktion, die im Alltag die unterschiedlichsten Dinge gleich und damit überhaupt zum Ding macht, widerspiegelt die im Geld *tat*-sächlich geleistete Gleichmacherei. Geld ist eine konkrete Erscheinungsform, ein Symbol, das für den abstrakten Wert steht. Geld selbst kann man nicht brauchen, man kann es nur für etwas Kaufbares brauchen. Indem wir Geld für alles verwenden, drücken wir tätig aus, dass wir in wirklich allem kaufbare Dinge sehen.[79] Etymologisch steckt im Ausdruck „Ding" die gerichtliche Beurteilung der (Markt-)Gleichheit.[80] Alles, was einem völlig anderen Ding irgendwie gleich sein kann, ist ein Ding.

Das alltägliche, terminologisch ungebundene Denken abstrahiert nach praktischen Erwägungen, wie es mit seinen inhaltlichen Bezeichnungen, etwa mit Erd-„beeren", praktische Verwandtschaften postuliert. Es verwendet formale Begriffe als Oberbegriffe und schafft so Pseudokategorien. „Vierbeiner" beispielsweise kann als Abstraktion einem Hund oder einem Tisch entstammen und lässt sich interpretativ entsprechend auch durch Hund oder Tisch konkretisieren. Hunde und Tische bilden aber in keiner Hinsicht eine relevante Kategorie, wer gar vom Hund ableitet, dass vier Beine auch auf unebener Unterlage eine eindeutige Auflage ergeben, sieht sich im immer wackelnden Tisch ent-täuscht. Man mag hier einwenden, der „Vierbeiner" sei ein konstruiertes Beispiel, da die Unterschiede zwischen Hunde- und Tischbeinen augenfällig seien. Augenfällig wird aber an diesem Beispiel auch ein wesentliches Problem der Formalisierung. Die Kategorie „Vierbeiner" wird erst unsinnig, zum Pseudo-Begriff, wenn sie unbedarft Tische und Tiere subsummiert, also erst, wenn man ihren jeweiligen Kontext vergisst, was bezüglich Vierbeinern tatsächlich sehr selten geschehen mag, weil die Kategorie – wenn überhaupt – ohnehin nur ad hoc gebildet wird. Vierbeiner ist eben, auch

---

angefangen bis hinauf zu dem Grinsen, das noch einige Zeit zurückblieb, nachdem alles andere schon verschwunden war, dachte: „So etwas! Ich habe zwar schon oft eine Katze ohne Grinsen gesehen, aber ein Grinsen ohne eine Katze! Das ist doch das Allerseltsamste, was ich je erlebt habe!" (Lewis Carroll, 1963, 69).

79 A. Sohn-Rethel leitet mit seiner Formel „Warenform = Denkform" abstraktes Denken vom Umgang mit dem Tauschmittel Geld ab (Sohn-Rethel, 1971).

80 Deutlicher noch ist die etymologische Herkunft im Verb „ver-dingen" sichtbar (Duden, Herkunftswörterbuch, 1963, 111).

wenn sie korrekt verwendet wird, jenseits des Zoos eine unergiebige Abstraktion, die wenig sinnvolle Anwendungen hat. Ergiebigere Abstraktionen, solche, die sich an den verschiedensten Gegenständen bewähren, bilden die Geschichte der Logik. Als Logik verselbständigten sich die Abstraktionen schon lange vor Aristoteles, indem sie mit universellem Anspruch auf beliebige Gegenstände projiziert wurden und ihre produktionsorientierte Herkunft vergessen liessen. Dass sich unsere Produktion logisch gestaltet, ist unsere – nicht vollständig erfüllte – Absicht. Es wäre aber in der Tat, was viele Mathematiker staunend attestieren, ein erstaunlicher Zufall, wenn sich die Welt unserer Produktionslogik beugen würde.[81]

Formale Begriffe sind abstrakt wie Oberbegriffe, sie beruhen aber auf einer anderen Abstraktion als diese. Oberbegriffe sind Verallgemeinerungen, in welchen spezifische Einschränkungen, die in den Unterbegriffen enthalten sind, weggelassen werden. Wir sagen deshalb beispielsweise, dass ein Automat ein spezifisches Werkzeug sei. Oberbegriffe bleiben in ihrer abstrakten Entstehung inhaltlich gebunden; auch sehr allgemeine, unspezifische Begriffe wie „Werkzeug" kann man, solange man inhaltlich argumentiert, nicht wie „Vierbeiner" oder „Ordnung" auf beliebige andere Dinge beziehen.[82] Die allgemeine Projizierbarkeit formaler Begriffe verlangt die Beurteilung der noch adäquaten Kontexte, was bei Begriffen wie „System" oder „Ordnung" nicht so einfach wie beim „Vierbeiner" ist.[83] Bei allen abstrakten Begriffen muss man als Ange-

---

81 Den im Namen N. Bourbaki versteckten Mathematikern, die die Mathematik als Lehre der formalen Strukturen auffassen, erscheint die Mathematik „als eine Schatzkammer von abstrakten Formen, den mathematischen Strukturen; und es trifft sich" ihrer Meinung nach „so – ohne dass wir wissen warum –, dass gewisse Aspekte der Wirklichkeit in diese Formen passen, als wären sie ihnen ursprünglich angepasst worden" (Bourbaki, 1974, 158).

82 Wenn F. Taylor die Arbeit von Schmidt mit den Worten: „Die *Hände* sind das einzige *Werkzeug*, das zur Anwendung kommt" charakterisiert, sagt er natürlich offensichtlich nicht, dass die Hände Werkzeuge sind, sondern etwas umständlich, dass gerade kein Werkzeug zur Anwendung kommt (Taylor, 1977, 43).

83 Das der Sache nach überaus wichtige Buch über *Die Macht der Computer* von J. Weizenbaum (1978) ist – implizit oder unbewusst – dem Missverständnis, das Menschen als formale IPS (information processing system) mit Maschinen gleichsetzt, gewidmet.

sprochener gedanklich die Abstraktion des Sprechers nachvollziehen, wenn man den Inhalt der Aussage verstehen will. Bei inhaltlich gebundenen Begriffen muss man dazu „nur" die beschriebene Sache kennen, bei formalen Begriffen muss man ausserdem erkennen, von welcher inhaltlichen Sache überhaupt die Rede ist.[84]

H. Haken beispielsweise, der selbst sagt, dass „ein Vorgang (...) in vielen Fällen erst dann von Wissenschaftlern völlig verstanden ist, wenn dieser Vorgang sich auch durch Worte der Umgangssprache ohne jede Formel wiedergeben lässt" (Haken, 1988, 11), unterstellt wenig später zwei sehr verschiedene Dinge einer abstrakten „Unordnung": Einmal eine Menge von Gasmolekülen und einmal ein Kinderzimmer. Auch für ein Kinderzimmer sagt er: „Es gibt also genau *einen* Zustand der Ordnung" (Haken, 1988, 26). Was für die als numeriert gedachten Moleküle verständlich ist, ist für das Kinderzimmer, das der Anschaulichkeit dienen soll, ziemlich unsinnig. Die formale Ordnung der Gasmoleküle lässt sich beispielsweise durch Symmetriekriterien oder durch die Abzählungsvorschrift von L. Boltzmann reproduzierbar messen, die „Ordnung" im Kinderzimmer ist dagegen lediglich die der entscheidenden Person bekannte Anordnung verschiedener Dinge. Genau das übersieht nämlich, neben H. Haken, auch die von ihm beschriebene Putzfrau, die einem mehr oder weniger zerstreuten Professor den Schreibtisch, der sich in einer scheinbar grossen Unordnung befindet, aufräumt. Natürlich hätte der Professor, der auf dem von der Putzfrau „aufgeräumten" Tisch seine Unterlagen nicht mehr findet, in seiner vormaligen Unordnung – von seiner Zerstreutheit abgesehen – deren Lage genau voraussehen können. Aber eben nur er.[85]

Formale Begriffe bilden einen wesentlichen Bestandteil der Termino-

---

84 Der Ausdruck „Automat" wird nicht nur inhaltlich, sondern homonym insbesondere von Mathematikern auch für formale Referenten verwendet. Insofern muss man natürlich auch bei „Automat" merken, welche Sache mit dem Ausdruck gemeint ist .

85 Die ordnungsliebende Putzfrau stammt auch aus dem doppelt lesenswerten Buch *Synergetik* von H. Haken, in welchem erstens das naturwissenschaftliche Denken – auch das Abzählungsverfahren von L. Boltzmann – sehr anschaulich dargestellt ist und zweitens auch gezeigt wird, wie Naturwissenschafter ihre formalen Theorien auf soziale Gegenstände übertragen.

logien, also der inhaltlich gebundenen Fachsprachen, wie sie insbesondere auch empirische Natur- und Sozialwissenschaften verwenden. Unproblematisch sind formale Begriffe aber nur dort, wo sie inhaltlich nicht interpretiert werden (müssen), also dort, wo die inhaltliche Abstraktion, der sie geschuldet sind, rekonstruierbar ist. Wenn Ingenieure die Buchstabenkette „System" verwenden, tun sie es meistens mit *ausdrück*-licher Beliebigkeit, die mittlerweile gar nicht mehr auffällt, weil die Bezeichnung längsten Konvention geworden ist. Wenn sie dabei ihre Produkte meinen, also physisch produzierte Automaten, sind sie durch den Kontext bestimmt, wenn sie über andere „Systeme" sprechen, sprechen sie – im Unterschied zu F. Taylor, der sich dann als Betriebswissenschafter bezeichnet –, meistens ohne es zu merken, gar nicht als Ingenieure.

Über Systeme sprechen Ingenieure, wenn sie als Ingenieure im engeren Sinne sprechen, ohnehin selten. Für die Abbildungen der Ingenieure im engeren Sinne sind formale Begriffe unwichtig, obwohl wir die Referenten formaler Begriffe gerade anhand der intendierten Produkte der Ingenieure sehr gut begreifen (können). Die primitiveren Abbildungen der Ingenieure, die Zeichnungen, sind der analogen Abbildungsart nach unbegrifflich, die entwickelteren Produkte der Ingenieure, die Programme, die oft als formale Beschreibungen aufgefasst werden, enthalten keine Begriffe, weil sie überhaupt nur sehr bedingt sprachlich sind. Wir wenden uns nun der Sprache zu, mit welcher die Ingenieure die Automaten unmittelbar konstruktiv beschreiben. Diese Sprache erfüllt praktische Bedürfnisse. Ihre Entwicklung ist aber auch gleichzeitig die theoretische Entwicklung unserer Produktion.

2.3.2. Maschinensprache

Maschinen, auch die entwickelsten Automaten, sprechen nicht. Kein Werkzeug kann sprechen.

Zur Veranschaulichung dessen, was mit Maschinen-„Sprache" gemeint ist, entwickeln wir im folgenden erneut eine Maschine, die nur unserer Diskussion dienen soll. Wir entwickeln einen Getränkeabfüllautomaten, der – unter bestimmten Bedingungen – ein Glas mit Flüssigkeit füllt. Natürlich benötigt auch der einfachste Abfüllapparat, wenn er als Maschine gelten will, neben der Flüssigkeits- eine Energiezufuhr, und wenn er gar als Automat gelten will, einen Regelungsmechanismus. Unser Automat besitzt beides, was uns aber im folgenden nicht mehr weiter interessieren wird:

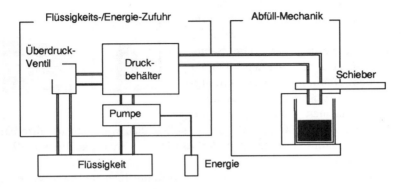

Wir betrachten nicht die ganze Maschine, sondern nur deren Konstruktion im Bereich der Abfüllmechanik. Eine relativ primitive, un-entwickelte Konstruktion ist ein manuell bedienbares Schieberventil. Man bewegt die Schieberplatte und schliesst oder öffnet damit das Schieberventil.

Normale Wasserhähne, die konstruktiv nur wenig komplizierter sind, sind meistens nicht beschriftet, weil man den Effekt der Bedienung sofort sehen kann. Aber natürlich kann die Schieberplatte oder ihr Hintergrund beschriftet werden.

Als „Getränk"behälter verwenden wir ein etwas eigenartiges Glasgefäss mit einem Ablauf, der einen kleineren Durchmesser hat als die Zuleitung des Abfüllautomaten. Dieses Glas füllt sich bei offenem Zulauf, weil der Ablauf kleiner ist, aber es leert sich durch

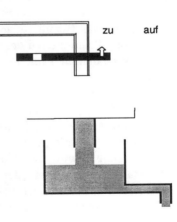

103

den Ablauf, wenn der Zulauf geschlossen ist. Da das Glas im vollen Zustand bei offenem Zulauf einfach überläuft, ist es immer entweder „voll" oder „leer", wenn es nicht gerade in einer Übergangsphase ist.

Der gläserne Behälter ist mit zwei Helligkeitstönen der Flüssigkeitsfarbe so bemalt, dass die ganze Bemalung sichtbar ist, wenn er leer ist, während man im vollen Zustand nur einen Teil der Bemalung sieht. Die Bemalung ist so gewählt, dass wir „0" oder „1" sehen. Dadurch wird der Flüssigkeitsbehälter quasi zum Bildschirm, auf welchem man – nach der Vereinbarung, wonach „1" für „voll" stehen soll – das, was man unmittelbar sehen kann, nämlich ob der Behälter voll ist oder nicht, auch sprachlich oder digital lesen kann.

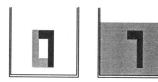

Ausserdem beschriften wir die Schieberplatte jetzt so, dass wir eine „1" sehen, wenn die Schieberposition die Leitung frei gibt und das Glas gefüllt wird, und eine „0" im anderen Fall. Wenn wir dann den Schieber in die entsprechende Position schieben, füllt sich das Glas, so dass die „0" auf dem Glas verschwindet, und die „1" sichtbar wird. Damit haben wir eine Maschine, bei welcher ein sprachliches Zeichen auf einem Ausgabegerät erscheint, das mit einem Eingabegerät gewählt wird, ohne dass das Glas oder die Maschine irgendetwas interpretiert. Das am Glas ablesbare Symbol erscheint nicht, weil die Maschine irgend etwas als Anweisung oder als Befehl versteht, sondern nur, weil sich nach dem entsprechenden Positionieren des Schiebers das Glas füllt oder leert.

Selbstverständlich kann man das Schieben der Platte, die mit den Symbolen „0" und „1" beschriftet ist, ebenso wie das Drücken der beschrifteten Tasten einer Schreibmaschine als Schreiben einer „0" oder einer „1" auffassen. Man kann überdies die Glasaufschrift oder die „Tastatur" ebenso wie bei einer Schreibmaschine ohne weiteres so verändern, dass auf dem Glas die „1" erscheint, obwohl der Schieber in die „0"-Position geschoben wird. Wir würden dann entweder sagen, dass die Maschine falsch montiert ist, oder aber dass sie einen verschlüsselten Code schreibt, den man rückübersetzen muss.

Unsere Maschine ist eine Getränkeabfüllmaschine, weil sie als solche gebaut wurde. Wenn sie dazu benützt wird, eine bestimmte Nachricht für einen Empfänger bereitzustellen, wird sie zweckentfremdet. Das eigenartige Glas, das sich für Getränke nicht sehr gut eignet, provoziert natürlich diese Zweckentfremdung förmlich. Deshalb „bauen" wir eine zweite Maschine, die konstruktiv mit unserer Getränkeabfüllmaschine absolut übereinstimmt, die aber eine andere (Gegenstands-)Bedeutung hat. Die zweite Maschine soll der Übermittlung von Symbolen dienen. Das Bauen der zweiten, identischen Maschine entspricht seiner Bedeutung nach einer eigenständigen Erfindung, die auf der Entdeckung beruht, dass die erste Maschine nicht als Getränkeabfüllmaschine gebaut werden *muss*.[86]

Natürlich kennt auch diese Kommunikations-Maschine keine Sprache. Wir nennen sie Kommunikationsmaschine, aber keineswegs, weil wir mit *ihr* kommunizieren, sondern weil sie uns beim Kommunizieren als Mittel dient. Wir können mit ihr Symbole übermitteln, sie aber macht nichts anderes als in Abhängigkeit der Schieberposition einen beschrifteten Glasbehälter zu füllen. Unsere Maschine ist lediglich ein Mittel, welches, wie eine Schreibmaschine, die „Herstellung" von Zeichen ermöglicht. Im Unterschied zu einer mechanischen Schreib-„maschine" verbraucht unsere Maschine „tote" Energie und ist damit auch begrifflich eine Maschine. Sie ist insofern sogar ein Halbautomat, als das Flüssigkeitszufuhrsystem im Überdruckventil implizit ‚merkt', ob der Schieber geöffnet ist oder nicht.

Weil sich die Maschinensprache erst am eigentlichen Automaten erläutern lässt, entwickeln wir unsere Maschine entsprechend weiter, indem wir im Bereich des Schiebers einen zweiten Energiekreis einführen, auf welchem, wie es der begriffliche Automat verlangt, Energie verbraucht wird, die nicht dem unmittelbaren Zweck der Maschine, der hier im Fördern von Flüssigkeit besteht, sondern lediglich der Steuerung der Maschine dient. Der Schieber soll sich zunächst auf einen Knopfdruck hin bewegen. Dazu verwenden wir einen Elektromagneten, welcher, wenn er

---

86 Die Entdeckung, dass die Kutsche nicht unbedingt von Pferden gezogen werden muss, führte dazu, dass sie praktisch unverändert – als identische Konstruktion – als Eisenbahnwagen verwendet wurde. „Zuerst wurde einfach eine Kutsche auf Eisenbahnräder gestellt, dann fand man den kurzen Radstand des Pferdewagens ungünstig und machte den Radstand und damit den ganzen Wagen länger" (Lorenz, 1977, 291f, mit Bildern und einigen bösen Bemerkungen über Ingenieure).

unter Strom steht, den Schieber gegen eine Rückstellfeder anzieht. Mit dieser Konstruktion kann man einen grösseren oder entfernteren Schieber bedienen, weil man nicht mehr unmittelbar am Schieber Hand anlegen, sondern nur noch mit einem Schalter den Strom für den Schiebermagneten ein- und ausschalten muss.

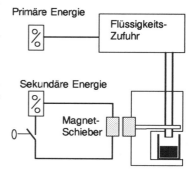

Unsere Maschine hat insgesamt zwei Schalter, wir interessieren uns aber nur für den sekundären Energiekreis, lassen also den Hauptschalter der Maschine ausser Betracht. Das unterstützen eigenartigerweise auch die Konstrukteure der Automaten, die die Schalter der sekundären Energiekreise, wo es Sinn macht, als Tasten in eine wirkliche Tastatur einbauen, während die Schalter der primären Energie meistens als roter Knopf am Energiemodulgehäuse selbst angebracht ist.[87]

Durch den Einbau des sekundären Bedienungsschalters haben wir unsere Maschine, obwohl sie sehr primitiv bleibt, wesentlich verändert. Nach wie vor aber erscheint das sprachliches Zeichen auf dem Ausgabegerät nicht deshalb, weil die Maschine etwas versteht oder interpretiert, sondern nur, weil sich durch das Schliessen des sekundären Stromkreises das Magnetventil öffnet und in der Folge das Glas gefüllt wird. Die Maschine bliebe auch sehr primitiv, wenn wir mehrere Tasten mit je einem separaten Abfüllmechanismus verbinden würden, um mehrere verschiedene Mitteilungen machen zu können. Primitiv ist die Steuerung, weil jeder Schalter einer festgelegten Maschinenfunktion entspricht. Deshalb wenden wir uns einer entwickelteren Steuerung zu, deren Stromkreise Schaltstellen enthalten, die ihrerseits durch für sie sekundäre Stromkreise

---

87 Viele Computer verfügen über ein sogenanntes Warmstartsystem, mit welchem die Auslagerung der primären Schalter teilweise kompensiert wird. Einige Modelle der Firma Apple haben auch für die primäre Energie eine Taste auf der Tastatur. Da sie weder rot noch angeschrieben ist, kann man die Maschinen, die sonst vor Bedienungsfreundlichkeit strotzen, ohne entsprechendes Vorwissen nicht starten, weil man den bei anderen Maschinen üblichen Schalter nicht findet.

manipuliert werden. Wir entwickeln dazu eine Maschinensteuerung, die nicht sehr modern, aber gut nachvollziehbar ist, weil unsere Maschine nicht optimal funktionieren, sondern vor allem ihr Prinzip zeigen muss. Die Schalter der Tastatur schliessen nun nicht mehr die Stromkreise von Schiebermagneten, sondern nur Stromkreise von Schaltern (Relaisschaltungen), die selbst weitere Stromkreise schliessen.

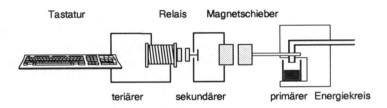

Wir führen also einen tertiären Energiekreis ein, der für den eigentlich sekundären Energiekreis sekundär ist. In dieser Konstruktion wirken die Schalter der Tastatur nur indirekt auf den Magnetschieber, das heisst, sie öffnen diesen nur bedingt, nämlich nur, wenn der eigentlich sekundäre Kreis auch unter Strom steht.

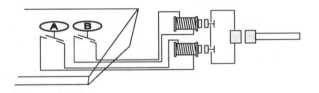

Ausserdem entwickeln wir eine Tastatur. Der neue Entwicklungsstand unserer Maschine enthält als „Schalter" für den Stromkreis des Magnetschiebers anstelle der vorherigen Taste zwei Relaisschaltungen, die ihrerseits über die Stromkreise mit den Tasten „A" und „B" geschlossen werden. Zunächst scheint damit ausser Mehraufwand für den Bediener, der nun zwei Tasten drücken muss, nichts gewonnen. Vom praktischen Nutzen einmal abgesehen, den solche Schaltungen etwa bei mechanischen Scheren oder Stanzmaschinen haben, wo sie den Bediener zwingen, beide Hände aus dem Gefahrenbereich zu nehmen, können wir mit solchen Steuerungen den Bediener auch entlasten, indem wir etwa bei unserem Getränkeautomaten mit einem Schalter prüfen, ob noch genügend Kaffeepulver vorhanden ist. Anstelle der Taste „B" installieren wir eine Waage für das Kaffeepulver, deren Zeiger den Stromkreis unterbricht, wenn er genügend weit ausgeschlagen hat.

Es geht hier trotz der relativen Ausführlichkeit keineswegs darum, die Funktionsweise eines Computers zu erklären, das hat neben vielen anderen beispielsweise A. Osborne sehr anschaulich und lesenswert getan.[88] Hier wird davon nur wiederholt, was für das Verständnis der Maschinen-*Sprache* wichtig ist. Deshalb verzichten wir auf die Diskussion der logisch möglichen Schaltungskombinationen. Unsere einfache „und"-Schaltung, in welcher Taste „A" *und* Taste „B" gedrückt werden müssen, zeigt ansatzweise bereits, was „Maschinensprache" heisst. In einem gewissen Sinne kann man sagen, dass unsere Maschine auf die Eingabe der Wörter „AB" und „BA" reagiert, indem sie den Behälter füllt, und auf die Eingabe der Wörter „A" und „B", also wenn man nur eine Taste drückt, nicht oder damit reagiert, dass sie den Behälter nicht füllt. Aber selbstverständlich kennt auch diese Maschine keine Symbole, sie kann weder schreiben noch lesen, sie ‚macht' nach wie vor nichts anderes als Flüssigkeitsbehälter zu füllen.

Die folgende Rekonstruktion einer entwickelteren Maschine, die den Namen „Automat" zurecht trägt, soll zeigen, dass sich die mystische Grenze, jenseits welcher Maschinen sprachfähig sind, auch bei den entwickelsten der bisher bekannten Automaten nirgendwo finden lässt, da sich diese samt und sonders auf unseren Automaten zurückführen lassen. Wir ersetzen in unserer Maschine die Relaisschalter durch sogenannte Magnetkerne, die J. Forrester 1951 im ersten halbwegs effizienten Speicher dienten:

---

88 A. Osbornes *Einführung in die Mikrocomputer-Technik* beginnt mit dem Satz: „Zwischen Mikrocomputern und Ihnen bekannten Computern gibt es keine grundsätzlichen Unterschiede, da bei beiden das Grundprinzip die binäre Darstellung von Symbolen ist" (Osborne, 1982, 2-1). A. Osborne erklärt die Technik, während sich die vorliegende Argumentation als Explikation dessen, was in diesem einleitenden Satz gemeint ist, auffassen lässt.

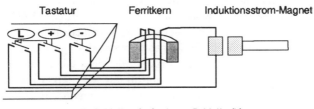

Schreib-Schleifen (+/-) Lese-Schleife (L)

Damit enthält unsere Maschine als „Schalter" für den Stromkreis des Magnetschiebers anstelle der vorherigen Taste, respektive anstelle der Relaisschaltung einen Magnetkern, der seinerseits durch Stromkreise, die mit den Tasten geschlossen werden, magnetisiert werden kann. Natürlich ist gleichgültig, ob wir die Tasten mit „1"/„0", „A"/„B" oder „+"/„–" beschriften. Auch in dieser Konstruktion wirken die Schalter der Tastatur nur indirekt auf den Magnetschieber. Die Taste „L", die mittelbar für den Magnetschieber steht, öffnet diesen nur bedingt. Ob der Magnetschieber geöffnet wird, hängt in unserer Maschine jetzt einerseits davon ab, dass der entsprechende Energiekreis mit der Taste „L" geschlossen wird und andrerseits davon, dass auf diesem Energiekreis überhaupt ein Strom erzeugt wird. Letzteres geschieht durch elektrische Induktion. Ein Induktionsstrom wird im hier Induktions- oder „Lese"-schleife genannten Energiekreis dann erzeugt, wenn die magnetische Polarisierung des Magnetkernspeichers wechselt. Die Polarisierung dieses Magnetkerns kann mit zwei Stromkreisen mit gegenläufiger Stromflussrichtung positiv oder negativ gesetzt und demnach auch gewechselt werden. Die beiden Tasten „+"/„–" schliessen die entsprechenden Stromkreise.

Die Taste „L" schliesst gleichzeitig die Induktionsschleife und die positive Schreibschleife. Wenn der Magnetkern negativ ist, erzeugt er durch seine Umpolarisierung Induktionsstrom auf der nun geschlossenen Induktionsschleife und der Magnetschieber öffnet sich.[89] Wenn der Magnetkern bereits positiv polarisiert war, fliesst auf der Induktionsschleife kein Strom, obwohl sie geschlossen ist. Umgekehrt kann der Magnet-

---

89 Dem Elektroingenieur wird auffallen, dass unsere Steuerung der Einfachheit halber etwas seltsame Dimensionen hat, da der Schiebermagnet unmittelbar an der Induktionsschleife hängt.

kern, solange die Induktionsschleife beim Schalter „L" nicht geschlossen ist, mit den Schreibtasten beliebig polarisiert werden, ohne dass Induktionsstrom fliesst.[90] Der Schiebermagnet wird also in Abhängigkeit davon, welche Schaltstellen bereits geschlossen sind, geöffnet. Die assoziative Bezeichnung „Lese"-Taste drückt aus, dass die Taste implizit auch benutzt wird, um quasi nachzulesen, ob der Magnetkern negativ polarisiert ist. „L" öffnet den Magnetschieber nur, wenn zuvor die „−"-Taste gedrückt wurde.

Wir verbinden mit der Einführung des Magnetkernspeichers die „Speicherung" von Schalterzuständen, was, wie man sich überlegen kann, Relaisschaltungen ohne weiteres auch leisten können. Die bisher verwendeten Schalter − der Handschieber ausgenommen − gehen dank Rückstellfedern quasi von selbst in ihre Ausgangsstellung zurück, wenn sie nicht mehr aktiviert werden. Der Magnetkern behält jeweils seine Polarisierung bis er gegenläufig polarisiert wird. Deshalb müssen bei einer entsprechend entwickelten Maschine, die den Schieber mit sekundärer Energie hin- und zurückzieht, die Steuertasten nicht mehr während der ganzen Glasabfüllzeit gedrückt werden. Umgekehrt müsste aber auch eine dazu vorgesehene Taste gedrückt werden, um den Schieber zu schliessen. Wir können jetzt in einem engeren Sinne als vorher sagen, dass wir sowohl die „1" wie die „0" maschinen-schreiben.

Diese Maschine scheint auch „sprach-näher", weil die Reihenfolge der gedrückten Tasten unterscheidbar ist. Während in der primitiveren Version unserer Steuerung die Tasten „A" und „B" gleichzeitig gedrückt werden mussten, um den Magnetschieber zu öffnen, ist die entwickeltere Steuerung konstruktiv so festgelegt, dass nur eine bestimmte Reihenfolge der Tasten den Magnetschieber mit Strom versorgt. Auf dieser Tastatur wird man, wie das beim Schreiben üblich ist, nicht zwei Tasten gleichzeitig drücken. Aus der unendlichen Anzahl Wörter, die man mit dieser Tastatur eingeben kann, führen all jene zu einem gefüllten Ausgabegerät, die die Tastenfolge „− L" enthalten. Das Wort „− + − L" füllt das Glas, das Wort „− + L −" füllt das Glas nicht.

Wenn wir unser Ausgabegerät weiter entwickelt haben, können wir mit

---

90 Eine vollständigere Darstellung des Magnetkernspeichers steht beispielsweise im Duden (Duden, Informatik, 1988, 342-44).

unserer Maschinen auch wie mit einer herkömmlichen Schreibmaschine mehrstellige Zeichenketten schreiben. Aber bereits jetzt erkennt man, dass die Maschine eine bestimmte Reaktion genau dann zeigt, wenn bestimmte Tasten in einer bestimmten Reihenfolge gedrückt werden. Die Symbole auf den Tasten und auf dem Ausgabegerät sind völlig willkürlich und für die Maschine ohne jede Relevanz. Als Benutzer der Maschine kann man sich aber die nötige Eingabe für eine gewünschte Ausgabe besser merken und vor allem effizient aufschreiben, wenn die Tasten mit Symbolen beschriftet sind. Man kann dann jede Eingabekombination als „Zeichenkette" auffassen.

Wir unterbrechen die Entwicklung unserer Maschinen, weil die aktuelle Maschine zwei Konstruktionsaspekte verdeutlicht, die nochmals hervorgehoben werden sollten. Erstens zeigt die Induktionsmaschine deutlich, dass wir Energie*kreise* und nicht Energiequellen unterscheiden. Natürlich verwenden wir in einer Maschine nicht für jeden Energiekreis eine separate Energiequelle, aber – und so sind Energiekreise hier definiert – wir könnten es tun. Bei der Relaismaschine ist dies leicht nachvollziehbar, weil alle Energiekreise an eine eigene Batterie angeschlossen werden könnten. Beim Kernspeicher kann aber die Induktionsschleife natürlich nicht an einer Batterie hängen. Die Induktionsschleife ist ein logischer Energiekreis mit einem impliziten Schalter. Es geht hierbei nicht darum, dass der Magnetkern seine Energie nur abgibt, wenn ihm gleichzeitig Energie zugeführt wird. Die Umwandlung von potentieller in kinetische Energie ist immer mit einem Energieaufwand verbunden. Wesentlich ist, dass sich das Schaltelement und die Energiequelle nicht trennen lassen.

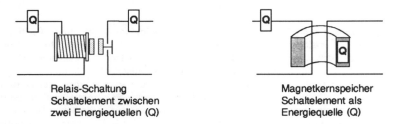

Relais-Schaltung
Schaltelement zwischen
zwei Energiequellen (Q)

Magnetkernspeicher
Schaltelement als
Energiequelle (Q)

Zweitens ist unsere Induktionsmaschine ein Beispiel dafür, wie die technische Entwicklung lokal Rückschritte in Kauf nimmt. Unter konstruktivem Aspekt war der Induktionsmagnet ein Rückfall auf das Niveau von Halbautomaten, obwohl er in relativ hochentwickelten Automaten als Teil einer expliziten Steuerung eingesetzt wurde. Die Relaisschaltungen waren, wie die auch verwendeten Elektronenröhren, viel zu aufwendig, und die Transistoren waren noch nicht serienreif. Mit den Transistoren, die dann nicht mehr lange auf sich warten liessen[91], wurde der Rückfall bereinigt und die implizite Steuerung – auf dieser Ebene – endgültig überwunden.

Zum Verständnis der Maschinensprache tragen die Transistoren hier nichts Neues bei, sie sind für uns einfach Schalter, die über einen sekundären Energiekreis gesteuert werden. Dagegen lassen sich anhand eines etwas entwickelteren Ausgabegerätes noch einige wesentliche Aspekte der Sprache verdeutlichen. Deshalb ersetzen wir jetzt unsere Flüssigkeitsbehälter durch einen Bildschirm im engeren Sinne. Der Bildschirm funktioniert in verschiedenen Hinsichten anders als unser Getränkeapparat, aber auch der Bildschirm ist ein Gerät, auf welchem wir primäre Energie verwenden, um bestimmte (Bild-)Punkte sichtbar zu machen. Während wir in unserem Glasbehälter bestimmte (Bild-)Punkte dadurch sichtbar, respektive unsichtbar machten, dass wir mit Energieaufwand gleichfarbige Flüssigkeit zuführten, machen wir auf dem Bildschirm einzelne (Bild-)Punkte sichtbar, indem wir – auch mit Energieaufwand – einen Elektronenstrahl auf ausgewählte Punkte eines Bildschirmes aufprallen lassen, die dadurch aufleuchten. Jeder dieser

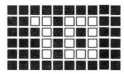

Ausschnitt eines pixelweise bestrahlten Bildschirmes

---

91 Der Transistor hat eine erstaunlich lange Entwicklungsgeschichte: „Ferdinand Braun (...) entdeckt 1874 beim Studium von Kontakten zwischen Metallen und Kristallen den natürlichen Halbleitereffekt, einen von der Natur gegebenen Schalter (...). Diesem Geheimnis gelang jedoch kein technischer Durchbruch. Die Ingenieure der frühindustriellen Zeit entwickelten lieber monströse mechanische Schalter (...)" (Weiss, 1983, 11). Erst 1940 „wurde der eigentliche Startschuss zum Halbleiterzeitalter gegeben. Die Grundidee (...) war (...), dass man ein Substitutionsprodukt für die schweren und energiefressenden Röhren entwickeln wollte (...)", was „acht Jahre später zur Entdeckung des Transistors" führte (ders., 13), der ab 1955 die zweite Computergeneration begründete (ders., 23).

Bildschirmpunkte ersetzt gewissermassen ein Flüssigkeitsbehälter unserer ersten Maschine.

Jedes Zeichen ist eine strukturierte Menge von (Bild)punkten, die wir mittlerweile auch bei auf Papier geschriebenen Zeichen „Pixel" nennen. Verschiedene Anordnungen der Pixel ergeben verschiedene Zeichen. Dass wir bei einem Bildschirm die Punktmenge, die wir bestrahlen, so wählen, dass sie für uns als Symbole sichtbar werden, betrifft den Bildschirm sowenig, wie der Glasbehälter durch unsere Bemalung betroffen war. Symbole sind diese Bildpunktmengen nur für uns.

2.3.2.1. Zeichen und Symbole

Die gedanklichen Kategorien der bisher vorgetragenen Betrachtungsweise lassen auch das entwicklungsgeschichtlich ältere, primitivere Schreiben mit einem Bleistift in einem neuen Licht erscheinen. Auch dem Schreiben mit einem Bleistift liegt ein materieller Prozess zugrunde, für welchen es völlig gleichgültig ist, ob und wie er interpretiert wird. Wer mit einem Bleistift Graphit derart auf ein Papier überträgt, dass sich die Form einer „1" oder eines „A" ergibt, macht das vielleicht in einem Abbildungszusammenhang, aber – was bei diesem einfachen Mittel auch sinnenklar ist – weder Papier noch Bleistift interessieren sich dafür. Papier und Bleistift sind völlig sprachlose Mittel, die wir verwenden (können), um sprachliche Bilder, also Symbole herzustellen.

Der Ausdrücke „Zeichen" und „Symbol" sind pragmatisch sehr kompliziert besetzt. Im Alltag fassen wir etwa auch Rauch als Zeichen für vorhandenes Feuer oder Morgenrot als Zeichen für kommendes schlechtes Wetter auf.[92] Ein spezielles Zeichen, das von Duden als eigentliches Symbol bezeichnet wird, ist das hergestellte Zeichen, „das kraft seiner Gestalt auf etwas ausser ihm Liegendes hinweist, also über sich selbst hinausweist". Ein typisches Beispiel ist das Kreuz als Symbol für Christi Tod und das Christentum überhaupt (Duden, Grammatik, 1984, 509). Leider erläutert Duden nicht, wie das Kreuz kraft seiner Gestalt auf das

---

92 Duden schlägt vor, nicht von Menschen gesetzte Zeichen „Anzeichen" zu nennen (Duden, Grammatik, 1984, 509).

Christentum verweist.[93] Auch wo der Ausdruck „Zeichen" eingeschränkter, statt für alle Phänomene, die wir interpretieren, für bewusst hergestellte Kommunikationsmittel verwendet wird, herrscht häufig Konfusion. Oft wird er synonym zu „Symbol" verwendet, oft als diffuser Oberbegriff von Symbol.[94]

Zeichen im engeren Sinne sind produzierte Gegenstände mit der (Gegenstands-)Bedeutung, als Kommunikations*mittel* zu dienen. Wir teilen unser Wissen mit anderen Menschen, indem wir es mit Zeichen mitteilen. Wir tun es, wir wissen, dass wir es tun, aber wir verstehen – konstruktiv – bislang keineswegs, wie wir es tun. Deshalb scheinen Zeichen, wenn Menschen mit Zeichen kommunizieren, irgendwie mehr als nur Zeichen zu sein. Weil sich „zwischenmenschliche" Sprachen unserem Begreifen entziehen, erscheinen uns deren Zeichen als mystische Geheimnisse. Wir nennen sie im Sinne von Duden „Symbole" und schreiben ihnen zu, was sie ohne *uns* keineswegs leisten, nämlich die Potenz, für etwas anderes zu stehen.

Graphit-Bausteine

„Zwischenmenschliche" Sprachen – die hier nur soweit erwähnt werden, wie sie das Begreifen der Maschinensprache erleichtern – beruhen auf der Verwendung von *Symbolen,* die *für* vereinbarte Referenten jenseits der Sprache stehen. Die (Gegenstands-)Bedeutung des Symboles ist, „für einen Gegenstand zu stehen", was einschliesst, dass das Symbol auch für ein anderes Symbol stehen kann. Symbole haben keine weitere

---

93 Wir nennen Zeichen, die im Unterschied zu vereinbarten Symbolen „kraft ihrer Gestalt" verweisen, Ikone. Das Kreuz, das auf Christi Tod verweist, ist ein sehr typisches Symbol, weil der Verweis auf einer – auch wenn Christus am Kreuz gestorben ist – willkürlichen Vereinbarung liegt. Wer – aus welchem Grunde auch immer – die zugrunde liegende Vereinbarung als nicht völlig beliebig hervorheben möchte, würde in unserer Terminologie allenfalls von einem Index sprechen. Ein „Zeichen, das mit dem, wofür es steht, in einem reallogischen Verhältnis steht, wie beispielsweise Rauch für Feuer", heisst Index (Weidmann, 1979, 15).

94 U. Eco übernimmt aus italienischen Wörterbüchern „Symbol" als eine bestimmte Art von Zeichen, die als Entitäten genau vereinbart oder nur in dunkler und andeutender Weise auf etwas verweisen (Eco, 1977, 17).

Bedeutung, als eben „Symbol zu sein". Sie können lediglich auf etwas, was Bedeutung hat, verweisen. Symbole, die hier in Betracht fallen, „sind" zwar Zeichen, sie sind es aber nicht im Sinne eines inhaltlichen Unterbegriffes. Sie sind in der Weise Zeichen, wie ein vierbeiniger Holztisch ein geformtes Stück Holz oder ein „Vierbeiner" ist. Symbole sind das gleiche wie Zeichen, wenn man von ihrer Bedeutung vollständig absieht und – abstrakt – nur das Artefakt betrachtet. Symbol und Zeichen unterscheiden sich, wie unser Getränkeautomat und unsere konstruktiv identische Kommunikationsmaschine, aufgrund der Gegenstandsbedeutungen, die vom Produzenten bestimmt wird. Wer ein Symbol produziert, produziert einen von Menschen interpretierbaren Verweis. Wer ein Zeichen produziert, stellt einen Gegenstand her, der wie beispielsweise ein Kreuz als Symbol benutzt werden kann. Missverständnisse, auch wenn sie massenhaft anfallen, ändern die Bedeutung eines Gegenstandes genausowenig wie der bedeutungsmässig falsche Gebrauch des Gegenstandes. Beide implizieren – wenn man will – eine Re-Produktion des Gegenstandes in neuer Bedeutung.[95] Die Kommunikation zwischen Menschen beruht in diesem Sinne nicht auf Zeichen, sondern auf Symbolen.

In einem entsprechend weit gefassten Automaten fungieren Zeichen als Schalter. Die Zeichen eines ausgedruckten Computerprogrammes können über den optischen Leser ihren Zweck unmittelbar vollständig erfüllen.[96] Natürlich vermeidet die serielle Produktion von Computerprogrammen mittlerweile den Umweg, das Programm zuerst zu schreiben und dann einzulesen. Zur Zeit der Lochkarten war dieser rückblickend gesehene Umweg aber gut sichtbar und überdies noch beachtlich grösser. Programme werden überhaupt nicht mehr mit dem Bleistift auf Papier, sondern mit einem Textverarbeitungsautomaten geschrieben, der sich

---

95 „Subjektiv" kann ich Zeichen als Symbole nehmen, wie ich eine Getränkeautomaten als Kommunikationsmaschine verwenden kann. „Subjektiv" steht dann – ganz im Sinne der Philosophen – für die „rein geistige Produktion", die möglich ist, weil andere bereits wirklich produziert haben.

96 Nach sinnlichen Kriterien gehören die Zeichen eines geschriebenen Programmtextes natürlich sowenig zum Automaten, wie der Pneu eines Fahrrades zu dessen Dynamo. Die Systemgrenze wird aber durch die Zweckbestimmung, hier des Programmscanners, festgelegt.

häufig derselben Hardware bedient, wie der Automat, der im aktuellen Programmtext erst konstruiert wird. Als Symbole erscheinen die Zeichen der Programme unter anderm auch, weil Programmtexte – orthographisch und grammatikalisch korrekt – auf denselben Automaten geschrieben werden wie Briefe.

Die Aussage, dass ein Programm eine Beschreibung des Automaten sei, kann nun präzisiert werden. Das Programm beschreibt eigentlich nicht den Automaten, sondern den Aspekt des Automaten, den wir als seinen Schaltungszustand bezeichnen. Programme implizieren Automaten als endliche, geordnete Mengen von „Schaltern". Das Programm sagt, davon abgesehen, dass es selbst eine physische Erscheinung hat, nichts über die physische Anordnung und schon gar nichts über die materielle Realisierung dieser Schalter aus, es definiert lediglich die Schalterstellungen im Laufe der Systemzeit. Mit der Maschinensprache kann der Automat selbst nicht explizit beschrieben werden, der Automat kann „nur" sehr eindeutig impliziert werden. Die explizite Beschreibung des Automaten ist ein zwischenmenschliches Anliegen und muss unabhängig davon, welche„ Zeichen" dabei verwendet werden, in einer „zwischenmenschlichen" Sprache erfolgen. Wenn wir das ausgedruckte Programm als geordnete Schaltermenge auffassen, deren Zustände mittels eines Scanners als *Information* auf weitere Schalter des Automaten übertragen werden, gehört das ausgedruckte Programm natürlich ebenso sehr zur Maschine selbst, wie etwa die entsprechend magnetisierte Disk eines Computers. Zeichen sind optisch lesbare Schalter. Durch die im Programm für uns lesbare Darstellung der Schalterzustände sind Automaten für uns in einem bestimmten Sinne „selbstbeschreibend"; wir können die Automaten selbst lesen, weil sie eine entsprechende sprachliche Form haben.

2.3.2.2. Zeichen und Signale

Jedes Zeichen hat einen Träger; das geschriebene Zeichen besteht beispielsweise aus bestimmt angeordneten Graphitteilchen, die ihrerseits etwa von einem Stück Papier getragen werden.[97] Natürlich können Zeichen

---

97 E. Magritte nennt seinen – im Bild wirklich dargestellten – Versuch, eine Frau zu

auch negativ oder invers hergestellt werden, indem sie etwa aus einem Trägermaterial herausgeschnitten werden. Der sinnliche Wahrnehmungsprozess beim Lesen von geschriebenen Zeichen beruht nicht darauf, dass Zeichen transportiert werden, sondern auf der Wahrnehmung von Energiestrahlen. Wenn wir Zeichen sehen, nehmen wir in diesem Sinne nicht die Zeichen selbst wahr, sondern *Signale*, die gewissermassen von diesen Zeichen ausgehen. In der alltäglichen Sprache ist der Unterschied zwischen dem, was wir sehen, und dem, was wir dabei physikalisch wahrnehmen, aufgehoben. Der Ausdruck „Signal" steht häufig für das Zeichen selbst. Duden schreibt in seiner Grammatik: „Im *täglichen* Leben und im *normalen* Sprachgebrauch ist uns dieser Ausdruck (Signal, RT) vertraut im Zusammenhang mit Sicherheitsvorrichtungen verschiedener Art. Man denke an die Fahrtsignale bei der Eisenbahn, Verkehrsampeln (...) Als Signale bezeichnet man auch (...) die Flaggen*zeichen* bei der Marine. Es handelt sich hier um eine besondere Zeichenart, die auf Lebenswichtiges oder Gefährliches hinweist und ganz besondere Beachtung verlangt" (Duden, Grammatik, 1984, 509; kursiv, RT).[98] Durch eine Kommunikationsmaschine „gehen" Zeichen, wie sie in unsere Wahrnehmung kommen, nämlich ausschliesslich als Signale, also als „Reiz"-Energie.

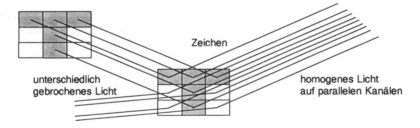

Signale sind an kinetische Energie gebunden. Wir unterscheiden verschiedene Signalformen, sie können beispielsweise diskret oder kontinu-

---

malen, ohne ein Trägermaterial für die Farbe zu benutzen, *Der Versuch des Unmöglichen*.
98 U. Eco etwa schreibt umgekehrt: „Ein Zeichen liegt dann vor, wenn durch Vereinbarung irgendein Signal von einem Kode als Signifikant eines Signifikats festgelegt wird" (Eco, 1977, 167). Auch er verwischt, davon abgesehen, dass er Sym-

ierlich sein. In unserem Zusammenhang ist vor allem die Tatsache wichtig, dass die Information, die über Zeichen vermittelt wird, parallele „Kanäle" gleichzeitig benützt, während beispielsweise ein Telegraphensignal auf einen Kanal beschränkt und zeitlich strukturiert ist. Gedruckte Zeichen nehmen wir als solche wahr, weil das ursprünglich homogene Licht auf den bedruckten „Pixel" anders gebrochen wird als daneben. Wir benutzen dabei parallel pro Pixel einen Kanal.

Als *Kanal* bezeichnet man in Analogie zur Wasserleitung den gedachten „Leiter" der Signalenergie.[99] Während die Metapher für Stromleitungen noch halbwegs Sinn macht, versagt sie in bezug auf Schallwellen wegen deren nicht kanalisierten Ausbreitung und in bezug auf elektromagnetische Wellen, weil der „tragende Aether" nicht nachweisbar ist.[100] Das Signal, das am richtigen Ort ankommt, hat den Weg des gedachten „Kanals" genommen.

Zeichen beruhen energetisch auf zwei unterscheidbaren Grundlagen. Eigentliche Zeichen, also beispielsweise geschriebene oder gedruckte Zeichen geben keine eigene Energie ab, während Zeichen, die wir an einem Bildschirm sehen, beispielsweise durch Elektronenstrahlen angeregte Leuchtstoffteilchen sind, die lumineszieren, also im Bereich des sichtbaren Lichtes strahlen. Eine Zeitung ist auch im Dunkeln voller Buchstaben, aber wir sehen die Zeichen nicht. Die zum Lesen nötige Energie liefert uns eine Lampe oder die Sonne, also eine homogene Energiequelle, deren Strahlen durch die Zeichen strukturiert werden, was man etwa

---

bol und Zeichen nicht unterscheidet, auch den Unterschied zwischen Schalter und Energie.
99 Kanal gehört etymologisch zu „canna = ‚kleines Rohr, Schilfrohr, Röhre'" (Duden, Herkunftswörterbuch, 1963, 305).
100 Der „Kanal" wird häufig sehr nachlässig behandelt. C. Shannon sagt: „Der Kanal ist nur ein Mittel (...) Es können ein paar Drähte sein, (...) ein Lichtstrahl usw." (Shannon/Weaver, 1976, 44). W. Weaver sagt (über den Schalldruck), „der durch die Luft (den Kanal) übertragen wird": „In der Funktechnik ist der Kanal einfach der Raum (oder der Äther, wenn jemand dieses veraltete und irreführende Wort noch bevorzugt), und das Signal ist die elektromagnetische Welle, die übertragen wird" (Shannon/Weaver, 1976, 16f). Der Linguist U. Weidmann bezeichnet sogar „die Luft, das Tonband" und den „Schall" als Kanal (Weidmann, 1979, 10).

auch am Barcode-Leser[101] gut beobachten kann. Die am Bildschirm leuchtenden Zeichen sind dissipative Gegenstände wie Kerzenflammen, oder Eistorten im Kühlschrank, sie verlieren die Form, wenn wir keine Energie zuführen. Sie sind keine Gegenstände im engeren Sinne, und deshalb auch nur metaphorisch gesprochen Zeichen. Wir nennen sie Zeichen, weil sie ausschliesslich dieselbe Funktion erfüllen wie Zeichen. Sie werden durch eine bereits strukturierte Energie erzeugt. Die gedruckten Zeichen dagegen strukturieren von ihnen unabhängig produzierte Energie.

Wenn wir einen Brief mit einem Bleistift schreiben, sind die objektiven Mittel, die wir einsetzen, sehr primitiv, un-entwickelt. Der abstrakte Schreibvorgang als solcher lässt sich aber ohne weiteres als äusserst komplexer Prozess begreifen, in welchem ein System, das über optische Leser und steuerbare Schreibmechanismen verfügt, den Brief erstellt. In der gleichen Weise lässt sich auch der Empfänger des Briefes reduzieren. Bei ihm werden die durch die Symbole strukturierten Signale durch einen optischen Leser in andere Signale verwandelt. Viele uns vertraute Kommunikationsmaschinen übertragen keine Zeichen, die gelesen werden müssen, sondern wie beispielsweise das Telefon Signale, die wir Zeichen zuordnen können. Da jedem Zeichen ein Signal und jedem Signal ein Zeichen zugeordnet werden kann, sprechen wir generell, also auch dort von Zeichen- oder Symbolübermittlung, wo Zeichen nur dazu dienen, Signale zu übermitteln. Wenn wir etwa einen Brief senden, weil wir aus zeitlichen oder örtlichen Gründen nicht sprechen, also keine Signale übermitteln können, sind uns die geschriebenen Zeichen nicht wie etwa bei einem Vertrag als nichtflüchtiger Beweis wichtig. Wir „wandeln" dann die Signale in Symbole um, die beim Lesen des Briefes die gewünschten Signale erzeugen, weil uns kein direkter Kanal für Signale zur Verfügung steht. Das Anliegen ist dabei also nicht primär die Übermittlung eines Symboles, sondern die Übermittlung eines Signales. Der Briefträger übermittelt wirkliche Symbole, wobei die Symbole auf dem Briefpapier keine Funktion wahrnehmen, sondern beim Empfänger als Symbole eintreffen. Erst wenn der Empfänger den Brief liest, werden die Symbole selbst wieder aktiviert. Übertragene Symbole heissen *Nachrich-*

---

101 Bar- oder Strichcodeleser heissen die photoelektrischen Geräte, mit welchen vorwiegend an Kassen im Einzelhandel Warenmarkierungen eingelesen werden.

ten. Wir sprechen häufig, insbesondere wenn wir den Signalen Symbole zuordnen können, auch bei übertragenen Signalen von Nachrichten. Eine eigentlichere Symbolübermittlung findet beispielsweise statt, wo ein optischer Leser Symbole in Signale „verwandelt", welche durch einen passenden Printer wieder in Schriftzeichen auf einem Papier „zurückverwandelt" werden. Diese „Verwandlungen" heissen Modulation und Demodulation.[102] Die De-Modulation wird häufig etwas ungenau als Codierung und Decodierung bezeichnet.[103] *Code* heisst die Tabelle, die eine eindeutige Zuordnung von Zeichen aus verschiedenen Zeichenmengen zeigt. Als *(De-)Codierung* bezeichnet man den Prozess, in welchem Zeichen der einen Menge durch äquivalente Zeichen einer anderen Menge ersetzt werden, also beispielsweise die Symbole des Morsealphabetes durch die Symbole des bei uns üblichen griechischen Alphabetes. Dies kann man natürlich mit einer Kommunikationsmaschine tun, indem man einem Signal bei der Modulation und bei der Demodulation verschiedene Zeichen zuordnet.

Um diesen letzten Aspekt zu verdeutlichen, entwickeln wir unser Eingabegerät im bereits unterstellten Sinne: wir ersetzen die Tastatur durch einen optischen Leser, einen sogenannten Scanner. Wenn wir nun die Maschine zu etwas veranlassen wollen, können wir keine Tasten mehr drücken, sondern müssen einen entsprechenden Text schreiben und mit dem Scanner einlesen. Der so eingesetzte Scanner macht deutlich, was beschriftete Tasten sind – und dass wir derartige Maschinen, im Unterschied etwa zu Jacquards Webstühlen, immer mit Signalen steuern.

2.3.2.3. Programmiersprache

Dass wir mit Kommunikationsmaschinen Symbole übermitteln und dabei beschriftete Eingabetastaturen verwenden, erhellt einen produktiv nur un-

---

102 Die Ausdrücke Modulator und Demodulator sind im Ausdruck „Modem" verdichtet. Als Mo(dulator)Dem(odulator) bezeichnet man Geräte, die Signale in eine andere Form umsetzen.
103 W. Weaver macht explizit darauf aufmerksam, dass „Codierung" in dieser Verwendung eine Metapher ist, die eine Zeicheneigenschaft auf die Signale überträgt (Weaver, 1976, 26f).

wichtigen Aspekt der Maschinensprache. Der zweite und wichtigere Aspekt der Maschinensprache ist, dass wir Automaten mit Maschinensprachen programmieren (können). Auch beim Programmieren sprechen wir nicht *mit* der Maschine. Wir sagen der Maschine nicht, was sie tun muss, sondern wir ‚beschreiben' die Maschine, die das tut, was wir wollen. Wir verwenden dabei schliesslich, also nach allen von der Maschine geleisteten Umcodierungen, die Maschinensprache, die durch den jeweiligen Computer festlegt wird. Als Maschinensprache erscheint dabei nicht die Sprache, die die Kommunikationsmaschine quasi spricht, wenn sie am Ausgabegerät Zeichen ‚(re)produziert', sondern die Sprache, die wir beim Programmieren verwenden, also die Sprache, in welcher die Maschine ‚Befehle entgegennimmt', die sie in irgendeinem Sinne zu verstehen scheint.

Was heisst programmieren überhaupt? Die Antwort zu dieser Frage liegt in der beschriebenen Evolution der Werkzeuge: Hammer und Sichel sind primitive Werkzeuge, die der Benutzer sowohl antreiben wie steuern muss. Entwickeltere Werkzeuge sind Maschinen, wie etwa das Auto, in welchem der Benutzer nur noch steuern muss. Noch entwickeltere Werkzeuge, eben die Automaten, enthalten eine explizit konstruierte Steuerung. Automaten machen, was in ihrer Steuerung festgelegt ist. Das Festlegen der Steuerung heisst programmieren. Sehr anschaulich ist die Steuerung einer Maschine mit einem eigens dazu konstruierten Mechanismus beispielsweise bei primitiven Musikautomaten, bei welchen Stiftchen auf einer Walze bestimmte Melodien bewirken. Man kann diese Automaten für bestimmte Melodien *programmieren*, indem man die Stiftchen auf der Walze entsprechend anordnet.

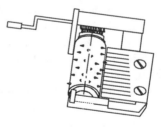

Nicht viel weniger anschaulich sind die Lochkarten-Maschinen, die auf verschiedene Lochmuster reagieren, wie sie etwa von J. Jacquard und H. Hollerith gebaut wurden (vgl. S. 84f). Diese Beispiele zeigen, dass man zur Programmierung einer Maschine keine Programmiersprache – und insbesondere auch keine „0"/„1"-Sprache – braucht.

Auch die ersten Computer im engeren Sinne wurden ohne Programmiersprache programmiert. Man hat die Löcher auf den Lochkarten „einfach" so angeordnet, wie es die jeweilige Computersteuerung verlangte. Einfach war das natürlich keineswegs, wenn man etwas kompliziertere Abläufe programmieren wollte. Die Computer, die wir heute bei weitem nicht nur zum Rechnen verwenden, heissen deshalb „Rechner", weil man am Anfang - ohne Programmiersprachen - praktisch nur Rechenaufgaben, die ähnlich einfach wie Stoffmuster von J.Jacquard waren, programmieren konnte.[104] Abgesehen davon, dass man bei der sprachlosen Programmierung die Maschine bis ins letzte Detail begreifen musste, verloren auch die besten Programmierer relativ rasch die Übersicht darüber, welches Loch an welche Stelle der Lochkarte gehörte.

Bei einer gegebenen Steuerung bewirkt eine bestimmte Lochkarte, respektive eine entsprechende Serie von Lochkarten natürlich immer dasselbe Maschinenverhalten. Deshalb kam vermutlich nicht erst J.Jacquard auf die Idee, die Lochkarten ihrer Wirkung entsprechend anzuschreiben. Wenn man in der Maschine einen bestimmten Ablauf steuern wollte, steckte man die entsprechend angeschriebenen Lochkarten in die Maschinensteuerung. Die Beschriftung der Lochkarten hatte aber mit den Löchern in der jeweiligen Karte nur einen sehr vermittelten Zusammenhang. Die Löcher selbst ergaben für den Betrachter der Karte zunächst keinen sprachlichen Sinn, sie signalisierten keine Zeichen, die man lesen konnte. Man wusste einfach, dass ein bestimmtes Lochmuster auf der Maschine ein bestimmtes Resultat erzeugte. Deshalb – und das war die entscheidende Einschränkung – konnte man beim Programmieren der Maschine die Löcher auch nicht einfach gemäss sprachlicher Zeichen anordnen, man musste die Logik der Steuerung *sprachunabhängig* kennen.

Die „Erfindung der Programmiersprache" bestand darin, dass man den Steuerungsmechanismus so baute, dass die Löcher auf der Lochkarte zugleich als sinnhafte Beschriftung der Lochkarte zu lesen waren. Da die Tasten einerseits beliebig angeschrieben werden und andrerseits mit beliebigen Schaltern in Verbindung gebracht werden können, kann man ei-

---

104 Ada, die „Pressesprecherin" vom bereits zitierten C. Babbage, der seine Computer in Anlehnung Jacquards Webstuhlsteuerung konstruierte, sagte: „Wir können höchst zutreffend sagen, dass die analytische Maschine algebraische Muster webt."

ne bestimmte Maschine so konstruieren, dass eine bestimmte Reihenfolge der Tasten die Maschine zu einer eindeutigen Reaktion führt. Beispielsweise kann eine Maschine in einem bestimmten Zustand die Tastenreihenfolge „3 + 5 =" mit der Bildschirm-Anzeige „8" ‚beantworten'. Um eine bestimmte Maschine in den dazu nötigen Zustand zu versetzen, müssen zuvor einige andere Tasten in einer ebenfalls bestimmten Reihenfolge gedrückt werden. Beispielsweise kann die Maschine so verdrahtet sein, dass unter anderem die Tasten N,E,H,M,E,‚a,‚A,D,D,I,E,R,E, ‚b,‚Z,E,I,G,E,‚a gedrückt werden müssen, damit die Maschine später die vorher beschriebene Reaktion zeigt. Auf einer so verdrahteten Maschine interpretieren *wir* (!) die Tastatur-„Eingabe" als Eingabe der sprachlichen Symbole „Nehme a", „Addiere b" und „Zeige a", was einer sprachlichen Anweisung entspricht. Wenn die Maschine nach unserer Eingabe von „3 + 5" eine „8" zeigt, zeigt sie uns die Zahl, die *wir* (!) aus 3 + 5 errechnen können.[105] Deutlich kann man diesen willkürlichen Zusammenhang noch anhand der Lochkarten von H. Hollerith sehen, die um 1900 bei amerikanischen Volkszählungen verwendet wurden, weil dort die Codierung der Zeichen noch sehr anschaulich war (vgl. S. 81).

Die „Erfindung der Programmiersprache" besteht also in der Erfindung, den Steuermechanismus so zu konstruieren, dass seine Bedienung *sprachhaft* wird. Deshalb kann N. Wirth, der Erfinder von vielen Programmiersprachen, sagen: „Eine Programmiersprache stellt einen abstrakten Computer dar, der die Ausdrücke dieser Sprache verstehen kann" (Wirth, 1983, 19). Selbstverständlich versteht auch die „sprachlich gesteuerte" die Maschine nichts. Sie versteht die Programmiersprache nicht, sie reagiert einfach auf bestimmte Lochkartenmuster, oder wenn sie etwas moderner ist, auf entsprechende Magnetisierungs- oder Strommuster, und zwar völlig unabhängig davon, ob *wir* in diesen Mustern sprachliche Zeichen erkennen oder nicht. Im selben Sinne könnten wir die Häuser unserer Städte so anordnen, dass die

---

105 Die Aussage von J. Weizenbaum, dass auch diese Maschinen eher mit Symbolen manipulieren als rechnen (Weizenbaum, 1977, 107), wirft allenfalls ein Licht darauf, was wir tun, wenn wir rechnen.

Namen der Städte aus dem überfliegenden Flugzeug zu lesen wären. Abgesehen von einigen allfälligen Komplikationen bei der Verkehrsregelung würde sich das Wesen der Städte dadurch in keiner Weise verändern, und wir würden sicher nicht sagen, dass unsere Städte sprachfähig wären.

Dass die Schalter „hirn-ergonomisch" so angeordnet sind, dass ihre Manipulation als geordnete Symbolmanipulation erscheint, ist die Folge einer ausserordentlich effizienten Mitteloptimierung, deren Erfindung nicht ohne Grund – was wir später diskutieren werden – sehr schlecht dokumentiert ist. In den Computergeschichten liest man häufig nicht mehr, als dass die Entwicklung der höheren Programmiersprachen, wie beispielsweise Fortran, in die 50er Jahre zurückgeht.[106] Geschichten, nach welchen Programmiersprachen erfunden wurden, weil die ersten Computer mittels sogenannter Maschinensprachen sehr umständlich und aufwendig programmiert werden mussten[107], suggerieren, dass primitive Programmiersprachen immer schon da waren, dass also bereits die Erfinder der Computer ihren Maschinen *sprachliche Anweisungen* gegeben hätten. Dem war aber keineswegs so. Die Programmier-*Sprache* fiel nicht termingerecht vom Himmel. Sie ist vielmehr eine eigenständige Erfindung, die die massenhafte Verbreitung der Computer überhaupt erst möglich machte. Die Programmiersprache entspricht in gewisser Hinsicht dem Buchdruck von Gutenberg oder dem Benzinmotor von Otto, die beide eine bereits vorhandene Ware, nämlich das Buch und das maschinell angetriebene Fahrzeug, massentauglich machten. Wenn wir die Computer – wie in den Anfängen – ohne Programmiersprachen programmieren müssten, würden sie heute noch in den Forschungslaboratorien statt auf

---

106 R. Weiss etwa fasst die Erfindung der Programmiersprache in seiner Geschichte der Datenverarbeitung, in welcher es von Erfindern nur so wimmelt, sehr typisch in einem Satz zusammen. Er schreibt: „Im Jahre 1954 wurden die ersten Programmiersprachen entwickelt" (Weiss, 1983, 22). Die Programmiersprache an sich scheint wie die natürliche Sprache auf die Welt gekommen zu sein. Ihre Erfindung ist auch dem Informatik-Duden keinen Hinweis wert.

107 H. Schneider, der auch nur die höheren Sprachen in Betracht zieht, schreibt: „FORTRAN ist eine der ältesten (...) Programmiersprachen (...). Ihre Entwicklung geht bis in das Jahr 1954 zurück. Unter der Leitung von J. W. Backus wurde das Projekt bei IBM mit der Zielsetzung in Angriff genommen, den Programmieraufwand (...) zu reduzieren" (Schneider, 1983, 223f).

jedem Schreibtisch stehen. Insbesondere die sogenannten Maschinensprachen, die gemeinhin gar nicht als Programmiersprache bezeichnet werden, sondern quasi als Verursacher des Problems erscheinen, das mit Programmiersprachen zu lösen ist, haben die unüberschaubare Komplexität von Computern handhabbar gemacht.

Trotzdem, man kann Automaten auch ohne Sprache steuern. Die ersten Automaten wurden durch Lochkarten oder Stecktafeln noch ziemlich unmittelbar gesteuert. Die Vorgänger der Programmierer wussten ohne sprachliche Eselsbrücke, welche Schalter durch welche Lochkartenlöcher aktiviert wurden. Dass sich Lochkarten und andere Steuerungsmittel sprachlich interpretieren lassen, ist zwar für die Nutzbarmachung der Computer von grösster Relevanz, für die Computer selber, soweit sie nichts anderes als Schaltermengen sind, völlig gleichgültig.[108] Die Programmiersprachen sind dem Computer äusserlich, sie dienen nur uns.

Selbstverständlich abstrahiert die Darstellung, wonach man auch bei den kompliziertesten Maschinen für eine gewünschte Funktion, wie etwa bei einem Fahrkartenautomaten, nur bestimmte Tasten in der richtigen Reihenfolge drücken muss, von der Kompliziertheit der Bedienung, die sich daraus ergeben würde, wenn die Tasten beispielsweise nur durch verschiedene Farben oder Formen unterschieden würden. Kein Mensch könnte sich dann merken, welche Tastenreihen wann was bewirken. Die Programmierung eines Computers ist dermassen kompliziert, dass bereits die einfachsten Maschinen, die den Namen Computer verdienen, ohne Programmiersprache *praktisch, in der Praxis* nicht programmiert werden könnten. Unser primitives Additionsbeispiel zeigt, dass schon einfachste „Additionsautomaten", die programmiert sind, aus einer kaum überschaubaren Anzahl von Schaltern bestehen (können). Gerade weil die Schaltermenge in entwickelten Automaten unüberschaubar ist, wird sie – aus nachvollziehbaren Effizienzgründen – hinter einer Programmier-

---

108 Deshalb wird normalerweise die Entwicklung der Computer, von der Entwicklung der Programmiersprachen getrennt, als Entwicklung der Hardware dargestellt. In der „Geschichte der Datenverarbeitung" von R. Weiss etwa erscheint die Entwicklung der Programmiersprachen im Innern des hinteren Buchdeckels als unkommentiertes Diagramm (Weiss, 1983). Auch Duden stellt die Entwicklung der Programmiersprachen von der Hardwareentwicklung unabhängig dar (Duden, Informatik, 1988, 273).

„Sprache", also einer „höherentwickelten" Maschinensprache versteckt, so dass der Automat als relativ einfache Sache erscheint, die entgegenkommenderweise sogar Sprache versteht.

Als Erfindung teilt die Programmiersprache das Schicksal vieler (in-)genialen Erfindungen. Sie liegen im Nachhinein so sehr auf der Hand, dass sie gar nicht als Erfindungen wahrgenommen werden. Der naiv interpretierte Wortteil „-sprache" verleitet zusätzlich zur Annahme, dass Programmiersprachen wie *unsere* Sprachen zwar konkret geformt sind, aber als Sprache überhaupt immer schon da waren. In diesem Sinne werden Programmiersprachen auch oft als *künstliche* Sprachen bezeichnet, wobei das Attribut „künstlich" nicht auf die Sprache als erfundenes Produkt bezogen wird, sondern lediglich darauf, dass die Syntax oder die Form der Sprache eindeutig (eingeschränkt) ist.

Die Erfindung der Programmiersprache ist in gewisser Hinsicht eine typische Leistung für Ingenieure. Ingenieure konstruieren ihre Produkte immer auch unter ergonomischen Gesichtspunkten, also unter anderem auch so, das sie möglichst einfach zu bedienen sind.[109] Viele Teilmaschinen dienen hauptsächlich dazu, den Schulungsaufwand des Benützers zu reduzieren, indem sie ein intuitives Benützerverhalten, das den objektiven Bedingungen unter einer gegebenen Technik nicht entspricht, so korrigieren, dass der Benützer kein neues Verhalten einüben muss. Antiblockiersysteme beispielsweise tragen der Tatsache Rechnung, dass der nicht geschulte Autofahrer die Bremse auch dann noch durchdrückt, wenn die Räder bereits rutschen, obwohl er bremsen, nicht schleudern will. Solche Teilmaschinen verhindern, dass sich Handlungen, die auf falschen Vorstellungen beruhen, negativ auswirken. Antiblockiersysteme etwa „übersteuern" die Vorstellung, dass durchgedrückte Bremsen oder blockierte Räder das Auto optimal verzögern. In solchen scheinbar „fehlertoleranten" Maschinen wird das menschliche Steuern „interpretiert" und technisch übersteuert. Natürlich interpretiert ein Antiblockiersystem nichts. Der Ingenieur, der ein solches System (ein)baut, interpretiert das

---

109 Ergonomie heisst „die wissenschaftliche Disziplin, die sich mit den Leistungsmöglichkeiten des arbeitenden Menschen und mit der Anpassung der Arbeitsmittel und der Arbeitsumgebung an die Eigenschaften und Bedürfnisse des Menschen beschäftigt" (Duden, Informatik, 1990, 507).

durchgedrückte Bremspedal in einem Auto als Wunsch des Fahrers, das Auto möglichst rasch anzuhalten. Solche Interpretationen – deshalb heissen sie Interpretationen – sind häufig falsch. Geübte Autofahrer drücken, wie man im Rallyesport deutlich beobachten kann, das Bremspedal oft nicht zum Anhalten durch, sondern weil sie die Räder wirklich blokkieren wollen, was in den Kurven häufig mit Zeitgewinn verbunden ist.

2.3.2.4. Programme und Daten

Programme werden häufig als Software bezeichnet. Im Informatik-Duden steht: „Die Vorsilbe ‚Soft' verdeutlicht, dass es sich bei der Software um leicht veränderbare *Komponenten* einer Rechenanlage handelt." Leicht verändern lässt sich bei näherem Hinsehen nicht das Programm, was auch die Informatikerkosten zeigen, sondern die programmgesteuerte Maschine, wenn man das Programm bereits hat. Die einzelne Lochkarte eines Programmes ist eine konstruierte Komponente der je konkreten, zweckgebundenen Maschine. Lochkarten konnten sich als Komponenten gerade deshalb nicht sehr lange behaupten, weil sie sich nicht sehr leicht verändern lassen. Die wohlgelochten Karten enthalten nicht, sie *sind* das Programm. Dass ein Programm nicht nur in Form von gelochtem Karton, sondern auch mit Graphitpixeln oder mit magnetischen Teilchen konstruiert werden kann, tut dessen materieller Konstruktion keinerlei Abbruch. Wenn man – was im Alltag häufig zu hören ist – die Lochkarten, weil man sie anfassen kann, zur Hardware zählt und die Anordnung der Löcher als Software bezeichnet, müsste man jede konstruktionsbedingte Form von Maschinenteilen als Software bezeichnen. Auch ein Hammer erfüllt seine Funktion nur, wenn dass Loch für den Stiel im Hammerkopf am richtigen Ort ist.

Seit von J. von Neumann entdeckt hat, dass wir Programme und Daten in unseren Maschinen gleich modulieren, zählen wir die Programme auch zu den Daten. Im Alltagsbegriff „Daten" steckt via Datum, dass Daten in einem bestimmten Format geschrieben sind. In der Computerterminologie hiessen ursprünglich jene Zeichen „Daten", die zum Zweck der Auswertung, beispielsweise auf Lochkarten, materialisiert wurden. Als man mit Computern auch unformatierte Texte verarbeiten konnte, nannte man alle Zeichen, die verarbeitet wurden, Daten.[110] Mittlerweile ist „Daten" ein ziemlich sinnlos gewordener Begriff, weil es heute keine Zeichen mehr gibt, die man mit dem Computer nicht in irgendeinem Sinne verarbeiten kann.[111] Wir verwenden ihn pragmatisch anstelle von Zeichen, um den entsprechenden EDV-Kontext mitzuvermitteln. Wo wir die Symbole mit der Maschine nur transportieren und verwalten, bezeichnen wir die Symbole als Daten im engeren Sinne. Wo unsere Symbole für Schaltungs- oder Speicherzustände stehen, also die jeweilige Maschine in einer gewissen Hinsicht abbilden, sprechen wir von Programmen.

Als Maschinensprachtexte im engeren Sinne bezeichnen wir nur Daten, die Programme repräsentieren.[112] Programme, die in der Maschinensprache geschrieben sind, sind zunächst wie jedes höhere Programm nichts anderes als Beschreibungen der jeweiligen Maschine. Allerdings zeigen diese Beschreibungen durch ihre Unlesbarkeit ihren Charakter besonders deutlich: sie zeigen, dass sie nicht als Beschreibungen intendiert sind. Intendiert sind Manipulationen, die die gewünschten Schalterstellungen ergeben.

2.3.3. Kommunikationsmittel

Kommunikationsmaschinen, also Maschinen, die der Symbolübermittlung dienen, erscheinen in der Alltagssprache häufig gar nicht als Maschinen, weil der Benutzer zweckentsprechend nur eine Teilmaschine vor sich hat, während ein anderer Teil der Maschine bei einem andern Benutzer und die Energieversorgung an einem dritten Ort steht. Unter dem Gesichtspunkt der einseitigen Kommunikation bezeichnen wir im Alltag die „Ausgangs-" und die „Endstation" der Informationsübermittlung als Sender und Empfänger und den Weg zwischen Sender und Empfänger als Kanal, ohne die gemeinten Instanzen genauer zu spezifizieren.

110 „Daten sind Symbole, die verarbeitet werden" (DIN 44300).
111 Dem entsprechend wird in neueren Informatik-Lexika nicht nur auf das Stichwort „Daten" verzichtet, „Daten" fehlt sogar im Register (beispielsweise im Duden, Informatik, 1988).
112 Völlig unsprachlich gedachte Daten waren natürlich die analogen Webmuster-Lochkarten, die die Webstühle von J. Jacquard „steuerten".

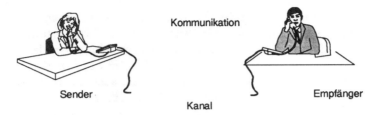

Kommunikation

Sender Kanal Empfänger

Zwar übermitteln kommunizierende Menschen, wenn sie beispielsweise telefonieren, technisch-abstrakt gesehen tatsächlich Signale. Wer aber etwa die Auskunftsstelle anruft, um eine bestimmte Telefonnummer in Erfahrung zu bringen, will nicht Signale übermitteln, sondern eine bestimmte Auskunft; was dabei technisch abläuft ist ihm zurecht völlig gleichgültig. Technisch ist umgekehrt gleichgültig, was inhaltlich zur Rede steht, das Telefon funktioniert unabhängig davon. Der im Kommunikationsmaschinen-Modell beschriebene Empfänger wird durch die übertragenen Nachrichten, respektive durch die entsprechenden Signale lediglich zum Reagieren veranlasst. Damit ein Empfänger auf Signale sinnvoll reagieren kann, müssen zwar einige Bedingungen erfüllt sein, aber verstehen muss der Empfänger gar nichts. Der maschinelle Empfänger reagiert, indem er sich der „Nachricht" entsprechend verhält.

Ein Mensch, der irgend jemanden um eine Auskunft anruft, spricht natürlich nicht mit seinem Telefon, sondern mit einer Person am anderen Ende der Leitung. Gleichwohl empfängt unmittelbar nicht der Gesprächspartner, sondern das Mikrofon seines Telefonhörers, die von ihm ausgesandten Signale. Für das Mikrofon ist die Bedeutung der Worte ziemlich uninteressant. Genau deshalb senden Telefonserviceleute, die eine Leitung prüfen, Nachrichten, die inhaltlich völlig belanglos, eben bedeutungslos sind. Das Mikrofon empfängt Schallwellen als Signale, moduliert sie, indem es entsprechende elektrische Impulse weitersendet.

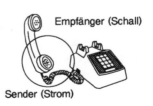

Empfänger (Schall)

Sender (Strom)

Das Mikrofon im Hörer des Anrufers, also der Sender der Telefonverbindung ist lokal, für die Schallwellen, die der sprechende Anrufer „aussendet", ein Empfänger; der Lautsprecher im Hörer des Angerufenen, der eigentliche Empfänger der Signale, die vom Mikrofon am anderen Ende der Leitung kommen, ist auch ein Sender, der Schallwellen zum Ohr des Angerufenen aussendet. Der Lautsprecher demoduliert die elektrischen Impulse, ohne sie im geringsten zu verstehen, in Schallwellen, die der menschliche Hörer als Sprache versteht. Damit auch die Telefonverbindung als Ganzes als Sender/Empfänger-Modell aufgefasst werden kann, hat C. Shannon die Kommunikationskette um die beiden Instanzen "Quelle" und "Senke" verlängert.

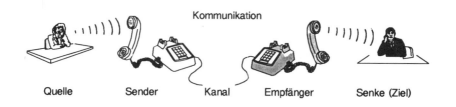

Quelle Sender Kanal Empfänger Senke (Ziel)

Shannons ungenaue Darstellung dieser konstruktiv sinnvollen Ausgrenzung hat dort, wo das Modell ohnehin missverstanden wurde, zusätzliche Verwirrung gestiftet, weil die Instanzen als Platzhalter für Menschen und Maschinen interpretiert wurden, statt für Signale, die ausschliesslich durch die Sensoren des Sender und die Effektoren des Empfängers bestimmt sind.

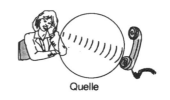

Quelle

Unser Kommunikationsmodell ist also keine Abbildung menschlicher Gesprächspartner, sondern beschreibt Prozesse, wie sie in einem Telefon während eines Gespräches vorkommen. Das Modell beschreibt nicht die *Kommunikation*, sondern Kommunikations-*Mittel*. N. Wiener untertitelte 1948 die erste Auflage seines Buches *Kybernetik*, in welchem der Begriff „Kommunikation" wissenschaftlich relevant eingeführt wurde[113],

---

113 Technisch eingeführt wurde der Begriff „Kommunikation" um 1729 (!) durch den Elektrizitätsforscher Stephen Gray, der seine stromleitenden nassen Hanf

mit *Regelung und Kommunikation im Tier und in der Maschine*. Bereits ein gutes Jahr später veröffentlichte N. Wiener eine populärere Variante seines Werkes unter dem Titel *Die menschenwürdige Verwendung des Menschen*[114] und schrieb im Vorwort nochmals explizit, dass die Theorie für tierische Mechanismen und Maschinen entworfen wurde, die eben gerade nicht das Wesen des Menschen, sondern nur „tierische", respektive biologisch-maschinelle Aspekte des Menschen betreffen (Wiener, 1952, 11).[115] Wo das Kommunikationsmodell beispielsweise auf telefonierende Menschen projiziert wird, resultieren korrekterweise Aussagen wie: „Das Hirn sendet dem Sprechapparat Nervensignale, die vom Sprechapparat in Schallwellen, die dann ihrerseits vom Mikrofon des Telefons in elektrische Signale verwandelt werden." Als C. Shannon 1948 seine Informationstheorie veröffentlichte, hat sein Co-Autor W. Weaver diese Problematik vollständig ausgedrückt. Er schrieb, dass nicht nur sein Telefonapparat ein Transmitter von Signalen sei, sondern auch sein Sprechapparat: „Im mündlichen Gespräch ist das Gehirn die Informationsquelle, der Stimm-Mechanismus, der die Schallwellen, die durch die Luft (Kanal) übermittelt werden, produziert, ist der Transmitter. (...) Wenn ich mit Ihnen spreche, ist mein Hirn die Informationsquelle, mein vokales System der Transmitter" (Shannon/Weaver, 1948, 98f). Dementsprechend müsste ein telefonierender Mensch auf sich selbst bezogen sagen: „Nicht ich spreche mit meinem Gesprächspartner, sondern mein Hirn kommuniziert über diverse tierische und maschinelle Kommunikationsmittel mit dem Hirn meines Gesprächspartners." Denn vom „ich" zum Hirn führen ja bekanntlich keine – oder wenigstens keine bekannten – signalleitende Verbindungen.

Die im Modell verwendeten Metaphern sind Ausdruck eines Missverständnisses, das sie verursachen. In diesem Missverständnis wird der Mensch als möglicher Sender betrachtet. Im Alltag wird auch „Kommu-

---

schnüre, über welche er elektrische Ladungen mehrere Meter weit transportieren konnte, „Kommunikationsschnüre" nannte.
114 Die deutsche Übersetzung trägt den sinnigen Titel *Mensch und Menschmaschine* (Wiener, 1952).
115 Später, 1962 im Vorwort zur zweiten Auflage, wurde der Mechanismuscharakter des Kommunikationsmodell-Gegenstandes nochmals sehr extrem hervorgehoben: „Da nun der Begriff lernende Maschinen auf jene Maschinen anwendbar ist, die

nikationsmittel" formalistisch auf völlig verschiedene Referenten bezogen. So wird unsere Sprache häufig wie das Telefon als Mittel bezeichnet. Auch im technischen Kontext, wo der Sache nach nur von eigentlichen Kommunikationsmitteln die Rede ist, wird häufig vernachlässigt, dass Menschen *keine* Mittel sind, und dass andrerseits Kommunikationsmaschinen wie Computer *nur* Mittel sind.

2.3.3.1. Mensch-Maschinen-Kommunikation

Derselben Einschränkung unterliegt natürlich auch die sogenannte „Mensch-Maschinen-Kommunikation". Wer, um eine Rufnummer in Erfahrung zu bringen, nicht die Auskunft anruft, sondern die Adressverwaltung in seinem Computer befragt, kommuniziert sowenig mit seinem Computer, wie sein Vorgänger mit dem Telefongerät gesprochen hat. Zwar ist wahr, dass sich hinter den heutigen Computern anders als hinter dem Telefon kein Mensch versteckt[116], aber trotzdem weiss auch der Computer sowenig wie das Telefon, was die elektrischen Impulse, die ihn durchfliessen, bedeuten. Wenn der Computer vermeintlich antwortet, reagiert er in Wirklichkeit lediglich auf für ihn bedeutungslose Signale, die er in Form von elektrischen Impulsen empfängt. Dass wir Menschen seinen Reaktionen Bedeutung beimessen, sie also interpretieren, ist ihm völlig gleichgültig. Unter diesem Gesichtspunkt erscheint auch das Nachschlagen im Telefonbuch in neuem Licht. Wenn jemand statt im Computer im Telefonbuch nach einer bestimmten Nummer sucht, kann er sich einbilden, er habe im Kopf ein Elektronenhirn, welches seine Hände im Buch blättern und seine Augen nach Symbolen suchen lässt, indem es entsprechende Signale durch seine Nerven sendet. Sein Elek-

---

wir selbst gebaut haben, ist er auch auf die *lebenden Maschinen anwendbar, die wir Tiere nennen*, so das wir die Möglichkeit haben, die biologische Kybernetik in einem neuen Licht zu sehen" (Wiener, 1963, 19).

116 Wer den berühmten automatischen Schach-Türken, einen vermeintlichen Schachautomaten nicht kennt, kann ihn beispielsweise in einem sehr schönen Automatenbuch von H. Heckmann von aussen und von innen kennenlernen (Heckmann, 1982, 261). Es handelt sich um einen „Automaten", in dessen Gehäuse sich hinter viel Mechanik ein Mensch versteckt.

tronenhirn führt dann über das Nerventelefon einen Dialog mit dem Telefonbuch, in welchem das Telefonbuch mit der gewünschten Telefonnummer antwortet.[117] Nicht nur Menschen, die, etwa in Gesprächen mit J. Weizenbaums Computer Eliza, die (für J. Weizenbaum) höchst bemerkenswerte Illusion entwickelten, die Maschine sei mit Verständnis begabt, unterliegen bezüglich Maschinen animalistischen Vorstellungen. Viele Menschen (v)erachten sich als Kommunikationspartner von dialogfähigen Computern. Sie sprechen mit ihrem Computer, stellen ihm Fragen und erhalten Antworten, ohne sich bewusst zu sein, dass sie selbst die Fragen und Antworten – in einem begrifflich nicht verstehbaren Sinn – verstehen, der Computer aber nicht.

In der Sprache der Ingenieure steht der Ausdruck „Kommunikation" für den maschinellen Prozess der Hilfsmittel, die von Menschen beim Kommunizieren verwendet werden. Das, was wir im Alltag etwas tautologisch als „zwischenmenschliche" Kommunikation bezeichnen, entzieht sich der Sprache der Ingenieure unabhängig davon, wie erfolgreich kategoriale Projektionen der Kommunikationsmechanik in den tierischen Aspekt des Menschen sind. Das Wesen der zwischenmenschlichen Kommunikation erscheint – negativ bestimmt – als das, was wir mit den objektiven Kommunikationsmitteln tun.

2.3.4. Information

Positiv bestimmt verarbeiten wir mit Kommunikationsmitteln Information. In seiner Einführung in die Signalverarbeitung schreibt F. Grogg, nachdem er „Signal" als energieübertragenden Vorgang definierte, „anstelle von ‚*energie*-übertragend' würde ich in der Definition von ‚Signal' eher ‚*informations*-übertragend' schreiben, aber dazu müsste man den Begriff ‚Information' erst definieren, was bestimmt auch nicht leicht sein wird" (Grogg, 1990, 1). Selbstverständlich lässt sich keine Definition von Information finden, die der vielfältigen Verwendung des Ausdruckes in

---

117 So spricht beispielsweise I. Prigogine im Titel seines Buches, in welchem die Natur seine experimentellen Fragen zu beantworten scheint, von einem *Dialog mit der Natur* (Prigogine, 1990).

Metaphern gerecht wird. Definitionsversuche, die Metaphern nicht ausgrenzen, scheitern zwangsläufig.[118] Nachschlagen im Lexikon hilft wenig; Duden etwa schreibt in seinem Informatiklexikon, Information stelle neben Energie und Materie einen der „drei wichtigsten Grundbegriffe der Natur- und Ingenieurwissenschaften dar. Für die Informatik als der Wissenschaft von der systematischen Verarbeitung von Informationen sollte der Begriff von zentraler Bedeutung sein; dennoch ist er bisher kaum präzisiert worden" (Duden, Informatik, 1988, 273). Duden übersieht mit seiner Forderung, dass die Informatik ihre Sache offensichtlich auch ohne explizite Formulierung des Begriffes Information bestens im (Be)-Griff hat. Für ein technisches Sachbuch eher peinlich antwortet das von H. Schneider herausgegebene Informatik-Lexikon: „Information ist Macht". Als Erläuterung steht dort: „Information ist, informationswissenschaftlich betrachtet, ein ideelles Handlungsmodell. Jedes Modell bildet ‚etwas' (ein Objekt) für Zwecke von jemandem (dem ‚Herrn' des Modells) ab; z.B. für Zwecke des Kontrollierens" (Schneider, 1983, 263). Davon abgesehen, dass sich für Information beliebige andere Zwecke als Macht ausübendes Kontrollieren finden liessen, widerspricht die Definition, Information sei ein Modell, praktisch sämtlichen pragmatischen Verwendungen des Ausdruckes.

Strenger, wenn auch nur implizit verwendet wird der Ausdruck „Information" in der durch C. Shannon begründeten Informationstheorie.[119] Diese mathematische Informationstheorie beschreibt quantitative Aspekte der Information in der Kommunikation. Der Informations*gehalt* einer Nachricht wird dabei nicht in der Nachricht selbst bestimmt, sondern gibt an, aus wie vielen möglichen Nachrichten die jeweilige Nachricht ausgewählt wurde. Der Mathematiker A. Rényi schreibt in seiner volkstümlichen Einführung in die Informationstheorie unter dem Titel *Über den Begriff der Information in der Mathematik*: „Unter Information ver-

---

118 Umgekehrt müssen aber die Metaphern als solche durch die Definition nachvollziehbar werden.

119 Auch hier gilt, dass keiner *der* Begründer war. Die Formel $H = \log_2 N$, mit welcher die nötige Anzahl Fragen H berechnet wird, um ein Element aus einer homogenen Menge mit N Elementen zu bestimmen, heisst nach A. Rényi „Hartley-Formel", weil sie Hartley im Jahre 1928 als erster veröffentlichte (Rényi, 1982, 23), worauf auch W. Weaver verweist (Shannon/Weaver, 1948, 95).

stehen wir einerseits die konkrete Information (Nachricht) selbst, andererseits das quantitative Mass der Information, also die Masszahl der in der konkreten Information enthaltenen Informationsmenge, in bit ausgedrückt. Es empfiehlt sich, nur konkrete Information als ‚Information', quantifizierte Information als ‚Informationsmenge' zu bezeichnen" (Rényi, 1982, 22). Diese Empfehlung nimmt auch A. Rényi selbst nicht ernst, viel mehr schreibt er unmittelbar danach: „Um Missverständnisse zu vermeiden, werden wir gelegentlich anstelle des Wortes ‚Information' das Wort ‚Nachricht' verwenden." Nachrichten sind aber etwas anderes als Information.

In der Mathematik gibt es bezüglich der Information keine Missverständnisse, weil nie „eine konkrete Information", sondern immer der Informationsgehalt, beispielsweise jener einer Nachricht, gemeint ist.[120] Auch jenseits der Mathematik – und dort ist es relevant – bedeutet „Information" keineswegs dasselbe wie „Nachricht".

Terminologisch fassbar ist Information als Gegenstand der Informatik, also im Kontext des Automaten. Das Wesen des Automaten besteht darin, dass er sekundäre Energie verbraucht, also Energie, die nicht dem Zweck der Maschine, sondern ihrer Steuerung dient. Information heisst – zunächst dort – die Energie, die der Steuerung einer durch eine primäre Energie angetriebene (Teil-)Maschine dient, also die Energie, die auf dem sekundären Energiekreis fliesst, oder kurz, die sekundäre Energie.

Natürlich verlangt auch diese ‚Definition' einige Erläuterungen, weil sie das alltägliche Verständnis von Information verletzt. Zunächst betrachten wir die Formulierung. Die Formulierung erfüllt sprachlich die Bedingungen einer Definition, sie führt einen Oberbegriff und ein Kriterium ein. Damit verbunden hat sie die Vorteile aller Definitionen, sie macht keine metaphysischen Voraussetzungen und ist kommunikativ einfach. Die Definition verlangt weder eine Erneuerung noch eine Ergänzung der Physik, von welcher beispielsweise Duden, neben Energie und

---

120 Die *ausdrück*liche Unterscheidung zwischen einer „konkreten" und einer „abstrakten" Information, die A. Rényi unterstellt, macht etwa gleich viel Sinn wie die Unterscheidung zwischen einer „konkreten" und einer „abstrakten" Entfernung. Dahinter versteckt sich nichts anderes, als dass die Information mit der Einheitsinformation „bit" gemessen wird, wie die Entfernung mit der Einheitsentfernung „Meter".

Materie, explizit einen dritten Grundbegriff fordert[121], und sie erlaubt uns, unsere kommunikativen Prüffragen auf Oberbegriffe anzusetzen. Die Definition unterstellt, dass jede Information Energie ist, aber nicht jede Energie Information.

Eine Definition im engeren Sinne ist die Formulierung natürlich nicht, weil „Energie" keinen bedeutungstragenden Gegenstand bezeichnet. Was Energie ist, wissen wir nicht, wir wissen nur, wie wir sie nutzen können. Damit verbunden ist, dass wir nicht ohne weiteres zwischen der Energie selbst und dem Zweck der Energie unterscheiden können. So könnte man sagen, Information sei der Zweck der sekundären Energie, der eigentliche Zweck der sekundären Energie ist aber die Steuerung, respektive die Betätigung eines Schalters. Deshalb nennen wir die Energie selbst Information.

Schliesslich mag man einwenden, dass nicht die Energie, sondern allenfalls deren zeitweiliges oder unterschiedliches Vorhandensein Information darstelle.[122] In bezug auf einen zweistelligen (binären) Schalter, der bereits in einem der möglichen Zustände ist, ist die Unterscheidung zwischen Energie überhaupt und einer Energie, die den Schalter kippt, nicht sehr ergiebig. Der Schalter prüft nicht, ob keine Energie vorhanden ist, er wird nur durch vorhandene Energie umgeschaltet. Analog zum ausgeschnittenen statt aufgetragenen Zeichen kann ein Schalter aus konstruktiven Gründen natürlich auch durch Energie so in einer Position gehalten werden, dass er bei Aussetzen dieser Energie seine Stellung wechselt. Trotzdem wird der Schalter ausschliesslich mit Energie, nicht mit unterschiedlichem Vorhandensein von Energie gesteuert.

Bevor wir uns den Informationsmetaphern zuwenden, vereinbaren wir die Begriffe „Zeichen" und „Signal" noch etwas präziser: *Zeichen* im en-

---

121 Auch J. Weizenbaum ist diesbezüglich undeutlich. Er findet „in der Volksweisheit ein implizites, wenngleich deutliches Verständnis davon, dass einer der Aspekte der Maschine mit der Übertragung von Informationen und nicht von materieller Kraft zu tun hat" (Weizenbaum, 1978, 67). Das Volk weiss nicht erst, seit es Computer gibt, dass man mit Maschinen kommunizieren kann, es weiss aber auch, dass das Telefon nur mit der materiellen Kraft Strom funktioniert.

122 „Die vom Signal transportierte Information besteht in der Anwesenheit oder Abwesenheit des Signals selbst" (Eco, 1977, 167).

geren Sinne *sind* produzierte Gegenstände mit der abstrakten (Gegenstands-)Bedeutung, „Information zu strukturieren"[123], was Geräte wie der Barcodeleser zeigen, die im Unterschied zum menschlichen Auge häufig auch Lichtenergie verwenden, die sie selbst produzieren. Zeichen *sind* Informationskreisschalter, sie strukturieren als geordnete Pixel Information. Uns dienen Zeichen als *Symbole*, wenn wir vereinbart haben, wofür sie stehen. Im gleichen Sinne sprechen wir von einem *Signal*, wenn wir Information interpretieren. Natürlich sind Signale immer spezifisch strukturierte Information. F. Grogg sagt – halb eigentlich und halb metaphorisch: „Signal" ist die Bezeichnung „für jeden energieübertragenden (physikal.) Vorgang, der einen entfernten Empfänger (Beobachter, Messapparatur) von einem zu einer bestimmten Zeit an einem anderen Ort stattgefundenen bzw. registrierten (physikal.) Ereignis oder dort vorhandenen Zustand (die Ursache des Signals, sog. Signalquelle) zu einem späteren Zeitpunkt in Kenntnis setzt (informiert)" (Grogg, 1990, 1). Im eigentlichen Sinne kann nur ein Beobachter Kenntnisse haben, eine Messapparatur natürlich nicht. Letztere wird lediglich gesteuert. Information wird in Anlehnung an die Informationsgehaltformel von C. Shannon, die die Zahl der optimalen Ja-Nein-Fragen angibt, die man stellen muss, um den Wert der Variablen zu identifizieren (s. Anm. 96), häufig als Reduktion von Unsicherheit interpretiert. In bezug auf einen Getränkeautomaten müsste man dann sagen, er sei unsicher, ob sein Benützer Kaffee oder Tee wolle, bis dieser per Knopfdruck die entsprechende Information gebe. Natürlich ist der Automat höchstens durch diese anthropomorphisierende Sicht verunsichert, ein wirklicher Automat kennt die Unsicherheit darüber, was ich von ihm möchte, nicht.[124]

Die Begriffsverwirrung an anderen Orten, in welcher „Signal" als „Bezeichnung für die physikalische Darstellung von Nachrichten" erscheint – wie wenn es auch nicht-physikalische Darstellungen einer Nachricht gäbe –, kommt daher, dass „Signal" über Nachrichten definiert wird, statt umgekehrt.[125] „Nachricht" ist ein viel zu eingeschränkter Begriff,

---

123 L. Wittgenstein sagt: „Das Zeichen ist das sinnlich Wahrnehmbare am Symbol" (Wittgenstein, 1963, 26).
124 Die Anthropomorphisierung (Vermenschlichung) der Automaten wird uns später noch ausführlicher beschäftigen.
125 „Signal: Bezeichnung für die physikalische Darstellung von Nachrichten oder

um in der Definition von „Signal" Sinn zu machen. Der DIN-Verein, der in seiner Norm 40146 noch etwas ausführlicher sagt: „die Darstellung einer Nachricht durch physikalische Grössen (...)" weist explizit darauf hin, dass „Nachricht" in dieser Verwendung nicht definierbar ist. Er schreibt einleitend: „In dieser Norm (40146) wird (...) auf eine Definition des Begriffes Nachricht verzichtet", obwohl in DIN 44300, auf welche verwiesen wird, Nachricht als: „Gebilde aus Zeichen (...), die aufgrund bekannter (...) Abmachungen Information darstellen" definiert wird (DIN, 1989, 121/149). Nur ein kleiner Teil der Signale repräsentiert Nachrichten (im Sinne von DIN), Signale fliessen in jeder Regelung.

Im technischen Kontext der Informationsverarbeitung im engeren Sinne, also in der Signal- oder Datenverarbeitung, ist die Definition im hier diskutierten Sinne unproblematisch und auch sehr anschaulich. Information fliesst auf einem konstruktiv eigenständigen Energiekreis, der einem relativ primären Energiekreis zugeordnet ist. Jeder relativ primäre Energiekreis kann seinerseits sekundär sein.

In einem weiter gefassten Sinne von Kommunikation steht – ebenfalls noch anschaulich – etwa Information in Form von Lichtenergie, die durch gedruckte Symbole strukturiert und in das Auge des Menschen geleitet wird, wo sie durch bestimmte Nervenzellen erneut moduliert wird. Natürlich ist unsere Beschreibung an diesem Punkt bereits etwas uneigentlich, weil weder die sekundären Energiekreise unserer Sinnesorgane noch diese selbst konstruiert sind. Vollständig adäquat ist die Beschreibung noch, wo sie sich beispielsweise auf optische Leser bezieht. Im Unterschied zu den menschlichen Sinnesorganen verwenden diese Geräte, beispielsweise Barcode-Leser, häufig auch Steuerenergie, die sie selbst produzieren.

In der alltäglichen Metapher verwenden wir die Ausdrücke, die eigentlich Prozesse auf sekundären Energiekreisen beschreiben, wenn wir beispielsweise sagen wollen, dass ein Mensch, etwa in TV-Nachrichten, anderen Menschen etwas Bedeutungsvolles mitteilt. Im alltäglichen Verständnis ist dabei, wenn von einem Empfänger gesprochen wird, nicht das TV-Gerät oder dessen Bildschirm gemeint, sondern der jeweilige

Daten" (Duden, Informatik, 1988, 537). Dasselbe steht auch im *Lexikon der Informatik* von H. Schneider (Schneider, 1983, 490).

Fernsehzuschauer, der sich eines technischen Gerätes bedient. Die Metapher, die auch einen gedruckten Text oder gar dessen Träger, beispielsweise eine Zeitung als Information bezeichnet, beruht darauf, dass wir eben die Worte der Nachrichten hören, respektive die Zeitung und die Buchstaben sehen und nicht Schallwellen oder Lichtenergie, die unsere Sinnesorgane erreichen, wahrnehmen. Die Metapher, die noch weiter geht und den bedeutungsmässigen Inhalt einer Nachricht als Information bezeichnet[126], beruht darauf, dass eigentliche Information jeweils eine „Handlung" auslöst, beispielsweise dadurch, dass sie ein Magnetventil öffnet oder schliesst, wir uns aber nicht vorstellen *wollen*, unsere Handlungen seien die unmittelbare Folge von bedeutungslosen Symbolen und entsprechenden Signalen.

Bevor wir uns der eigentlichen Sprache, die durch die Ingenieure in ein neues Licht gerückt wurde, zuwenden, betrachten wir die Tätigkeit der Ingenieure unter dem Gesichtspunkt des Abbildens noch etwas ausführlicher. Dies scheint geboten, weil die vorgetragene Perspektive mit einigen vertrauten Vorstellungen über die Ingenieure bricht.

Exkurs: Die Arbeitstätigkeit der Ingenieure unter der Perspektive der Informatik

Auf der letzten Stufe der unmittelbar produktiven Abbildung beschreiben die Ingenieure schliesslich eine Produktion von Werkzeugen, die quasi keine Hersteller mehr hat, sondern nur noch Naturgesetzen folgt. Um diesen Prozess etwas anschaulich zu machen, unterstellen wir – ein wenig utopisch, aber nicht ganz unplausibel – folgende Produktion: Ein Roboter baut einen Roboter, welcher einen Roboter zu bauen hat, welcher wiederum einen Roboter zu bauen hat, welcher wiederum ..., bis endlich der letzte der Reihe so gebaut werden kann, dass er seinerseits in der

---

126 W. Weaver schreibt: „Das Wort ‚Information' wird, in unserer Theorie, in einem spezifischen Sinn verwendet, der nicht mit der üblichen Verwendung des Wortes verwechselt werden darf. (...) Zwei Nachrichten, von welchen die eine wirklich

Lage ist, einen Regelmechanismus zur Schiffssteuerung zu bauen.[127] Diese leicht utopische Situation soll zwei Aspekte der Automatenproduktion ins Blickfeld rücken, die bisher zurückgestellt wurden. Einerseits verdeutlicht das Beispiel die objektive Arbeitsreduktion, die Automaten verursachen. Operationen des Schiffssteuermanns werden durch Mechanikerarbeit aufgehoben, Mechanikerarbeit wird durch – genau beschriebene – Roboter aufgehoben.[128] Das, was vorher noch Arbeit war, ist nach der Realisierung entsprechender Maschinen keine Arbeit mehr. Ingenieure arbeiten, damit die Arbeit verschwindet.[129]

Andrerseits – und das ist der Aspekt, der im folgenden hervorgehoben werden soll – steht die verschachtelte Roboterproduktion für die zunehmende Komplexität der Abbildungsarbeit. Das Beispiel zeigt, wie die zu beschreibende Produktion umfangreicher wird. Dadurch, dass der ersetzte Schiffssteuermann nicht nur für Menschen, sondern auch für Roboter-

    bedeutungsvoll und die andere purer nonsense ist, können, was ihren Informationsgehalt betrifft, unter dem verwendeten Gesichtspunkt, exakt äquivalent sein. Es ist zweifellos diese Tatsache, die Shannon meint, wenn er sagt, dass ‚der semantische Aspekt der Kommunikation für den technischen Aspekt irrelevant ist'" (Shannon, 1948, 99).
    Selbstverständlich kann die Buchstabenkette „Information" als Homonym, wie etwa „Bank" zeigt, beliebig für voneinander völlig unabhängige Dinge vereinbart werden. Das Problem liegt auch hier nicht im Homonym, sondern darin, dass es häufig nicht als solches erkannt wird. In einer konstruktivistischen, aber sehr guten Darstellung der Problematik, die sich daraus ergibt, dass viele Autoren nicht merken, dass eigentliche Information konstruktiv interpretiert ist, schreibt W. Köck: „Alle Bedeutung liegt ausserhalb des Kommunikationsprozesses" (Köck, 1984, 35).

127 Die Schiffssteuerung ist wissenschaftshistorisch bedeutungsvoll. Die Kybernetik (die manchmal auch Automatik heisst) erhielt ihren Namen in Anlehnung an das von C. Maxwell 1868 beschriebene Beispiel für Rückkoppelungsmechanismen, einen Fliehkraftregler, den C. Maxwell „Governor" nannte, weil er im Prinzip einen Schiffssteuermann ersetzen konnte (Wiener, 1963, 39). „Governor" seinerseits wurde bereits von A. Ampère im Sinne von Plato für die politische Steuerung verwendet. Bei Plato, der den Staat mit einem Schiff verglich, hiess der Steuermann Kybernetes (Ilgauds, 1980, 58f).

128 Wenn diese Reihe eines Tages vollständig wird, gibt es (nicht nur für Schmidts) gar keine Arbeit mehr. Dann werden auch die hier vorgetragenen Überlegungen sinnlos.

129 Ein Bonmot der Ingenieure sagt, sie würden für jede Arbeit eine Maschine erfinden, weil sie selbst nicht gerne arbeiten.

passagiere ‚arbeiten' könnte, wird exemplarisch verdeutlicht, dass die Reihe der potentiellen Objekte der Informatik nach oben kein zwingendes Abbruchkriterium hat.

Im Automaten erscheint ein Wesenszug des Werkzeuges überhaupt. Das Werkzeug ist anfänglich Mittel zur Erreichung eines bestimmten Zweckes. Dann aber will es laufend verbessert werden und wird so zum sekundären Zweck, welcher selbst wieder nach Mitteln ruft. Die Bestellung des Ackers verlangte den Pflug, der Pflug die Schmiede, die Schmiede die Werkzeugmaschine usw. Die Schiffssteuerung rief nach Robotern.

Die ursprüngliche Herstellung von Werkzeugen gilt der modernen Anthropologie nicht zuletzt deshalb als Kriterium für das Menschsein, weil in ihm die humanistisch gemeinte Zwecksetzung und Sinnstiftung aufscheint. Die Ent-wicklung der Werkzeuge erscheint dieser Perspektive, die sich für Höheres als Werkzeuge interessiert, dagegen nur noch als logische Konsequenz, die auf hochentwickelter Stufe sogar von Werkzeugen selbst übernommen werden kann. Vielfach wird im Zusammenhang mit den – nicht von Werkzeugen, sondern von Ingenieuren – entwickelten Werkzeugen von vermeintlichen Humanisten ein Paradies beschworen, indem sie Menschen implizieren, die „arbeitend" nur noch Zwecke setzen, den „niedrigen Rest" aber den Maschinen überlassen.[130] Solch verkappte Paradies-Bilder werden, seit die Automaten die Schmidts wirklich ersetzen, vor allem in Dienst genommen, um von aktuellen technikbedingten Problemen abzulenken. So werden etwa Probleme der Freizeit stark gemacht mit dem Argument, Arbeitsprobleme wie Fliessband- und Bildschirmstress, als ob das die eigentlichen Probleme wären, würden bald ganz entfallen. Im Bestseller *Der Abschied vom Proletariat* vertritt A. Gorz sogar, dass die künftige Entfaltung des Menschen von der Arbeit unabhängig werde (Gorz, 1980). Nicht erst in der industriellen Produktion leben Menschen, die Produktionszwecke festlegen, ohne einen Finger zu rühren. Eine Zunahme dieser verselbständigten Zwecksetzung zeichnet sich aber in Wirklichkeit keineswegs ab. Wenn man

---

130 A. Huxleys *Brave New World* ist kurzsichtig genug, um anstelle der schlussendlich ausschliesslich arbeitenden Maschine schwach entwickelte Epsilon-Menschen à la Taylors Schmidt arbeiten zu lassen (Huxley, 1974).

hinschaut statt träumt, wird man vorderhand nicht finden, dass der Mensch nur noch Zwecke phantasieren muss. Wir wandern nicht ins Schlaraffenland. Vielmehr bewirken die modernen Maschinen, dass man nicht beliebige Phantasien zu Zwecken erheben kann, sie setzen durch ihre sachliche Logik der weiteren produktiven Entwicklung einen ganz bestimmten Rahmen. Nur wer die Maschinen und die durch sie gegebenen Möglichkeiten erkennt, wird längerfristig an der Produktion teilnehmen (können). Im Kern der entwickelten Arbeit steht ein immer besseres „Verstehen" der Werkzeuge, das uns unsere immer komplexeren Automaten bezüglich ihrer Funktion und ihrer Funktionsweise abverlangen.

Wenn wir die Tätigkeit der Ingenieure verstehen wollen, kommen wir nicht umhin, die Ingenieure selbst zu befragen, weil sich wesentliche Aspekte ihrer Tätigkeit blossem dabeistehenden Hinschauen entziehen. Dabei müssen wir nicht wie F.Taylor bei seinen Schmidts unterstellen, dass es „auch den fähigsten nicht möglich ist, ohne die Hilfe eines (anderen) Gebildeten die Grundbegriffe ihrer Arbeit zu verstehen", aber wir müssen berücksichtigen, dass die Grundbegriffe der Ingenieure als Begriffe *in* der Arbeit, nicht als Begriffe über die Arbeit dienen.

Wir betrachten im folgenden die strukturierte Programmierung als typische Abbildungstätigkeit. Dazu schauen wir zunächst, was die Ingenieure zum Programmieren überhaupt sagen:

Programmieren heisst ein Programm erstellen. Ein Programm ist „eine eindeutige Anweisung für die Lösung einer Aufgabe" (Klaus (2), 1969, 484), also eine eindeutige Anweisung, die einem potentiellen Werkzeug eine bestimmte Problembeziehung verschafft. Von einem Programm wird man vernünftigerweise verlangen, dass es einen „Computer zur entsprechenden Spezialmaschine macht", dass der programmierte Computer trotzdem „je nach Bedarf verschiedene ähnliche Probleme lösen kann", dass aber diese relative „Flexibilität nicht zu weit getrieben werden" darf (Bauknecht/Zehnder, 1980, 21). Es gibt neben dem jedem Zweck dienenden, norm(alen) Hammer beliebige Spezialhämmer. Eindeutige Anweisungen sind Festlegungen, Aufhebungen der Flexibilität. Einem Mechaniker kann man genau vorschreiben, was er zu tun hat, oder man kann es ihm überlassen. Wie Taylor eindrücklich zeigte, lohnen sich – unter bestimmten Umständen – sehr genaue Festlegungen.

Der Programm-Code bildet die konstruktiv-anweisende Abbildung des Computers schlechthin. Natürlich unterliegt die Aussage, dass das Programm eine vollständige Abbildung des Computers ist, praktischen Einschränkungen. Einerseits beruhen die existierenden Computer auf festverdrahteten Bauteilen, und andrerseits sind die wirklichen Schalter, ob sie nun Relais oder Halbleiter sind, selbst Konstruktionen von beachtlicher Komplexität, die im Programm konstruktiv nicht beschrieben, also in ihrem Aussehen (Form) nicht bestimmt sind, so dass das Programm als Abbildung sachlich begründet unvollständig bleibt. Schliesslich fehlt im Programm wie schon in der reinen Konstruktionszeichnung natürlich jede explizite Materialangabe.

Die damit wieder in Erinnerung gerufene Auffassung des Programmierens ist einseitig. Die Betonung einer spezifischen Aufgabe verstellt den Blick darauf, dass Werkzeuge generell der Transformation von Produkten dienen, also materialisierte Funktionen zwischen Input und Output sind. Diesem zweiten Aspekt trägt die strukturierte Programmierung Rechnung: „Die Grundidee des datenorientierten Entwurfes besteht darin, die Programmstruktur so zu konstruieren, dass man Eingabe- und Ausgabedatenstrukturen aufeinander abbildet" (Bauknecht/Zehnder, 1980, 114). Damit ist einerseits der Funktionsaspekt des Werkzeuges begrifflich korrekt erfasst, und andrerseits auch die zentrale Anforderung an den arbeitenden Programmierer gestellt. Der Programmierer muss Input und Output als „sich entwickelnde Identität", also als etwas, das bleibt, aber seine Struktur verändert, verstehen (können).

Die gedanklichen Kategorien der Informatik rücken alle unsere Arbeitstätigkeiten in ein neues Licht. So erscheint uns jetzt, dass jeder Handwerker die „Abbildbarkeit zwischen Eingabe- und Ausgabestrukturen" in einem gewissen, impliziten Sinne erkennen oder *wissen* muss. Er muss die Transformation vor allem aber realisieren *können*. Dem Könner genügt implizites Wissen; deshalb können praktisch tätige Menschen wie Mechaniker häufig nicht sagen, was sie wissen. Ingenieure scheinen zwar häufig auch relativ sprachlos, aber bezüglich der für die Produktion nötigen Anweisungen sind sie die Beschreibenden schlechthin. Die realproduktiven „Anweisungen" des Praktikers verlangen Können, die symbolischen Anweisungen verlangen Wissen. Die Arbeit verlangt unter Auswirkungen der Informatik zusehends mehr Wissen als Können, da die Objekte der Informatik, die Computer, offensichtlich jene Aspekte der Arbeit zum Verschwinden bringen, in welchen das menschliche Hirn nur zur Körpersteuerung, nicht aber zum „denkenden Begreifen" eingesetzt wird.[131]

Die hier zur Rede stehende Tätigkeit, also das programmierende Konstruieren[132], ist durch die Aussage, dass die „Körpersteuerungsaktivitäten", die das handwerkliche Können bestimmen – bis auf die Bedienung der Eingabetastatur – wegfallen, nur negativ charakterisiert. Wenn wir von wegfallenden Anforderungen sprechen, ist nachzutragen, dass natürlich ökonomische Gründe die bleibenden Anteile der Arbeit einfach wieder zu vollen Arbeitstagen aneinanderreihen, so dass der objektiven Reduktion der Arbeit nicht automatisch eine auch zeitliche Kürzung folgt. Es war ja F. Taylor auch nicht eingefallen, Schmidt morgens um halb elf heimzuschicken, weil er dann sein bisheriges Tagespensum geleistet hat.

Um die verbleibenden Anforderungen der auf das konstruierende Abbilden[133] reduzierten Arbeit genauer zu verstehen, fragen wir, weshalb die Methode, die M. Jackson (Jackson, 1979) fürs Programmieren vorgeschlagen und die sich unumstritten durchgesetzt hat, *strukturierte* Programmierung heisst.[134] Was verstehen Informatiker wie M. Jackson unter „Struktur"?

Auch M. Jacksons fertige (Computer-)Maschine ist ein spezifisches Werkzeug, das seine letzten Anweisungen durch Programmierung erhal-

---

131 In Gegenüberstellungen der Fähigkeiten von Menschen und Computern wird häufig beschworen, dass Computer nicht denken können. Interessanterweise wird in solchen Gegenüberstellungen das Item „logisches Schliessen", das häufig als Synonym zu Denken verwendet wird, von Autoren, die selbst darauf hinweisen, dass darunter bei Computern und Menschen ganz verschiedene Dinge zu verstehen sind (beispielsweise Bauknecht/Zehnder, 1980, 163), als Fähigkeit explizit homonym, also für Menschen und Maschinen verwendet. Im Homonym wird auf bestimmte Weise offengelassen, was die Zukunft bringen wird, respektive wer in der Zukunft denken wird.
132 „Programmieren ist eine *konstruktive* Tätigkeit" (Wirth, 1983, 10).
133 „N. Wirth (...) vergleicht das Programmieren weniger mit dem Schreiben in einer Sprache als vielmehr mit dem Konstruieren einer neuen Maschine auf der zugrundeliegenden Allzweckmaschine" (N. Wirth, zit. in: Ebeling, 1988, 169).
134 M. Jackson ist natürlich auch nicht Vater aller Dinge, der Name *Structured Programming* erschien bereits 1972 als Titel von R. Dahl, E. Dijkstra und C. Hoare.

ten hat. M. Jackson sagt beispielsweise: „durch die Erstellung neuer Anweisungen (...) bilden wir, unserer Vorstellung näher, die Maschine neu" (Jackson, 1979, 261), oder: „Diese Maschine passt nicht recht zu meinem Problem, weil (...)" (ders. 44). Die Herstellung des Werkzeuges heisst „Strukturierung" oder „strukturerzeugende Programmierung". Dabei muss man sich nochmals vergegenwärtigen, dass sich der Ingenieur programmierend auf die wirkliche, reale Maschine bezieht und nicht darauf, ein (Plan-)Papier mit Symbolen zu schreiben. „Die vorstehende Kurzdarstellung der strukturierten Programmierung" steht nach einer entsprechenden Einführung, „bezieht sich auf den gesamten Strukturierungsprozess. Im Gegenteil dazu findet man oft auch eine engere Auslegung, bei der die strukturierte Programmierung als eine reine Programmiertechnik betrachtet wird, welche sich nur auf die Codierung (...) bezieht" (Bauknecht/Zehnder, 1980, 115). Dort, wo der Programmierer die ‚Symbole' so anordnet, „dass ein möglichst übersichtliches Druckbild entsteht" (Herschel/Pieper, 1979, 20), drückt er noch bei weitem nicht aus, dass die den Symbolen entsprechenden Referenten in der Maschine (logisch) entsprechend angeordnet sind. Strukturiertes Programmieren heisst nicht, dass das Programmprotokoll gegliedert wird, sondern, dass das wirkliche Werkzeug eine deutliche, wenn auch sinnlich nicht wahrnehmbare Gliederung erhält.

In handwerklich konkreter Arbeit ist die Gliederung der Produkte soweit sinnenhaft, als konkrete Produkte aus geformten Teilen in bestimmter Anordnung bestehen. Rückblickend entdecken wir auch in der handwerklichen Produktion von bedeutungstragenden Gegenständen eine aktive Strukturierung. Man muss dazu die verfügbaren Komponenten „als atomare Komponenten derjenigen Maschine auffassen" können, die man bauen will (Jackson, 1979, 45). Aktive Strukturierung bedeutet „Anordnen von Entitäten". Wer umgekehrt im Sieb nur eine Fallunterscheidung, im laufenden Verbrennungsmotor nur eine iterierte Sequenz (etwa vier Takte) mit Abbruchkriterium (etwa Strom auf der Zündkerze) erkennt, zieht Strukturen als abstrakte Aspekte aus bedeutungstragenden Dingen. In den Beschreibungen erscheinen diese Strukturen auch in graphischen Darstellungen, die wie (Begriffs-)Bäume aussehen, aber insofern eine eigenständige Interpretation verlangen, als einerseits die Knoten der Bäume Prozesse repräsentieren und nur bedingt für Verzweigungen stehen, und andrerseits die einzelnen Äste auch als Schleifen mit Abbruchkriterien ausgebildet sind.[135] Solche Ordnungen zwischen Entitäten (wieder) zu erkennen, nennen wir passive oder beschreibende Strukturierung. Die Herausfilterung von solch systematischen Strukturen ist wissenschaftliche Erkenntnistätigkeit schlechthin.

Der Ingenieur spielt unter dem hier vertretenen Gesichtspunkt seinem Beobachter, oder dessen Zeitgefühl, einen Streich. Als Erfinder bezieht er sich auf eine Sache, nicht auf die Darstellung dieser Sache, er konstruiert eine bestimmte Maschine mit einer bestimmten Funktion, nicht eine Konstruktionszeichnung. Nachdem er die Maschine „erfunden" hat, handelt der Ingenieur „als ob", er tut so, als ob die Maschine bereits realisiert vor ihm stünde, und bildet sie ab, indem er ihre Struktur beschreibt. Im herkömmlichen Fall, in welchem zwischen Herstellen und Abbilden unterschieden werden kann, ist die aktive Strukturierung des Materials durch den Mechaniker von der passiv analytischen des Ingenieurs nicht nur unterscheidbar, sondern wirklich getrennt, beim Informatiker nicht mehr. Die bewusste Hinwendung auf Strukturen geschieht in passiver Strukturierung, in der Analyse. Sie war und ist in diesem Sinne zentral für jede Arbeit. In ihr werden die Atome (Elemente oder Entitäten) und deren Beziehungen (Relationen), die die Struktur ausmachen, in ihrem Gebautwordensein rekonstruiert.

Ordnung erkennen, lautet jetzt die zentrale Arbeitsproblematik. M.Jackson gibt mit seiner „strukturierten" Programmierung gerade dafür ein gutes Instrument.[136] Es ist M.Jacksons grosses Verdienst, die drei Strukturelemente Sequenz, Selektion und Iteration, die sich erkenntnisleitend so oft bewähren, aus der empirischen Vielfalt möglicher Strukturen herausgefiltert zu haben. Die zentrale Forderung von M.Jackson, dass die Programmstruktur aus jener der Daten herzuleiten ist, impliziert etwas, was M.Jackson als Ingenieur nicht wichtig findet und deshalb „vergisst". Seine Forderung stützt sich unausgesprochenerweise darauf, dass das, was die Daten repräsentieren, zuvor nach entsprechenden Ent-

---

135 Neben den von M.Jackson vorgeschlagenen „Bäumen" ist vor allem das sogenannten Struktogramm (Nassi-Shneiderman-Diagramm) bekannt (Duden, Informatik, 1988, 582).

136 Dies wird ihm auch von Kritikern seiner Programmierung bestätigt: „Die Idee von Jackson ist bestechend, nur (...)" (Bauknecht/Zehnder, 1980, 118).

wicklungsmustern „konstruiert" wurde. Die von M.Jackson verwendeten „Baumuster" müssen natürlich, damit sie Sinn machen, den jeweilig abgebildeten Konstruktionen entsprechen können, und zwar unabhängig davon,ob diese während der aktiven Strukturierungbewusst eingesetztworden sind.[137] Gerade weil die aktive Strukturierung häufig unbewusst und beliebig strukturiert – was insbesondere auch für die Programmierung selbst zutrifft –, ist die analytische Entdeckung der Strukturen im jeweilig konkreten Falle eine Leistung. Die Forderung, dass der Programmcode strukturiert geschrieben wird, beruht reflexiv auf der Erkenntnis, wieviel analytische Arbeit die Strukturierung im nachhinein ergibt.

Auch hier ist natürlich zuzugeben, dass innerhalb eines bestimmten Kontextes die Redeweise von M.Jackson ebenso funktional und unproblematisch ist, wie die homonyme Verwendung der Ausdrücke „Anweisung" und „Elektronenhirn". Weshalb die „strukturierte Programmierung", die bei M.Jackson ja lediglich eine Methode ist, überhaupt möglich ist, muss den Ingenieur nicht interessieren. Aber gerade M.Jacksons Formulierungen verweisen auf eine *techno*-logische Stufe, auf welcher die materiellen Voraussetzungen für ein neues Begreifen der Tätigkeit der Ingenieure gegeben sind. Die strukturierte Programmierung ist möglich, weil unsere Arbeitsprodukte – nach unserer Abstraktion – strukturiert sind.

Die Tätigkeit des Ingenieurs lässt sich sehr gut als begriffliche Repräsentationsarbeit begreifen. Dass dabei im Gegensatz zu anderen Wissenschaften erstens produzierte Gegenstände und zweitens häufig vom Ingenieur selbst konstruierte Gegenstände beschrieben werden, kann – spätestens, wenn Roboter sich selbst generieren und so nur mehr ehernen Gesetzen gehorchen – ausser Acht gelassen werden. Vom wissenschaftlich beschreibenden Standpunkt ist die Unterscheidung zwischen Natur und (technischer) Kultur schon länger hinfällig geworden, was sich nicht nur darin zeigt, dass beide analytisch beschrieben werden, sondern vor allem darin, dass beide mit derselben Terminologie beschrieben werden. Weit wichtiger ist aber, dass mit dem Computer ein materielles Werkzeug

---

137 Dass seine Methode nicht immer durchzuhalten ist, belegt M.Jackson selbst, indem er für Strukturbrüche (structure clash) eigens die sogenannte Programminversion entwickelte (Jackson, 1979, 172).

vorliegt, das in einem Teil seiner Entstehung die Unterscheidung zwischen wirklicher Produktion und der Abbildung negiert. Der Informatiker, der programmprotokollierend nach-bildet, was seine Maschine tut, bestimmt seine Maschine im gleichen Moment. Abbildung und Herstellung fallen in seiner Tätigkeit zusammen.[138]

Die Mühe, die nicht nur Ingenieure bekunden, wenn sie den Ingenieur den Akademikern oder den Facharbeitern, also den Wissenschaftlern oder den eigentlicheren Produzenten zuordnen sollen, wird hier sachlich plausibel. Wer dieses Dilemma immer schon mit der Behauptung löste, der Ingenieur sei beides, und damit die in der Frage implizierte Unterscheidung negierte, sieht sich im Informatiker schliesslich bestätigt. Wenn man die Frage empirisch auffasst und auf Informatikingenieure bezieht, die nicht kommerziell oder administrativ, sondern konstruktiv tätig sind, wird man finden, dass sie – im wesentlichen – herzustellende Werkzeuge beschreiben. Ihre Beschreibungen sind anweisend, wie die Beschreibungen aller Ingenieure, aber eben doch Beschreibungen. Wenn nachträglich trotzdem keine Arbeiter praktisch Hand anlegen müssen, wie das vorher üblich war, entfällt die objektive Praxis, von welcher die Tätigkeit des Ingenieurs als symbolhafte, verweisende Tätigkeit abgehoben werden kann. Informatiker beschreiben wie Naturwissenschaftler Gegenstände, die sich selbst ergeben. Nicht ohne Grund (ver)sehen sich immer mehr Naturwissenschafter als machende Ingenieure.

Das Dilemma reproduziert sich in der Volksschule. Seit einiger Zeit mehren sich die Forderungen, Informatik in der Volksschule als Unterrichtsfach aufzunehmen. Diese Forderung hat – wie das Wort Forderung impliziert – Gegner und erzeugt eine öffentliche, politische Diskussion.

---

138 Damit sich nicht wieder neue quasi sekundäre Abbildungsnotwendigkeiten einschleichen konnten, wie sie sich in Flussdiagrammen und Struktogrammen andeuteten, wurde von Programmiersprachen zunächst hohe Selbsterläuterung gefordert, was *Fortran* und *Cobol* begründete. Noch weiter war die Erkenntnis fortgeschritten, als mit der wegweisenden Sprache *Pascal* von N. Wirth Programme mit möglichst wenig explizitem Dokumentationsballast ermöglicht wurden. *Pascal* ist keineswegs eine leicht erlernbare Programmiersprache, wie etwa Duden schreibt (Duden, Informatik, 1988, 432), sondern verlangt im Gegenteil eine wesentlich tiefere gedankliche Durchdringung als etwa *Basic* oder *Cobol*. Natürlich lassen sich anspruchsvolle Aufgaben mit höher entwickelten Sprachen – wenn man sie beherrscht – einfacher lösen.

Sollen Kinder in der Schule Informatik lernen? Wissenschaftlich lassen sich Soll-Fragen nicht beantworten, man kann lediglich versuchen, Hintergründe und Implikationen der politischen Argumentationen aufzudecken. Ein wichtiger Aspekt in dieser Schulstoffplandiskussion ist die herkömmliche Arbeitsteilung zwischen Schulen im engeren Sinne und Ausbildungsveranstaltern. Schulen sollen ausschliesslich oder hauptsächlich der Bildung verpflichtet sein. Ausbildung soll dort erworben werden, wo sie gebraucht wird. Da diesem humanistischen Ideal allseits weitgehend gehuldigt wird, stellt sich die Frage, ob Informatik im Gegensatz zu Mathematik und Grammatik lediglich brauchbare Fähigkeiten erzeuge und damit das humanistische Ideal gefährdet. Im Alltag, aber durchaus auch auf dem Alltagsniveau von Hochschulen, wird gestritten, ob Kinder in der Schule nur Bildung oder auch bereits einen Teil ihrer Ausbildung bekommen sollen. Was aber unterscheidet Bildung und Ausbildung? Als Bildung gilt der Schule die Entwicklung der Fähigkeit, etwas abzubilden, während die Ausbildung daraufhin zielt, die Fähigkeit, etwas zu machen, zu fördern. Die reale Produktion verlangt Können, die symbolische Produktion verlangt Wissen. Informatik verändert nicht nur die Arbeit, sondern auch die auf die Arbeit ausgerichtete Schule – und unser Verständnis der Schule.

Die technische Arbeit selbst wird immer mehr zur Wissenschaft (falls dieser Begriff überhaupt noch Sinn macht). Die künftige Arbeit wird zunehmend mehr in analytischen Beschreibungen relativ komplexer Verhältnisse bestehen, da für jeweils neue Werkzeuge immer grössere Komplexe erhellt werden müssen. Die Analysen werden wohl immer weniger intuitivem Geschick folgen, als immer mehr auf dem begrifflichen Wissen der technischen Intelligenz aufbauen.[139] In diesem Sinne wird die Entwicklung der Informatik selbst, und nicht nur die Entwicklung der materiellen Grundlagen der Informatik, also nicht nur, dass immer mehr Computer im Einsatz stehen, zunehmend die Arbeit überhaupt bestimmen.

139 Als der amerikanische Soziologe T. Veblen für die von ihm gewünschte politische Herrschaft den Begriff „Ingenieurokratie" prägte, hat er wohl das Lösen von technischen Problemen etwas zu sehr verallgemeinert. Er meinte, „Ingenieure (...) seien die Experten (...), welche die grosse Staats*maschine* effizienter kontrollieren, steuern und bedienen könnten" (Lenk/Ropohl, 1976, 132f).

3. Die Sprachen der Ingenieure

Die Sprachen, welche die Ingenieure zur Steuerung der Automaten entwickelt haben, und die Sprachen, mittels welchen wir miteinander sprechen – wir nennen letztere abgrenzend „zwischenmenschliche Sprachen" –, unterstehen dem Begriff „Sprache" überhaupt, weil sie sich mit einer Menge von zusammengesetzten Zeichen, die einer Syntax unterliegen, darstellen lassen.

Die Sprachen der Ingenieure erhellen bestimmte Aspekte der zwischenmenschlichen Sprache, vor allem aber sind es die Automaten, die wir beim Kommunizieren verwenden, die uns diesen Aspekt unserer Sprache besser begreifen lassen.

3.1. Sprache

Der Ausdruck „Sprache" wird im Alltag meistens auf konkrete Sprachen wie Deutsch oder Pascal bezogen. Im Informatik-Duden steht, Sprachen werden von Menschen „zu allen Zwecken der Kommunikation verwendet" (Duden, Informatik, 1988, 569). Duden *definiert* aber auch im Grammatik-Band nicht, was „Sprache" ist. Dort stehen lediglich Sätze wie: „Die Produktivität *unserer* Sprache ist ungewöhnlich gross" oder „Die deutsche Sprache kommt in zwei Existenzformen vor: gesprochen und geschrieben" (Duden, Grammatik, 1984, 59). Die Duden-Grammatik enthält keine Charakterisierung dessen, was mit Sprache gemeint ist, und schon gar keine Definition der Sprache; „Sprache" fehlt sogar als Stichwort im Register.[140]

In seiner Etymologie schreibt Duden, Sprache „ist eine Substantivbildung zu dem unter ‚sprechen' behandelten Verb" (Duden, Herkunfts-

---

140 Darin entspricht der Grammatik-Duden den Büchern, die ein System behandeln, ohne zu sagen, was ein System ist.

wörterbuch, 1963, 663). „Sprechen" steht für die (menschliche) *Tätigkeit*, bei welcher wir mittels der Sprechorgane, die – für unsere Diskussion zweckmässig vereinfacht – aus Knochen, Muskulatur und Nerven bestehen und von Duden sinnigerweise Sprech-*Werkzeuge* genannt werden, akustische Signale erzeugen, mit welchen wir Nachrichten vermitteln können. Sprechen ist Handeln; wenn ich etwas sage, bin ich tätig, wie wenn ich beispielsweise etwas herstelle. Beim Sprechen verwende ich bestimmte Muskeln, die ich – unbewusst – bewegen und steuern muss, wie etwa die Beinmuskulatur beim Gehen. Der unmittelbare Effekt meiner Muskelbewegungen beim Sprechen sind Laute. Normalerweise spreche ich nicht, damit „es tönt", sondern weil ich etwas bezwecke. Sprechen hat wie jede Tätigkeit eine Zielsetzung. Wenn ich beispielsweise einen Hammer brauche, um einen Nagel einzuschlagen, kann ich den Hammer, indem ich meine Beinmuskulatur verwende, aus der Werkzeugkiste holen oder jemanden darum bitten, dass er mir den Hammer holt, was einfach eine bequemere Handlung ist, als den Hammer selber zu holen. In beiden Fällen handle ich zielgerichtet. Wenn ich jemanden darum bitte, mir den Hammer zu holen, kann ich das durch Deuten tun, indem ich etwa nach einer hammertypischen Bewegung auf die Werkzeugkiste und dann zu mir zeige. Noch umständlicher könnte ich den Hammer, den ich gerne hätte, zeichnen. Normalerweise handeln wir möglichst einfach, das heisst, wir *sprechen* in solchen Situationen. Wir sagen: „Bitte, gib mir den Hammer aus der Werkzeugkiste!" Das Sprech-Handeln ist die Tätigkeit; die Sprach-Laute (Signale) sind das eigentliche Produkt. Die Sprachlaute *wirken intendiert als* Symbole. Soweit ist Sprechen lediglich eine häufig effizientere Handlung als deuten.

Sprechen kann im Unterschied zu anderen Tätigkeiten, insbesondere auch zum Deuten – und das zeichnet es als spezifische Handlung aus – sprachlich auf zwei Arten abgebildet werden: in direkter und indirekter Rede. Ich kann als Erzähler der Episode, in welcher ich gesprochen habe, die Rolle des Vermittlers oder die des Stellvertreters spielen. Ich kann erzählen, dass ich einer Person gesagt habe, sie solle mir den Hammer geben, ich kann aber einen Teil der Episode auch unvermittelt wiedergeben, indem ich im gegebenen Kontext meine Rede „Bitte, gib mir den Hammer" direkt wiederhole. Diese doppelte Möglichkeit haben wir nur in bezug auf sprachliche Handlungen. Dass die angesprochene Person mir den Hammer beispielsweise gegeben hat, kann ich nur beschreibend darstellen.[141]

Die Erkenntnis, dass „Sprache" eine Substantivableitung von „sprechen" ist, hilft nicht viel weiter.[142] Substantivableitungen unterliegen zwar morphologisch relativ genauen Regeln. Wir verwenden einige wenige Vorsilben und Endungen, um aus Verben Substantive zu machen. Viele Verben haben mehrere Substantivableitungen, vom Verb „fragen" leiten wir neben der Infinitivform (das „Fragen") die „Frage", das „Gefrage", die „Fragerei" ab. Die pragmatische Zuordnung der abgeleiteten Substantive unterliegt dagegen einer fast beliebig grossen Willkür. Beispielsweise heisst die Tätigkeit, bei welcher wir Lebensmittel zu uns nehmen, „essen". Im Satz „Das Essen bereitet ihm grosse Mühe" ist „Essen" ersetzbar durch die Bedeutungsgruppenbestimmung von „essen": „Die Tätigkeit (des Essens) bereitet ihm grosse Mühe." Im Satz: „Das Essen war der Hauptteil des Festes" ist „Essen" dagegen nicht ersetzbar, es steht für die abgeschlossene Esshandlung, während im Satz „Das Essen schmeckt ihm nicht" weder die Tätigkeit noch das zeitliche Geschehen, sondern die Speise gemeint ist.

Die Infinitivform „Essen", die gar keine eigentliche Substantivableitung ist, steht unter anderem für das Esshandeln und für die Esshandlung. Dass „Sprache" eine Substantivableitung ist, kann also keineswegs begründen, was Duden über Sprache weiter schreibt: „Es (das Substantiv) bezeichnet eigtl. den Vorgang des Sprechens und das Vermögen zu sprechen" (Duden, 1963, Herkunftswörterbuch, 663). Wie man mit etwas Sprachgefühl leicht entscheiden kann, steht „Sprache" weder für den

---

141 Hier ist die grammatikalische Unterscheidung zwischen direkter und indirekter Rede gemeint. Einige Linguisten unterscheiden direkte und indirekte Sprechakte. Wenn man beispielsweise kurz den Kugelschreiber einer andern Person ausleihen möchte, kann man in diesem Sinne direkt sagen: „Bitte gib mir schnell deinen Kugelschreiber!" oder indirekt: „Ich wäre froh, wenn ich einen Kugelschreiber hätte". In beiden Fällen verwendet man grammatikalisch die direkte Rede.

142 Insbesondere wenn unter dem Stichwort „sprechen" im wesentlichen steht, dass „sprechen" das Verb zum Substantiv „Sprache" sei. Diese ausschliessliche vice-versa-Erkenntnis, die gemäss dem berühmten Sprachforscher S. Hayakawa für billige Wörterbücher typisch ist (Hayakawa, 1967, 239), kann beispielsweise bezüglich des englischen „Language" gar nicht gemacht werden, weil der Wortstamm von Language in keinem englischen Verb erkennbar ist.

Vorgang des Sprechens noch für das Vermögen zu sprechen. „Sprache" steht auch nicht, der Substantivableitung „Essen" entsprechend, für eine abgeschlossene Sprechhandlung. Die abgeschlossene Sprechhandlung heisst „Ge-Spräch" (Suffix-Ableitung) oder Rede. „Sprache" steht – zunächst – für die unendliche Menge aller möglichen (abgeschlossenen) Sprechhandlungen, also für alle möglichen Reden. Wenn wir von einer bestimmten Sprache sprechen, meinen wir die Menge der möglichen Sprechhandlungen, die einer gemeinsamen Grammatik unterworfen sind.

Die Schriftform der Sprache zeigt, dass Sprache nicht an akustische Signale gebunden ist, Signale lassen sich umwandeln. Akustische Signale können beispielsweise durch optische oder, wie im Telefon, durch elektrische ersetzt werden. Im Falle unserer Sprache ist der Ersetzungsmechanismus, der die gesprochenen Laute in Schriftzeichen umsetzt – davon abgesehen, dass wir mündlich und schriftlich verschieden formulieren – allerdings sehr kompliziert, weil wir die Buchstaben nicht bestimmten Lauten zuordnen, sondern den Phonemen, vereinfacht gesagt, den Bedeutungseinheiten, denen wir auch die Laute zuordnen (Duden, Grammatik, 1984, 63).

„Sprache" steht schliesslich nicht nur für Sprechhandlungen, sondern verallgemeinert für alle Handlungen, die den Sprechhandlungen insofern entsprechen, als sie sprachlich zweifach beschreibbar sind, also insbesondere auch für unser schriftliches Verhalten, das wir im Ausdruck „Sprachhandlung" einschliessen. Jede Sprachhandlung beruht auf einer Menge von Handlungselementen, die vereinbarte Signale begründen. Schriftzeichen sind – wie Sprachlaute – unmittelbare Resultate solcher Handlungselemente. Die Schriftsprache ist bestimmt durch das Alphabet, also durch die Menge der in ihr zulässigen elementaren Zeichen, und durch ihre Grammatik, also durch die Regeln, die bestimmen, wie die Zeichen angeordnet werden können. Alphabet und Grammatik beschränken die Sprachhandlungen auf einer bestimmten Stufe – was zur Vereinbarung der Sprache nötig ist –, ohne die Sprache als solche auf eine endliche Menge von Handlungen zu beschränken. Diese Dualität der Strukturierung, die einerseits beliebig lange Symbolketten und andrerseits lexikalische Grundeinheiten beinhaltet, ist ein wesentliches „Konstruktionsmerkmal" der Sprache, das deren Offenheit für neue Sätze ermöglicht.¹⁴³ Das entscheidende Kriterium für die Effizienz der Sprache – das wird durch den Spezialfall der ideographischen Sprachen, deren Begriffe zugleich deren Alphabet darstellen, ins Licht gerückt – liegt nicht vor allem in der Begrenztheit des Alphabets, sondern in der Tatsache, dass neue Kombinationen der lexikalischen Elemente konventionell auf neue Bedeutungen verweisen können. So drücken wir mit der Kombination der sprachlichen Zeichen „wir" und „essen", die beide eine bestimmte eigenständige ‚Bedeutung' haben, konventionellerweise aus, dass „wir essen", dass also nicht jemand anderer isst und dass wir nicht etwas anderes tun.

Für die Charakterisierung von Sprachen ist das Merkmal der bedeutsamen Kombinationen wesentlich. In unserem Zusammenhang müssen zwei andere Merkmale verdeutlicht werden. Der Ausdruck „Sprache" steht für ein *bestimmtes kommunikatives Verhalten*. Zum einen wird „Verhalten" sehr häufig, etwa unter dem Begriff „Interaktion", formal aufgefasst und auf beliebige Phänomene projiziert, die im inhaltlich gebundenen Begriff „Sprache" nicht mitgemeint sind.¹⁴⁴ Zum andern wird der Tätigkeitsaspekt häufig ausgeblendet und „Sprache" lediglich als eine Menge von Zeichen oder Sprachlauten unterstellt.¹⁴⁵ Zeichen und

---

143 E. von Glasersfeld bezeichnet diese Dualitätscharakterisierung der Sprache, auf die vor ihm C. Hockett und S. Altmann hingewiesen haben, als „Konstruktionsmerkmal" und zeigt damit, dass die Konstruktionsmetapher auch auf die Sprache angewendet wird (von Glasersfeld, 1987, 76).

144 W. Köck, der die abstrakte Gleichsetzung von Kommunikation und Interaktion im hier vorgetragenen Sinne kritisiert, verwendet dabei den Ausdruck „Kommunikation" in einem ganz anderen Sinne als es hier getan wird, ohne dass dadurch die inhaltliche Übereinstimmung verloren geht. „Was wir im menschlichen Bereich als Kommunikation ausgrenzen, ist in den Naturwissenschaften ausschliesslich Interaktion. Die Verwendung des anthropomorphen Begriffs ‚Kommunikation' etwa in der Biologie ist unnötig und irreführend, da er in der eigentlichen Analyse selbst keine Rolle spielt, wohl aber das fragwürdige Bild suggeriert, dass Hormone und Organe, Enzyme und Substrate, Sinnesorgane und Gehirne usw. einander ‚etwas mitteilen' (...) Sie tun dies natürlich ebensowenig, wie Maschinen ‚kommunizieren', Autos ‚fahren', Bücher ‚sprechen' oder Computer ‚denken'" (Köck, 1984, 26f).

145 E. von Glasersfeld betont, dass ein Sprachlaut, „auch wenn er mit ganz bestimmten Bewegungen der Sprechorgane, die für seine Erzeugung notwendig sind, verknüpft ist, weit davon entfernt ist, Element einer Sprache zu sein. Er muss mit

Sprachlaute sind abstrakte Produkte unseres sprachlichen Verhaltens. Sie sind Kommunikationsmittel, also Mittel, die wir beim Sprechen oder Schreiben verwenden.[146] Wo Sprache als Zeichenmenge missverstanden und der Sprecher ausgeklammert wird, werden die Laute der gesprochenen Sprache oft doppelsinnig als „phonetische Zeichen" bezeichnet, obwohl Laute eben gerade keine Zeichen sind.[147] Phonetische Zeichen sind geschriebene Zeichen, die wir in Wörterbüchern zur genaueren Charakterisierung der Aussprache verwenden. In jedem Dictionnaire steht eine Vereinbarung der phonetischen Zeichen der Association Phonétique Internationale.

Die Zeichen einer Sprache sind weder ein System, noch bilden sie eines. Als System käme allenfalls eine Zeichen verarbeitende oder Sätze produzierende Maschine in Betracht – ganz abstrakt mag man sogar an Menschen denken. Auch die Sprache selbst ist keine Maschine, sondern allenfalls das Verhalten einer ‚Maschine'. „Sprache" steht nicht für irgendein „System-Ding".[148]

Der behavioristische Verhaltensforscher B. Skinner, der Sprache als Verhaltensweise erkannt hat[149], machte sprachliches Verhalten zum Ge-

---

einem Element oder einer Gruppe von Elementen der Erfahrung verknüpft werden, etwa einem visuellen Bild oder einer Klasse von Bildern, oder mit dem Erlebnis einer Beziehung, bevor er auch nur rudimentäre sprachliche Bedeutung gewinnt (Sapir 1921)" (von Glasersfeld, 1987, 64).

146 Wo Sprache mit Zeichen identifiziert wird, wird auch oft die Sprache selbst als Kommunikationsmittel aufgefasst. In der bereits zitierten Formulierung „Sprachen werden (...) zu allen Zwecken der Kommunikation verwendet" (Duden, Informatik, 1988, 569), kommt der der Sprache zugeschriebene Sprachmittelcharakter deutlich zum Ausdruck. Die Zeichen und allenfalls deren Vereinbarung sind Mittel der Kommunikation.

147 „Während die gesprochene Sprache aus einem System von phonetischen Zeichen besteht, wird die geschriebene Sprache durch graphische Zeichensysteme gebildet" (Mönke, in: Schneider, 1983, 508).

148 Es sei denn, alles sei ein System. H. Mönke schreibt: „Die menschliche Sprache ist ein Zeichensystem in dem Sinne, dass es aus einer Menge diskreter Einheiten besteht, welche in sinnvoller Weise zueinander in Beziehung stehen und zur Verständigung innerhalb der menschlichen Gesellschaft dienen" (Mönke, in: Schneider, 1983, 508).

149 „Was geschieht, wenn jemand spricht oder auf Sprache antwortet, ist ganz offensichtlich eine Frage nach menschlichem Verhalten, die daher auch mit Begriffen

genstand einer Verhaltenstheorie, in welcher die Sprachhandlung jenseits ihres Sinnes, also quasi am Tier und an der Maschine, untersucht wird. Er unterstellte Sprachhandlungen als Reaktionen auf Information im eigentlichen Sinne des Wortes, nämlich dass unsere Handlungen die unmittelbare Folge von bedeutungslosen Symbolen und entsprechenden Signalen seien. Damit unterstellt B. Skinner das, was wir uns unter zwischenmenschlicher Kommunikation gerade nicht vorstellen *wollen*. N. Chomsky gab dieser (unmenschlichen) Sprachmaschine den Namen „Kompetenz" und untersuchte sie in einem viel konstruktiveren Sinne nicht einfach als Blackbox, die reagiert, sondern eben als Automaten. N. Chomsky zeigte, dass die Konstruktion der Maschine, die er auch im menschlichen Hirn vermutet, die Syntax so vorbestimmt, dass die Maschine nicht beliebige Sprachreaktionen lernen und zeigen kann. Die Syntax beruht auf Regeln, die sich im beobachtbaren Sprachverhalten nicht unmittelbar zeigen, und deshalb auch nicht, wie B. Skinner angenommen hatte, im Konditionierungsverfahren gelernt werden können.[150]

„Sprache" bezeichnet kein Zeichensystem, was immer das sein soll, sondern wie beispielsweise „Mord" oder „Spiel"[151] einen Handlungszusammenhang, in welchem auch Maschinen benutzt werden können. Umgekehrt sind aber auch nicht alle Handlungen, die wir im Alltag mit Sprache verbinden, sprachliche Handlungen. Zeichnen und Deuten sind, wie bereits erwähnt, kommunikative Handlungen, beide können aber sprachlich nicht doppelt dargestellt werden. Der Ausdruck „Körpersprache" beruht auf einer Metapher, in welcher ein wesentliches Kriterium der Sprache vernachlässigt wird.[152] Morsen dagegen ist sprachliches

---

und Methoden der Verhaltensforschung beantwortet werden muss" (Skinner, 1965, 149).

150 N. Chomsky stellt fest, „dass die syntaktische Organisation einer Äusserung nicht etwas ist, das auf einfache Weise unmittelbar in der physikalischen Struktur der Äusserung selbst repräsentiert ist" (Chomsky, 1974, 46).

151 J. Weizenbaum, der auch häufig diffus von einem Zeichensystem spricht, vertritt eine sehr formale Sichtweise: „Eine formale Sprache ist ein Spiel. Das ist keine blosse Metapher (...)" (Weizenbaum, 1978, 79).

152 „Kommunikative Zeichen sind natürlich weit von der Sprache entfernt. Der Abstand zwischen beiden wird gewöhnlich durch die gängige lasche Verwendung des Begriffs ‚Sprache' für eine Vielzahl von Verhaltensäusserungen verdunkelt, die als Signalsystem klassifiziert werden sollten, denn sie zeigen keine der Cha-

Handeln, das durch den Anwendungszusammenhang, etwa in der funklosen Kommunikation von Schiff zu Schiff oder als SOS-Licht im Hilferuf in der Nacht, Signale generiert, die wir so ein-eindeutig auf Signale unserer gesprochenen Sprache abbilden können, dass wir in der Übersetzung ohne weiteres zwischen direkter und indirekter Rede wählen können.[153] Die sprachliche Handlung hat – was das Morsen zeigt – nicht nur die zwei Existenzformen sprechen und schreiben, es sei denn Schreiben umfasse jede sprachliche Handlung, die nicht Sprechen ist.

3.1.1. Maschinensprache als Sprache

Die sogenannten Maschinensprachen, auf die sich alle Programmiersprachen zurückführen lassen[154], *erscheinen* als Sprachen, weil wir anderen Menschen durch Programmiersprachtexte mitteilen können, welche Schalter der entsprechenden Maschine wann wie stehen, oder welche Tasten einer bestimmten Maschine wann gedrückt werden müssen. *Symbole* sind die Zeichen der Maschinensprachen nur, wo sie dadurch „verzwischenmenschlicht" werden, dass sie an Menschen gerichtet werden, sei es als Erläuterung der Maschine oder als Anweisungen an eine Datatypistin. Nur in diesen Fällen nämlich stehen die Zeichen für etwas und müssen interpretiert werden. *Wir* verstehen, dass im Programmtext die Handlung eines Programmierers, der, um seine Maschine zu programmieren, bestimmte Tasten drückt, in einer unmittelbaren Art abgebildet ist. Natürlich sind wir aber – wie bezüglich eigentlicher Sprachen – normalerweise nicht an der tippenden Handlung interessiert, sondern am Effekt dieser Handlung.

Maschinensprachen sind ihrem Gegenstand angemessen einfach und

---

rakteristika, die wir normal in einer Sprache erwarten" (von Glasersfeld, 1987, 73f).
153 Die Eindeutigkeit der Abbildung zeigt sich vor allem in einer Transformationsmaschine: „Sobald wir eine Maschine dieser Art haben, sind wir berechtigt, unser *Zeichensystem* (kursiv, RT) eine Sprache zu nennen, weil wir damit eine Verkörperung deren Transformationsregeln haben" (Weizenbaum, 1978, 88).
154 Diese Rückführung geschieht unter anderem mit sogenannten Compilern, also mit Maschinen. „Kompilieren" heisst „unschöpferisches Übersetzen".

eindeutig. Wer die Maschinensprache überhaupt spricht, tut es nur in einem genau bestimmten Kontext. Den Maschinen teilt er dabei nichts mit. Nur Menschen verstehen die Maschinensprache, Maschinen verstehen sie nicht.

Programmieren ist wie Sprechen „syntaxgeordnetes" Handeln, das sich durch die dabei verwendete Zeichenmenge direkt darstellen lässt. Die Vorsilbe „Programmier-" deutet an, dass diese vermeintlichen Sprachen nicht zum Sprechen, also nicht symbolisch verwendet werden, sondern als gedankliche Schablonen das Konstruieren erleichtern. Ohne Programmiersprache hätten wir grosse Mühe, die Lochkarten richtig zu stanzen, respektive die Platte richtig zu magnetisieren. Dass die Programmiertätigkeit als sprachliche Tätigkeit erscheint, widerspiegelt das Zusammenfallen vom produktiven Herstellen und Beschreiben in der Tätigkeit der Ingenieure.

Wo die Zeichen der Maschinensprachen nicht dadurch wirklich „verzwischenmenschlicht" werden, dass sie als Anweisungen an Menschen gerichtet werden, sind sie keine Symbole, obwohl sie häufig „Symbole" genannt werden. So bezeichnet beispielsweise auch N. Wirth die Entitäten des Vokabulars seiner Sprache „Modula-2" mit dem Ausdruck „Symbole", obwohl er dafür bereits „Token" vereinbart hat und der Ausdruck „Symbol" auch für ihn zusätzliche Missverständnisse hervorzurufen scheint.[155]

Eigentliche Symbole stehen für etwas, sie werden interpretiert. Sie stehen für die jeweils gemeinte Bedeutung. Dies gilt insbesondere auch für formale Begriffe, die im Kontext inhaltlicher Sprachen kontextbestimmt „bedeutungsvoll" sind. Da für die Zeichen von Maschinensprachen Bedeutung im interpretierbaren Sinne nicht existiert, macht das Begriffsschema

155 „Each sentence (programm) is a finite sequence of symbols from a finite vocabulary. The vocabulary of Modula-2 consists of identifiers, numbers, strings,

das gemeinhin *semiotisches* oder semantisches Dreieck genannt wird, für diese Sprachen keinen Sinn. Im Zusammenhang mit Maschinensprachen, die auch keinen *pragmatischen* Aspekt haben, treten die Ausdrücke „Semantik" und „Bedeutung" terminologisch gebunden, mit einem völlig eigenständigen Sinn auf.[156]

In Maschinensprachen haben die Zeichen selbst – als Schalter – eine unmittelbare Bedeutung, die aber nicht interessiert, wenn man *über* die Sprachen spricht. Wenn man über die Sprachen spricht, betrachtet man die (zusammengesetzten Wort-)Zeichen der Maschinensprache als Ausdrücke einer (‚formalen') Sprache. Dann bezeichnet man einerseits jede Formulierung in derselben Sprache, die bei der Vereinbarung des Ausdruckes verwendet werden kann, als „Bedeutung" des Ausdruckes. Andrerseits gelten dann Übersetzungen, also formal äquivalente Formulierungen in einer anderen Sprache, die als Vereinbarungen benutzt werden können, als „Bedeutung". Jede formale Semantik impliziert letztlich eine Übersetzung in eine Sprache, die – wie eine Maschinensprache – in ihrem spezifischen Kontext unmittelbar Sinn macht.[157]

Die *maschinensprach-semantische* Frage lautet: „Was passiert in der Maschine, wenn jemand die gefragten Zeichen beispielsweise auf der Tastatur eintippt?" Die Antwort auf diese einfache Frage besteht, auch bei einem einfachen Computer, aus einer sehr komplexen Beschreibung, in welcher im wesentlichen Schalterzustände beschrieben werden. Man kann sich diesbezüglich jeden konkreten Automaten als eine unabhängig

      operators, and delimiters. They are called lexical symbols or tokens, and in turn are composed of sequences of characters" (Wirth, 1978, 5). Der von N. Wirth angefügte Hinweis „(Note the distinction between symbols and characters)" ist sehr doppelsinnig.

156 „Semantik" wird häufig mit „Bedeutungslehre" übersetzt. Im Duden steht unter anderem: „Wortbedeutungslehre" (Duden, Rechtschreibung, 1980, 627f) und „Lehre von der *inhaltlichen* (kursiv, RT) Bedeutung einer Sprache" (Duden, Informatik, 1988, 519).

157 Neben unmittelbaren Übersetzungen unterscheidet man die axiomatische (Floyd-Hoare-Semantik), die denotationale (funktionale) oder operationale (interpretative) Semantik nach zunehmender Konkretheit bezüglich einer Maschine. Die operationale Semantik gibt konkrete Verfahren dafür, wie der Ausgabewert durch eine Folge von Operationen effektiv aus der Eingabe erzeugt werden kann (Duden, Informatik, 1988, 521-34).

von ihrer lokalen Bedeutung durchnumerierte Reihe von Schaltern vorstellen. Die Numerierung könnte bei der Taste „1" beginnen, später die Speicherplätze in der CPU, im Memory, die Speicherplätze auf dem Disk, schliesslich die Schalter, die die Elektronenstrahlen auf den Bildschirm lenken, durchlaufen. Dann würde die vollständige semantische Analyse zu jeder Tastatureingabe in einer Reihe von Schalternummern bestehen, oder vollständiger aus der Beschreibung der Zustandsfolgen aller Schalter, die sich aus der Eingabe, also aus dem Schliessen eines jeweils ersten Schalters, ergibt. Interpretation in diesem engeren Sinne heisst erkennen, was die Maschine als (De-)Codierer oder (De)-Modulierer tut. Wenn wir die an sich nicht verwunderliche Tatsache, dass ein Computer das tut, was im Maschinenprogramm beschrieben ist, als Interpretation bezeichnen, ist keineswegs – wie häufig unterstellt wird – gemeint, dass der Computer etwas interpretiere. *Wir* interpretieren das Programm, indem wir es als Beschreibung davon auffassen, was die entsprechende Maschine macht. *Für uns* ist das Programm eine Abbildung. In dieser Interpretation erscheint die objektive Bedeutung von Schalterstellungen als Bedeutung von Programmsymbolen.

3.1.2. Formale Sprache als Sprache

Im Alltag nennen wir jene Sprachen „formal", die im Unterschied zu natürlich gewachsenen Sprachen in das Schema einer formalen Sprache passen.[158] Häufig werden dabei die formalen Sprachen den künstlichen Sprachen gleichgesetzt. Als „natürliche Sprachen" gelten die Sprachen, die quasi schon vor uns da waren, als „künstliche" gelten solche, deren Entstehung wir kennen, weil wir sie bewusst vereinbart haben.[159] Wäh-

---

158 V. Claus schreibt: „Es sei T ein Alphabet. Eine Teilmenge L der Wörter über T heisst Sprache, d. h. L _ T*. Eine Sprache L zusammen mit der Angabe, wie man alle Elemente von L erzeugen oder erkennen kann, heisst formale Sprache" (Schneider, 1983, 509). „Unter einer formalen Sprache versteht man in der Informatik eine solche Sprache L zusammen mit einer Definitionsvorschrift, die im allgemeinen konstruktiv ist (Grammatik, Automat)" (Duden, Informatik, 1988, 570).
159 Es ist keineswegs so, wie Duden (Duden, Informatik, 1988, 570) unterstellt, dass sich künstliche Sprachen im Unterschied zu natürlichen nicht weiterentwickeln

rend wir etwa Latein nur künstlich am Leben erhalten, ist Esperanto eine künstliche Sprache, die man aber aufgrund ihrer intendierten Verwendung bei aller Künstlichkeit doch als natürliche Sprache empfinden kann. Programmiersprachen dagegen, die im Alltag als Inbegriff der formalen Sprachen gelten, sind künstliche Sprachen, die – mit einigen Einschränkungen – durch formale Sprachen definiert werden (was für Esperanto keineswegs zutrifft).

Eigentlich formale Sprachen verwenden wir – verkürzt gesprochen – zum Beschreiben von Sprachen.[160] Genauer gesprochen, beschreiben wir mit formalen Sprachen das eigentliche Produkt der schriftlichen Sprechhandlungen, nämlich die möglichen Ausdrücke oder Zeichenketten einer Sprache – also das, was umgangssprachlich häufig als Zeichensystem bezeichnet wird.

Jede Sprache besteht aus einer begrenzten Anzahl von Ausdrücken, auch wenn diese unendlich gross sein kann. „Automat" ist beispielsweise ein Wort, „hgdrwt" ist kein Wort der deutschen Sprache, „Hans hat ein Buch" ist ein zulässiger Satz, „Buch ein hat Hans" ist kein zulässiger Satz. Man kann also die Zeichen nicht in jede beliebige Reihenfolge setzen, die zulässigen Wörter sind wie die möglichen Satzformen vereinbart. Eine Sprache ist in gewisser Hinsicht vollständig abgebildet, wenn man alle möglichen Zeichenketten aufgelistet hat. Anhand dieser Liste könnte man im Prinzip prüfen, ob ein bestimmter Ausdruck zur Sprache gehört oder nicht. Die in einer vollständigen Sprache möglichen Zeichenketten bilden eine unendlich grosse Liste von Ausdrücken. Auch wenn die Liste sortiert wäre, müsste man unendlich lange suchen, um einen gegebenen Ausdruck auf Zugehörigkeit hin zu prüfen – und natürlich würde es auch unendlich viel Zeit in Anspruch nehmen, die Liste zu erstellen. Deshalb stellen wir die möglichen Zeichenketten einer Sprache nicht in einer Liste dar, sondern durch die *Regelmechanismen*, die diese Liste „generieren" (können). Auch diese Regeln schreiben wir in einer formalen Sprache.

    und ändern. Vom Anwendungszweck geboten, werden die von Duden gemeinten, künstlichen Sprachen nach jeder Änderung sogar mit einer neuen Release-Nummer versehen.

160 „Die Syntax (aller Sprachen, RT) wird durch *formale Sprachen* beschrieben" (Duden, Informatik, 1988, 570).

Regeln sind Beschreibungen. Regeln, die sich auf einen Automaten beziehen, beschreiben nicht den Automaten selbst, sondern zulässige Produktionen des Automaten.[161] Die Schachregeln beschreiben das Spiel, nicht den Spieler. Schachregeln legen beispielsweise fest, wo ein Springer, der auf einem bestimmten Feld steht, nach dem nächsten Zug stehen kann. Wenn wir verkürzt sagen, dass Regeln Zeichenketten „generieren", ist gemeint, dass ein Automat Zeichenketten generiert, die den Regeln entsprechen. Regeln, die sprachliche Zeichenketten produzieren, heissen in der Linguistik Produktionsregeln oder kurz Produktionen.

Für eine sehr begrenzte Auswahl von formalen Sätzen, die solchen der deutschen Sprache ‚entsprechen', genügen etwa folgende Produktionen:

Satz   ⇒   Subjekt Prädikat „."
Subjekt   ⇒   Ich
Prädikat   ⇒   spreche, gehe

Diese Produktionsregeln legen – nach einer entsprechenden Vereinbarung darüber, wie die Regeln zu lesen sind – fest, dass die beschriebene Sprache auf Ausdrücken beruht, die Sätze heissen und die Form „Subjekt Prädikat ‚Punkt'" haben, und welche Wörter als Subjekt oder Prädikat zulässig sind. Die Produktionen dieser (Teil-)Sprache generieren genau und nur die Sätze:

„Ich spreche."
„Ich gehe."

Die Ausdrücke:

„Subjekt gehe."
„gehe spreche."
„Ich spreche. Ich gehe."

gehören also nicht zu der beschriebenen (Teil-)Sprache. „Subjekt gehe" ist kein Ausdruck der Sprache, weil – mit einer Einschränkung, die wir noch diskutieren werden – nur die Ausdrücke, die nicht durch weitere Ausdrücke ersetzt werden können, zur formal beschriebenen Sprache ge-

---

161 „Eine Regel legt fest, wie man aus bereits bekannten Konstrukten oder Sätzen neue Konstrukte oder Sätze erhält" (Duden, Informatik, 1988, 249).

hören. Man nennt diese nicht mehr ersetzbaren Ausdrücke *Terminale*. „Jeder Satz der (beschriebenen) Sprache ist eine Folge von Terminalsymbolen" (Duden, Informatik, 1988, 249). Die Ausdrücke auf der linken Seite der Ersetzungsregeln, in unserem Beispiel also „Satz", „Subjekt" und „Prädikat", heissen *Nichtterminalsymbole*. Nichtterminalsymbole dienen als metasprachliche Begriffe, die anzeigen, wie die Terminale verwendet werden können.

Der Satz „gehe spreche." gehört nicht zur beschriebenen Sprache, weil die Satzproduktion an erster Stelle ein Subjekt verlangt. Die Generierung eines Ausdruckes der beschriebenen Sprache beruht auf der fortlaufenden Ersetzung von Nichtterminalen durch Nichtterminale oder Terminale, bis keine Nichtterminale mehr vorhanden sind. Das umfassendste Nichtterminalsymbol heisst *Startsymbol*, es vertritt die grösste sprachliche Einheit der beschriebenen Sprache. Programmiersprachen werden häufig mit formalen Sprachen beschrieben, deren Startsymbol „programm" heisst, in unserem Beispiel heisst es „Satz".

Der Ausdruck „Ich spreche. Ich gehe." gehört nicht zu unserer Sprache, weil das Startsymbol „Satz" in unserem Beispiel das Aneinanderreihen von mehreren Sätzen nicht zulässt.

Die Menge der Produktionen einer Sprache heisst *Grammatik*. Im Alltag wird Grammatik etwas weiter als Sprachlehre überhaupt aufgefasst. Grammatik in diesem engeren Sinne wurde von N. Chomsky in den 50er Jahren entwickelt.[162] Natürlich können wir unsere Grammatik beliebig erweitern, indem wir weitere Satzformen, beispielsweise „Prädikat Subjekt ‚?'", und oder weitere Terminale einführen. Mit der Vereinbarung, dass Ausdrücke in geschweiften Klammern beliebig oft wiederholt werden dürfen, kann man Texte aus beliebig vielen Sätzen generieren. Solche Vereinbarungen kann man umgangssprachlich machen, sie lassen sich aber auch formal, etwa als Rekursionen, darstellen.

Die Menge der Sätze, die durch die Grammatik einer Sprache definiert sind, heisst *Syntax der Sprache*. Zu dieser Vereinbarung sind einige Bemerkungen nötig, da sie vom landläufig pragmatischen Gebrauch des

---

162 Das Grundwerk von N. Chomsky heisst *Syntactic Structures*, es ist 1957 erschienen. Einschlägige Aufsätze hat N. Chomsky bereits Anfang der 50er Jahre veröffentlicht.

Ausdruckes „Syntax" wesentlich abweicht, weil dort „Syntax" meistens auf die Sprache, statt auf die Grammatik der Sprache bezogen wird, und ausserdem häufig von der Syntax eines einzelnen Ausdruckes die Rede ist. Im Alltag, auch in jenem der Informatiker, wird sogar oft die einzelne Produktionsregel oder die Sätze, die zu einer Regel passen, als Syntax bezeichnet, wenn überhaupt zwischen Grammatik und Syntax unterschieden wird.[163] Terminologisch präziser, aber nicht sehr anschaulich, steht „Syntax" für das Resultat der Abstraktion, die von der Menge der zulässigen Sätze das zurücklässt, was durch Produktionsregeln beschrieben wird, was beispielsweise Duden als den „formalen Aufbau" der Sprache bezeichnet.[164] Die Menge der Sätze, die durch eine Grammatik beschrieben werden, ist im Idealfall, wie etwa in unserem Beispiel, identisch mit der Menge der Sätze der Sprache überhaupt. Für Sprachen aber, die uns wirklich interessieren, haben wir keine vollständige Grammatik; die Syntax von unvollständig einschränkenden Grammatiken umfasst wesentlich mehr Sätze, als in der Sprache sinnvoll sind.

Die populärste formale Sprache heisst sinnigerweise Backus-Naur-Form. Sie wurde von J. Backus und P. Naur zur Definition der Programmier-Sprache Algol verwendet (Duden, Informatik, 1988, 50). Die Bakkus-Naur-Form kann nicht nur als Form für andere Sprachen verwendet werden, sondern – wie hier etwas verkürzt angedeutet – auch zur Beschreibung der eigenen Syntax:

Syntax BNF	$\Rightarrow$	{ Produktionsregel }
Produktionsregel	$\Rightarrow$	NichtTerminalSymbol „$\Rightarrow$" Ausdruck
Ausdruck	$\Rightarrow$	Tsym I NTSym I { Ausdruck }

Die Backus-Naur-Form ist nur bedingt eine Sprache. Wir verwenden sie,

---

163 R. Herschel schreibt in seinem Pascal-Lehrbuch unter dem Titel *Darstellung der Syntax*: „Ein Programm ist eine Folge von Zeichen, die nach bestimmten Regeln aneinandergefügt werden müssen. Diese Regeln nennt man die Grammatik oder Syntax der Sprache" (Herschel/Pieper, 1979, 14).

164 Der Informatik-Duden schreibt: „Eine Sprache wird durch eine Folge von Zeichen, die nach bestimmten Regeln aneinandergereiht werden dürfen, definiert. Den hierdurch beschriebenen formalen Aufbau der Sätze oder Wörter, die zur Sprache gehören, bezeichnet man als ihre Syntax" (Duden, Informatik, 1988, 591).

um Sprach-*Formen* zu erzeugen. Die Terminalsymbole von formalen Sprachen stehen als *Platzhalter* für in bezug auf die Zeichen identische Ausdrücke von nicht-formalen Sprachen. Die formalsprachliche Form „ich spreche" bedeutet nichts anderes, als dass der Ausdruck „ich spreche" in der beschriebenen Sprache, wo er für etwas Bestimmtes steht, zulässig ist, weil er aus derselben Zeichenfolge besteht. Die tiefste Stufe der Backus-Naur-Form, die diesen Zusammenhang sichtbar macht, indem sie das jeweilige Alphabet einführt, wird häufig impliziert. Wir nehmen dann stillschweigend an, dass unsere „Ausdrücke" aus Buchstaben und Ziffern (und Spezialzeichen) bestehen:

Buchstabe ⇒ A | B | C | D | ... | Z
Ziffer ⇒ 0 | 1 | 2 | 3 | ... | 9
Ausdruck ⇒ Buchstabe | Ziffer |
Buchstabe Ausdruck |
Ziffer Ausdruck[165]

Die Zeichen des Alphabetes der Backus-Naur-Form stehen als Symbole für die Pixelmuster, die sie selbst darstellen:

„T" steht für 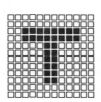 usw.

Formale Sprachen beschreiben die zu beschreibende Sprache in einer sehr unmittelbaren Weise. Sie verweisen wie analoge Bilder ohne explizite Vereinbarung. Da die Referenten der Bilder mit den Bildern vollständig identisch sind, entfällt sogar die Abstraktion der Form. Formale Sprachen sind in dem Sinne eigentliche Sprachen, als sie in gewisser Hinsicht auf etwas Aussersprachliches verweisen. Sie sind unmittelbar

---

165 In dieser Darstellung steht „|" für „oder". „Ausdruck" wird, wie früher erwähnt, rekursiv generiert. Jeder Ausdruck beginnt mit einem einzelnen Zeichen. Wenn der Ausdruck mehrstellig ist, enthält er das Nichtterminal „Ausdruck", das wiederum „Ausdruck" enthalten kann.

selbstbezügliche Sprachen, deren Terminale für produzierte Gegenstände, nämlich für die Entitäten eines physischen Alphabets, also für die materiellen Pixelanordnungen stehen.

Die Ausgestaltung des Alphabets und der Zeichen des Alphabets ist beliebig, ein Alphabet muss aber mindestens 2 unterscheidbare Zeichen enthalten, ein praktisches Alphabet braucht mindestens 3 Zeichen, weil das erste Zeichen, häufig ein Unsichtbares, zur Abgrenzung zwischen den Ausdrücken verwendet wird. Zeichen im engeren Sinne sind die elementaren Entitäten des Alphabets. Viele Informatiker bezeichnen die „Zeichen" des verwendeten Alphabets als „Zeichen" (characters) und die im Programm verwendeten, aus einem oder mehreren „Alphabetzeichen" bestehenden „Zeichen" als „Symbole". Eine vollständigere Redeweise, die ohne den Ausdruck „Symbol" auskommt, schlägt beispielsweise N. Wirth in der Grundlegung von Modula-2 vor (s. Anm. 155). Seine Programmtexte bestehen aus „tokens" (realisierte Vertreter einer Kategorie) eines „types" (Kategorie), die im „Vokabular" der Sprache enthalten sind. „Typen" sind – neben Namen, Zahlen und Zeichenketten, die natürlicherweise aus einem oder mehreren Zeichen bestehen – Operatoren und Begrenzer. Wenn man über ein bestimmtes „a" in einem Programm sprechen will, kann man eindeutig sagen: „Ich meine diesen Namen, nicht das Zeichen" oder umgekehrt; von einer Klammer kann ich sagen: „Ich meine dieses Zeichen, nicht den Begrenzer" oder umgekehrt, usw.

Die Zeichensätze der natürlichen Sprachen enthalten, was sich auch in den üblichen Tastaturen niedergeschlagen hat, nur wenige Zeichen für Operatoren und Begrenzer. Typische Begrenzer sind beispielsweise Klammern.[166] Begrenzer sind Zeichen, die dazu dienen, eine Zeichenkette „in bedeutungsmässig zusammengehörige Teilzeichen (Tokens) aufzutrennen. Begrenzer können weiter in Startsymbole, Trennzeichen und Endsymbole aufgespalten werden".[167] Weil formale Sprachen – wie be-

---

166 Duden entdeckt bezüglich Begrenzern in vielen Programmiersprachen ein begriffliches Durcheinander, welches er aber auch nicht ausräumt: „In vielen Programmiersprachen ist festgelegt, dass alle Zeichen bis auf Buchstaben und Ziffern Begrenzer sind" (Duden, Informatik, 1988, 72).
167 Diese Formulierung stammt von E. Neuhold (Schneider, 1983, 70). Mit Startsymbol ist natürlich nicht das formalsprachliche Startsymbol gemeint, sondern beispielsweise die rechts offene Klammer „(" in einem geklammerten Ausdruck.

reits die Klammerausdrücke der Volksschulalgebra zeigen – durch Begrenzer sehr viel effizienter werden, benutzen die üblichen Programmiersprachen viel mehr Begrenzer als die üblichen Tastaturen tastenmässig zur Verfügung stellen. Das für Programmiersprachen wünschenswerte Alphabet stimmt deshalb normalerweise nicht mit dem Zeichensatz der Tastatur überein. Der vielfach verwendete ASCII-Code ist tastaturorientiert, er hat in den Tasten, die für natürliche Sprachen verwendet werden, sein willkürliches, materielles Kriterium.

Die praktische Lösung des Problems ist, obwohl sie begriffliche Verwirrung stiftet, einfach. Das Alphabet der Programmiersprachen wird um die notwendigen Zeichen erweitert, indem elementare Zeichen definiert werden, die man mit mehreren Tasten schreiben muss. Ob nämlich die einzelnen Pixel eines Zeichens aufgrund eines einzigen Tastendruckes geschrieben werden oder nicht, ist für das Zeichen unerheblich. Die Pixel müssen auch, wie etwa die Zeichen „%" oder „ä" zeigen, keineswegs ein geschlossenes Strich-Bild ergeben, ein elementares Zeichen kann ohne weiteres so aussehen: „AND". Mit einer üblichen Tastatur schreiben wir etwa das Grösser-Gleich-Zeichen statt „≤" so „<=", weil uns die entsprechende Taste fehlt. Im gleichen Sinne verwenden wir, neben den von der Tastatur direkt unterstützten Begrenzern „(" und „)", das Begrenzerpaar „BEGIN" und „END". Zeichen wie „AND" und „END" sind elementare Zeichen eines entsprechenden Alphabets. Sie werden häufig etwas irreführend als Wort-Zeichen oder als Wort-Symbole bezeichnet, weil sie auf Tastaturen mit einem anderen Zeichensatz geschrieben werden.

Eine normalentwickelte Programmiersprachumgebung hat die entsprechenden Zeichen (also AND, BEGIN usw.) als Tastenbelegungen beispielsweise über eine zusätzliche Shifttaste und zeigt sie auch genauso an. Der Programmierer muss weniger schreiben, und der Programmscanner muss weniger Syntaxanalyse leisten. Wort-Zeichen wären ausschliesslich Identifier. Man muss nicht mehr verbieten, was der geneigte Programmierer ja ohnehin nicht tut, nämlich die entsprechenden Strings als Buchstabenketten wie andere Buchstabenketten als Namen zu benützen. Der ASCII-Code dagegen verlangt eine Liste verbotener Namen, weil Zeichen wie AND programmsprachsyntaktisch gesehen kein Name sind, obwohl „and" die Namendefinition ebenso erfüllt wie „a" oder

„adam". Natürlich sprechen auch einige praktische Gründe – die wir bereits von den nationalitätsabhängigen Tastaturen kennen – gegen diese Normalentwicklung, insbesondere müssten die Tastaturen sprachabhängig beschriftet werden, weil die verschiedenen Programmiersprachen verschiedene „Wortsymbole" verwenden. Letzteres ist ein kleines Hindernis, denn der ASCII-Code bewährt sich natürlich auch nur deshalb, weil die verschiedenen Programmiersprachen sich auf diesen Zeichensatz beschränken. Nebenbei bemerkt, der ASCII-Code beruht seinerseits auf einem Zeichensatz, der die besprochene Optimierung durchaus kennt. Die Ziffern liessen sich, wenn man die Mühe nicht scheute, ja ohne weiteres durch Wortsymbole darstellen, „2" ist ein Zeichen wie „ZWEI".

Die Problematik, die die Informatiker mit der Unterscheidung zwischen Zeichen und Wort-Zeichen lösen, zeigt sich in der phonetischen Schrift vieler natürlicher Sprachen, deren Schriftform auch darunter leidet, dass das jeweilige Alphabet zu wenige Zeichen hat, so dass für verschiedene Laute gleiche Zeichen verwendet werden.[168]

Exkurs: „Mathematik" als formale Sprache

Die Mathematik gilt vielen Ingenieuren als die wesentlichste, wenn nicht als die Beschreibungsform der Technik überhaupt, obwohl beispielsweise die praktisch denkenden Römer, die sicher gute Ingenieursleistungen hervorbrachten, verglichen mit den Griechen keine nennenswerte Mathematik hinterliessen. Man wirft umgekehrt den Griechen – nicht ganz unbegründet – häufig vor, dass sie sich nur um ihre Kreise kümmerten und, im Gegensatz zu den Römern, keine Ingenieure hervorbrach-

---

168 Wie bereits erwähnt wurde, lässt sich beispielsweise bei der deutschen Sprache zeigen, dass die Buchstaben nicht vor allem bestimmten Lauten zugeordnet sind, sondern den sogenannten Phonemen. „Zwei Laute sind Phoneme, wenn sie in derselben lautlichen Umgebung vorkommen können und verschiedene Wörter unterscheiden. So sind z.B. [r] und [l] verschiedene Phoneme, denn erstens treten sie in derselben lautlichen Umgebung auf (z.B. vor [a] in Ratte und Latte) und zweitens unterscheiden sie verschiedene Wörter (z.B. Ratte und Latte)" (Duden, Grammatik, 1984, 23).

ten.[169] Tatsächlich konstruierten die Griechen die erstaunlichsten „Automaten", sie erkannten nur nicht – und das ist eben typisch für die antiken Mathematiker –, dass Automaten Werkzeuge sind. Sehr verbreitet ist das Argument, dass die Griechen keine „arbeitenden" Automaten brauchten, weil sie Sklaven hatten.[170] Diese Argumentation ist „griechischer" als die Griechen.[171] Keine Sklavenmenge vermag zu leisten, was Maschinen leisten, sonst hätten wir auch heute noch Sklaven anstelle der Maschinen.

Die Mathematik, so unabdingbar sie dem Ingenieur erscheinen mag, ist für den Ingenieur eine Hilfswissenschaft, die keine Mittel zur Beschreibung der konstruktiven Aspekte von Maschinen liefert. Ingenieure zeigen durch ihre Verwendung der Mathematik, dass diese nicht Strukturen, sondern die quantitativen Aspekte von Strukturen beschreibt. Die Strukturen selbst lassen sich in der Mathematik nur implizieren. Die Symbole

169 Archimedes soll sogar zum Soldaten, der ihn daraufhin erschlagen hat, gesagt haben: „Störe meine Kreise nicht!" Hellwald sagt (1876) in seiner Kulturgeschichte von den Griechen: „Auf dem Gebiete des Geistes haben sie viele Theorien und wenig Praktisches (...), in materieller Hinsicht auch nicht e i n e nennenswerte Erfindung hinterlassen." K. Joël meint (1906) in seinem Werk *Der Ursprung der Naturphilosophie*: „Es fehlt der Kultur und speziell der Wissenschaft der Griechen der starke praktische, technische Zug der Neuzeit" (zitiert in Stemplinger, 1927, 5). F. Klemm leitet seine verbreitete *Geschichte der Technik* mit den Sätzen ein: „Die grosse kulturelle Leistung des antiken Griechentums war ohne Zweifel die Entwicklung eines wissenschaftlichen Bewusstseins. Der Grieche war in der Tat der erste theoretisierende Mensch. (...) Die Technik musste im Griechentum im allgemeinen in der Wertung gegenüber der reinen Wissenschaft zurückstehen" (Klemm, 1983, 21).

170 F. Klemm schreibt: „Zu einer Einführung von Maschinen in die Betriebe kam es kaum. Die Sklavenarbeit machte die zwar Menschenkraft sparende, aber doch auch kostspielige Maschine nicht notwendig" (Klemm, 1983, 26). E. Bechstein und S. Hesse schreiben: „Die Automaten der Antike jedoch, von wenigen Ausnahmen abgesehen, dienten nicht der Erleichterung menschlicher Arbeit, sondern kultischen Zwecken oder waren Spielerei, weil die auf Ausbeutung der Sklaven beruhenden Sklavenhalterordnung keine ökonomische Notwendigkeit bestand, menschliche Kraft durch Automatenzu ersetzen" (Bechstein/Hesse, 1974, 17).

171 „Wenn die Weberschiffe selber webten und die Zitherschlägel von selber die Zither schlügen, dann bedürfte es für die Meister nicht der Gehilfen und für die Herren nicht der Sklaven" (Aristoteles, zit. in: Projektgruppe Automation und Qualifikation, 1980, 7).

der Mathematik stehen für etwas, das noch weniger „vorstellbar" ist als Strukturen, weshalb wir in der angewandten Mathematik auch nicht von einer mathematischen Sprache, sondern nur von Formeln sprechen.[172] Da die praktischen Probleme der Ingenieure tatsächlich sehr häufig quantitativer Art sind, erscheinen ihre Lösungen entsprechend häufig in mathematischen Ausdrücken.[173] Unter der Perspektive der Ingenieure zerfällt die Mathematik in eine „reine" und eine „angewandte" Mathematik. Die reine Mathematik untersteht einer (unvollständig bleibenden) Syntax, die alle „richtigen" Symbolmanipulationen zeigt, und einer Logik, die zeigt, inwiefern die (Be-)Rechnungen richtig sind.[174] Die angewandte Mathematik unterscheidet sich von der reinen Mathematik nicht als solche, sondern dadurch, dass sie eine Meta-Mathematik impliziert, die als Begriffs- oder Aussagenlehre festlegt, wofür die Ausdrücke der Mathematik im Anwendungsfalle stehen. Während eigentliche Ingenieure, wie man auch dem zitierten Vorwurf an die griechische Intelligenz entnehmen kann, mit ihren Beschreibungen praktische Werkzeuge konstruieren, ist den Mathematikern im engeren Sinne bewusst und absichtlich völlig gleichgültig, wofür ihre Ausdrücke stehen. Unverkürzt charakterisieren sinnvolle mathematische Ausdrücke aber immer auch Gegenstände, die von Ingenieuren auch mit anderen Mitteln abgebildet werden müssen; mit Mitteln, die die Griechen eben nicht über das Zeichnen hinaus entwickelt haben.

---

172 Diese Tatsache findet ihren Ausdruck beispielsweise auch darin, dass die Algol-Informatiker in ihrem Report den Buchstaben explizit keine Bedeutung zuschreiben, den logischen Werten und den Begrenzern explizit fixe Bedeutungen zuschreiben und über die Zahlen (digits) diesbezüglich nichts sagen (Naur, 1960, 12).

173 „Mit seinen bahnbrechenden Arbeiten konnte Maxwell auch der Mathematik wieder neue Impulse geben, und er trug insbesondere zur Lösung partieller Differentialgleichungen in einem derartigen Umfange bei, dass *es manchmal schien*, als ob mathematische Physik und Theorie der linearen partiellen Differentialgleichungen ein und dasselbe wären" (Wunsch, 1985, 25f).

174 Zählen und Rechnen gehören nur sehr bedingt zur Mathematik, vielmehr wird das Rechnen in der Mathematik untersucht. Die verbreitete Vorstellung, dass „die Mathematik aus praktischen Bedürfnissen heraus" (Duden, Mathematik, 1985, 403) entstanden sei, beruht wohl hauptsächlich auf der Verwechslung von Mathematik und Rechnen.

3.1.3. Metasprache

Die pragmatische Verkürzung, in welcher Terminale der formalen Sprache nicht als Form, sondern als Wörter der beschriebenen Sprache gelten, ist oft von Missverständnissen begleitet. Zum einen werden Nichtterminalsymbole mit Variablen verwechselt. Sie sind Platzhalter, keine Variablen. Sie können keine Werte annehmen, sie können nur auf der Ebene der Zeichenkette ersetzt werden, weshalb jedem Nichtterminal beliebig viele Ersatzketten zugeordnet werden können.

Gravierender ist, dass formale Sprachen oft mit Metasprachen gleichgesetzt werden.[175] Zwar sprechen wir mit der sogenannten Metasprache über die Sprache, aber die Begriffe Metasprache und Objektsprache bezeichnen nicht zwei verschiedene Sprachen, sondern zwei unterscheidbare Verwendungen einer Sprache. Duden schreibt im Zusammenhang mit dem Verweisungscharakter der Sprache: „Bedenken wir weiter, dass man mit der Sprache über Sprache selbst reden kann, dann kommen noch weitere Verweismöglichkeiten hinzu. In dem Satz ‚Die Katze ist ein Säugetier' verweist das Wort Katze auf die betreffende Tierart; in dem Satz ‚Katze ist ein Substantiv' ist dagegen die entsprechende Wortklasse gemeint, und in dem Satz ‚Katze ist ein Wort mit fünf Buchstaben' wird auf die (sekundäre) Schreibung Bezug genommen. In den beiden letzten Fällen liegt metasprachlicher Gebrauch (der Sprache, RT) vor" (Duden, Grammatik, 1984, 507).[176] Im Satz: „Diese Katze weiss nicht, dass Katze ein Substantiv ist" wird Katze einmal objektsprachlich und einmal metasprachlich verwendet, obwohl der ganze Satz zur deutschen Sprache gehört.

Eigentliche Sprach(handlung)en können auf sich selbst verweisen. L. Wittgenstein sagt: „Kein Satz kann etwas über sich selbst aussagen"

---

175 „Die Backus-Naur-Form *ist* also eine Metasprache, d.h. eine (formale) Sprache, mit Hilfe derer wiederum andere Sprachen definiert und beschrieben werden können" (Duden, Informatik, 1988, 51).

176 „Weiter darf bei allen Merkmalsanalysen nicht übersehen werden, dass die Merkmale, die zur Analyse intuitiv verstandener Wörter der ‚Objektsprache' dienen sollen, selbst dieser Objektsprache entnommen sind und daher ihrerseits einer Faktorenanalyse unterzogen werden müssten (...)" (Duden, Grammatik, 1984, 533).

(Wittgenstein, 1963, 28), aber selbstverständlich kann auch L. Wittgenstein über seine Sprache sprechen. Die Zeichenketten selbst entscheiden nicht, wofür sie stehen. Sie machen überhaupt keine Aussage. Wir aber können mit Zeichen über Zeichen sprechen. Wir benützen die Möglichkeit, metasprachlich über die Sprache zu sprechen, etwa in der umgangssprachlichen Grammatik, wenn wir beispielsweise sagen: „Das Wort Substantiv ist ein Substantiv, es gehört zur Klasse der Substantive." Insbesondere verwenden wir die Möglichkeit aber, um zu vereinbaren, wofür unsere Symbole stehen. Der objektsprachliche Satz ‚Die Katze ist ein Säugetier' ist erst möglich, nachdem ‚Katze' als Symbol vereinbart ist. Das Zeichen, hier die Zeichenkette ‚Katze', wird als bereits existierender Gegenstand in die Vereinbarung hineingetragen. Die Vereinbarung selbst besteht – wenn sie nicht durch Zeigen, sondern sprachlich explizit gemacht wird – aus der metasprachlichen Abmachung, wie wir das Zeichen verwenden.[177]

Soweit formale Sprachen eigentliche Sprachen sind, müssen auch sie metasprachlich vereinbart werden. Sie verlangen aber naturgemäss wenig metasprachliche Vereinbarung, weil sie einen sehr kleinen Referentenbereich haben. Neben den Zeichen selbst, von welchen gesagt werden muss, dass sie quasi für sich stehen, sind nur einige Operatorzeichen zu erläutern. Dass das beispielsweise hier verwendete „⇒"-Zeichen in einer Produktionsregel bedeutet, dass die vorangehende Zeichenkette durch eine der nachfolgenden ersetzt werden muss, kann formalsprachlich sowenig mitgeteilt werden, wie dass die Zeichen schliesslich durch identische Zeichen der beschriebenen Sprache ersetzt werden müssen. Natürlich verstehen wir, wofür das Pfeilzeichen steht, weil wir den Pfeil als Symbol in diesem Kontext nicht anders interpretieren können, verstehen heisst dabei aber nichts anderes als die Vereinbarung zu implizieren. Die meisten Wörter verstehen wir, ohne dass deren ‚Bedeutung' uns je explizit mitgeteilt wurde. Wir verstehen sie aber nur, weil sie von denjenigen, von welchen wir die Wörter lernen, (fast) immer richtig gebraucht werden.

Die Unterscheidung zwischen Objekt- und Metasprache beherrschte

---

177 Also etwa darin, dass wir immer, „wenn unser Nervensystem die Anwesenheit einer bestimmten Tierart feststellt, wir das folgende Geräusch machen: ‚Das ist

lange Zeit die Diskussion von sogenannten paradoxen Formulierungen. Paradoxien sind Aussagen, die aufgrund einer unvollständigen Begriffsklärung sich widersprechende Interpretationen zulassen. Berühmt ist die Paradoxie von Bertrand: „In einem Kreis mit Radius r wird ‚auf gut Glück' eine Sehne gezeichnet. Wie gross ist die Wahrscheinlichkeit dafür, dass diese länger ausfällt als die Seite des einbeschriebenen gleichseitigen Dreiecks?" Der Ausdruck ‚auf gut Glück' steht dafür, dass jede Sehne mit ‚gleicher Wahrscheinlichkeit' gezeichnet wird. Die Aufgabe scheint klar zu sein, sie hat aber widersprüchliche Lösungen. Man kann beweisen, dass die Wahrscheinlichkeit sowohl 1/2, als auch 1/3 und 1/4 ist, in Abhängigkeit davon, wie der Zufallsversuch „Zeichnen einer Sehne", der zunächst – paradoxerweise – eindeutig scheint, verstanden wird.

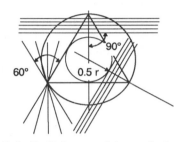

Man kann nämlich die Sehnen zeichnen, indem man jeden Punkt der Kreisfläche gleich wahrscheinlich als Sehnenmittelpunkt wählt, oder indem man jeden Punkt auf der Kreislinie gleich wahrscheinlich als Sehnenendpunkt wählt, und schliesslich, indem man jede Richtung der Sehne als gleich wahrscheinlich wählt. Das Zufallsexperiment „eine Sehne zufällig zeichnen" ist nicht ausreichend beschrieben, um ein eindeutiges Resultat zu erhalten.[178] Paradoxe Probleme lassen sich nur lösen, indem man die „Sprache", in der sie vorgetragen werden, problematisiert, weil sie auf – in noch zu diskutierender Weise – *nicht zulässigen Sprachhandlungen* beruhen.

Die Bertrand-Paradoxie ist banal – was natürlich ihre Entdeckung absolut nicht betrifft –, weil sie einfach aufgelöst werden kann, indem man die Aufgabe begrifflich vervollständigt. Die Paradoxie beruht nur darauf, dass man die begrifflich Unvollständigkeit der Formulierung zunächst nicht sehen kann.

eine Katze'" (Hayakawa, 1967, 30). S. Hayakawa meint mit seiner ‚ich-losen' Formulierung „wenn unser Nervensystem feststellt, ..." sicher dasselbe, wie wenn wir sagen: „Wenn wir eine Katze wahrnehmen ...".

178 Das Beispiel ist im Mathematik-Duden genauer erläutert (Duden, Mathematik, 1985, 58f).

Ein Paradoxon, das sich nicht so einfach lösen lässt, ist das bekannte Lügner-Paradoxon von Epimenides, der als Kreter sagte: „Alle Kreter lügen." Paradox ist die Aussage, weil Epimenides zwar Kreter ist, aber in seinem Satz nicht mitgemeint werden darf. Da sich die Paradoxie von Epimenides nicht auf einen mathematisch abstrakten Gegenstand bezieht, sondern einen pragmatischen Bezug zur realen Welt impliziert, liesse sich die Paradoxie durch sehr viele Argumente, die in der realen Welt Entsprechungen haben, auflösen. Beispielsweise wird die Paradoxie unausweichlicher, wenn sie um „immer" erweitert wird, weil damit die Interpretation, dass einige Kreter nicht immer lügen, die mit dem Satz „Alle Kreter lügen" je nach Interpretation verträglich wäre, ausgeschlossen wird. Solche Erweiterungen sind natürlich nicht nötig, weil die sie erheischenden Argumente die von Epimenides implizierten Paradoxie-Spielregeln verletzen.[179] Die Paradoxie von Epimenides besteht darin, dass man nicht entscheiden kann, ob Epimenides ausnahmsweise nicht lügt – dann wäre seine Aussage falsch –, oder ob er konsequenterweise lügt – dann müsste seine negierte Aussage, dass die Kreter nie lügen, wahr sein, was er mit seinem Lügen selbst widerlegte.

Die Paradoxie beruht darauf, dass man der Formulierung zunächst nicht ansehen kann, dass sie nicht zur – in unserem Falle – deutschen Sprache gehört, sondern zu einer, die der deutschen Sprache zum Verwechseln ähnlich sieht. Die Sprache, in der die Paradoxie vorgetragen wird, lässt sich von der deutschen Sprache aber nur dann nicht unterscheiden, wenn zur Unterscheidung ausschliesslich eine *Grammatik* verwendet wird.

3.2. Grammatik

Wenn Grammatik als Synonym zu Sprachlehre überhaupt verwendet wird, ist von einer idealen Grammatik die Rede, wie wir sie für Sprachen, die mit pragmatischem Bezug verwendet werden, (noch) nicht kennen. Im eingeschränkteren Sinne steht der Ausdruck „Grammatik" für

---

179 D. Hofstadter schlägt, um einige dieser Argumente abzuwehren, eine seiner Mei-

eine bestimmte Beschreibung eines Automaten, mit welchem wir Zeichen produzieren, die wir als sprachliche Ausdrücke verstehen.

3.2.1. Vollständige Grammatik

Wenn es möglich wäre, eine Sprache mit einer *vollständigen* Grammatik zu erzeugen oder zu rekonstruieren, würde deren Syntax definitionsgemäss genau die Menge der Ausdrücke der Sprache umfassen. Dann könnte man die Syntax (im hier vereinbarten Sinne) problemlos bestimmen und damit die Zulässigkeit von Sätzen entscheiden. Im umgekehrten Falle, den wir bezüglich der meisten, insbesondere bezüglich der zwischenmenschlichen Sprachen vorfinden, (re-)konstruieren wir die Grammatik einer Sprache, die uns ‚syntaxmässig' so gegeben ist, dass wir intuitiv, aufgrund einer unterstellten ‚Kompetenz' entscheiden können, welche Ausdrücke zulässig sind. Dabei besteht das Problem darin, die Produktionsregeln so zu wählen, dass genau die (und nur die) zulässigen Ausdrücke der Sprache generiert werden. Mit seinem berühmt gewordenen Satz „Farblose grüne Ideen schlafen wütend" signalisierte N. Chomsky, der Erfinder[180] der generativen Grammatik, dass er – beispielsweise auch bezüglich der deutschen Sprache – eine auf bestimmte Formaspekte eingeschränkte Grammatik vorlegte, in welcher die Richtigkeit oder Zulässigkeit eines Satzes offensichtlich nicht davon abhängt, ob der Satz verständlich ist, sondern nur davon, ob er nach Regeln produziert ist, die korrekte Sätze generieren *können*. D. Zimmerer, der den „Syntax-Automaten" von N. Chomsky – auch wenn er ihn, wie N. Chomsky selbst, in den Kopf des Menschen projiziert – sehr anschaulich erläutert[181],

---

nung nach „verschärfte Version" der Epimenides-Paradoxie vor: „Diese Aussage ist falsch" (Hofstadter, 1985, 19).
180 Das Wort „Erfinder" ist hier wörtlich gemeint, viele Grammatiker verstehen sich eher als Entdecker. Grammatiken werden konstruiert. „Erst in den letzten Jahren (...) wurden wirklich ernsthafte Versuche unternommen, explizite generative Grammatiken (...) zu konstruieren" (Chomsky, 1973, 9).
181 „Die imaginäre Grammatikmaschine, der Syntaxautomat in unserem Kopf erzeugt zulässige Satzstrukturen" (Zimmer, 1988, 74). „Zulässige Satzstrukturen" heisst wohl zulässige Zeichenketten!

schreibt: „Jeder, der Deutsch kann (wird den Satz „Farblose grüne Ideen schlafen wütend") für völlig richtig gebildet und doch für völlig unverständlich halten. Den Satz ‚Müde klein Kind feste schlafe' dagegen wird jeder recht gut verstehen und niemand grammatikalisch finden" (Zimmerer, 1988, 74). Den Satz von N. Chomsky können wir aber natürlich nur relativ zu einer Grammatik für richtig gebildet halten, die die deutsche Sprache sehr schlecht reproduziert, während wir den Satz von D. Zimmerer nur recht gut verstehen, wenn wir ihn trotz seiner Ungrammatikalität als deutschen Satz interpretieren. In beiden Fällen verwenden wir pragmatisches Wissen.

Dass der Satz von N. Chomsky kein deutscher Satz ist, obwohl er aus Wörtern besteht, die in der deutschen Sprache verwendet werden, und wesentliche Produktionsregeln der deutschen Grammatik erfüllt, erkennen wir daran, dass er – als deutscher Satz – keinen Sinn macht, also zu keinem denkbaren Referenten passt. In der Sprache, zu der dieser Satz potentiell gehört – wir wollen sie „Undeutsch" nennen – bedeuten die Wörter „Farblose", „grüne" usw. offensichtlich etwas ganz anderes als in der deutschen Sprache. „Undeutsch" ist für Deutschsprachige wie Englisch oder Chinesisch eine Fremdsprache. Das kann man aber erst anhand bestimmter Sätze erkennen, weil alle individuellen Wörter dieser Sprache trügerischerweise gleich aussehen, wie bestimmte Wörter der deutschen Sprache. Wir kennen das Phänomen, dass verschiedene Sprachen teilweise gleich aussehende Wörter enthalten, die in den verschiedenen Sprachen ganz unterschiedliche Bedeutungen haben. Das Wort „fast" beispielsweise bedeutet für Engländer „schnell" und für uns „nicht ganz", obwohl es aus denselben Zeichen besteht. „Rest" heisst für uns „das, was übrig bleibt", für Engländer dagegen „Ruhe", „rein" heisst für uns „sauber", für Engländer „Zügel" usw. Diese Beispiele zeigen, wie unabhängig das Aussehen der Wörter von der Bedeutung der Wörter ist. Wörter sind abstrakt nichts anderes als vereinbarte Zeichenketten. Wenn zwei verschiedene Sprachen dieselben Zeichen verwenden, enthalten sie mit grosser Wahrscheinlichkeit auch gleiche Zeichenketten, die aber nur mit äusserst geringer Wahrscheinlichkeit auf dieselbe Sache verweisen, wenn sie nicht als Fremdwörter übernommen wurden.

Der Satz von Epimenides „Alle Kreter lügen" ist im Unterschied zum Satz von N. Chomsky isoliert nicht als undeutscher Satz zu erkennen.

Hätte N. Chomsky gesagt „Alle Kreter lügen", hätte er vielleicht gelogen, aber keine paradoxe Situation gestiftet. Der Satz von Epimenides ist erst als undeutsch zu erkennen, wenn man weiss, dass Epimenides ein Kreter ist. Im ebenfalls bekannten Paradoxiebeispiel „Der nachfolgende Satz ist falsch. Der vorangehende Satz ist richtig" kann man den einzelnen Sätzen auch nicht ansehen, dass sie keine deutschen Sätze sind. Nur wenn sie unmittelbar hintereinander stehen, gehören sie offensichtlich zu einer anderen Sprache, da sie als deutsche Sätze in dieser Kombination nicht verstehbar sind.

Eine vollständige Grammatik darf natürlich den Ausdruck „Der nachfolgende Satz ist falsch. Der vorangehende Satz ist richtig" nicht zulassen. Das ist aber eine Forderung, die von einer Grammatik wesentlich mehr verlangt, als wir etwa von einem sprachkundigen Gesprächspartner erwarten. Einem Menschen nehmen wir nicht immer übel, wenn er sich selbst widerspricht, er darf nur nicht allzu lange auf beiden sich widersprechenden Äusserungen beharren. Die „Quasi"-Grammatik, die wir beim Sprechen verwenden, lässt ziemlich viele Fehler zu, wir können diese aber im Unterschied zur Grammatik prinzipiell, beispielsweise als Widersprüche oder Paradoxien, erkennen.[182]

Grammatikalisch ist nicht entscheidbar, ob eine bestimmte Zeichenkette zur Sprache gehört oder nicht. Wenn wir von der Grammatik verlangen, dass sie genau die zulässigen Ausdrücke der Sprache generiert, ist das entscheidend weniger, als wenn wir verlangen, dass sie entscheiden kann, ob ein Ausdruck zur Sprache gehört. Eine Grammatik der deutschen Sprache muss den Ausdruck „Alle Kreter lügen" generieren, weil er zur deutschen Sprache gehört, sie muss nicht berücksichtigen, dass der Ausdruck nicht von allen Sprechenden verwendet werden kann.

Die deutsche Sprache müsste, wie unsere zweisätzige Paradoxie zeigt, mit einem Startsymbol beschrieben werden, das mehrere Sätze zulässt. Man könnte es „Text" nennen, um anzudeuten, wofür es stehen soll. Die

---

182 „Um ein hartnäckiges Missverständnis auszuschalten, lohnt es die Mühe zu wiederholen, dass eine generative Grammatik kein Sprechermodell und kein Hörermodell ist. (...) Wenn wir davon sprechen, dass eine Grammatik einen Satz erzeugt zusammen mit einer bestimmten strukturellen Beschreibung, so meinen wir einfach, dass die Grammatik diese strukturelle Beschreibung dem Satz zuschreibt" (Chomsky, 1973, 20).

Ausformulierung einer Grammatik, die eine natürliche Sprache vollständig beschreibt, ist, wie man sich anhand weniger Sätze leicht vergegenwärtigen kann, ein äusserst komplexes Unterfangen. Wie der Satz von N. Chomsky andeutet, ergeben sich für Grammatiker bereits genügend Knacknüsse, wenn sie sich auf einzelne einfache Sätze der deutschen Sprache konzentrieren. Um beispielsweise den Satz „Farblose grüne Ideen schlafen wütend" auszuschliessen, ohne auf eine allgemeine Produktion, wie beispielsweise „Satz ⇒ Adjektiv Adjektiv Substantiv Verb Adverb" zu verzichten, die ja viele sinnvolle Sätze beschreibt, müsste man Produktionen einführen, die verhindern, dass die beiden Adjektive „farblos" und „grün" auf dasselbe Substantiv bezogen werden; dass die beiden Adjektive – soweit man nicht die metaphorische Wortverwendung meint – auf das Substantiv „Idee" bezogen werden; dass „Idee" als Subjekt von „schlafen" auftritt usw. Wie man das grundsätzlich bewerkstelligen kann, betrachten wir kurz anhand einer einfachen Grammatik.[183]

Die Syntax der (Teil-)Sprache, mit folgenden Produktionen

Satz	⇒	Subjekt Prädikat Objekt „."
Subjekt	⇒	Namen
Objekt	⇒	Namen, Substantiv
Prädikat	⇒	liebt
Namen	⇒	Hugo, Anna
Substantiv	⇒	Fussball, Frauen

enthält unter anderen die Sätze:

Hugo liebt Frauen.   Anna liebt Frauen.
Hugo liebt Fussball.   Anna liebt Fussball.
Hugo liebt Hugo.   Anna liebt Hugo.

nicht aber den Satz:

Fussball liebt Hugo.

Denn Substantive kommen nur als Objekte in Frage, weshalb „Fussball"

---

183 Die Syntaxtheorie hat natürlich viel knifflige Probleme zu lösen, man denke etwa an die Deklination der Wörter. Dazu werden wesentlich komplizierter Automaten gebraucht, als sie hier diskutiert werden.

nicht am Satzanfang stehen kann. Selbstverständlich muss man die Grammatik sehr wörtlich nehmen. So darf man beispielsweise nicht eigenmächtig Namen und Substantive gleichsetzen, wenn diese in einer gegebenen Grammatik explizit unterschieden werden, auch wenn das in anderen Grammatiken üblich ist. Die Grammatik zeigt nicht, *weshalb* „Fussball liebt Hugo" kein zulässiger Satz ist. Die deutsche Grammatik liesse den Satz zu, weil wir mindestens mündlich Objekte, die wir hervorheben wollen, an den Satzanfang stellen können. „Fussball" kann aber im deutsch gemeinten Satz nicht Subjekt sein, weil das deutsche Verb „lieben" in der Subjektposition ein Wort verlangt, das „bedeutungsmässig" ein lebendes Wesen bezeichnet, was „Fussball" eben nicht tut.

Die Grammatik zeigt, wie man – im Prinzip – durch geschickte Wahl von entsprechenden Produktionen nichtgewünschte oder „sinnlose" Sätze ausschliessen könnte. Generative Grammatiken, die sich – seit wir Computer bauen – wie die formalen Sprachen aus der gesellschaftlichen Produktion nicht mehr wegdenken lassen, verfolgen im allgemeinen ein viel eingeschränkteres Anliegen.[184] Sie beschränken sich darauf, die kleinstmögliche Syntax zu generieren, die alle sinnvollen Sätze einer Sprache enthält. Schon so nützen sie aus dem einfachen Grunde, dass sie sehr viele denkbare Wortkombinationen aus der Syntax ausschliessen, auch wenn sie beliebig viele unsinnige Sätze zulassen. Damit können Texte, beispielsweise Computerprogramme, wenigstens auf bestimmte Fehler hin geprüft werden. Noch günstiger sind solche Grammatiken, wenn sie für die Korrektur von natürlichsprachigen Übersetzungen verwendet werden, weil dort die Sätze normalerweise dem Sinn nach bereits richtig sind.

---

184 N. Chomsky selbst formuliert diesen Sachverhalt mit etwas anderen Worten: „Da ich (...) immer ausdrücklich darauf insistiert habe, dass eine Theorie des Sprachgebrauchs und -verständnisses in jede umfassende Sprachtheorie inkorporiert werden muss, bin ich überrascht, dass Searle und andere gemeinhin angenommen haben, ich plädiere für eine Beschränkung auf eine Untersuchung der Syntax. (...) Allerdings besteht ohne Zweifel meine eigene Arbeit primär in der Untersuchung genereller und spezieller Eigenschaften der Syntax und Phonologie, und ich habe niemals ernsthaft versucht, eine systematische Semantiktheorie aufzustellen" (Chomsky, 1974, 88).

Der Titel *Syntaktische Strukturen*, unter welchem N. Chomsky sein Werk veröffentlichte, trägt diesem eingeschränkten Anliegen Rechnung, in welchem die Syntax als strukturierter Referent beschrieben wird. Viele Missverständnisse zum Begriff der Syntax beruhen darauf, dass übersehen wurde, dass die Syntax Referent ist, und „Struktur" nur die formalbegriffliche Eigenschaft des Referenten bezeichnet.

3.2.2. Syntax und Semantik

Die bisher diskutierte Produktionengrammatik behandelt Wörter, die in bestimmten Wortkombinationen nicht erscheinen dürfen, mit individuellen Produktionen. Für Sprachen, die viele Wortkombinationen enthalten, die allgemeinen Satzregeln entsprechen, aber bedeutungsmässig nicht zulässige Sätze bilden, würde in solchen Grammatiken die Menge der notwendigen Regeln annähernd so gross werden, wie die Menge der zulässigen Sätze. Deshalb müssen Sätze, die zu einer brauchbaren Produktion passen, aber keinen „Sinn" haben, auf eine andere Art aus der Syntax ausgeschlossen werden. In einer in diesem Sinn entwickelteren Grammatik führen die Produktionen nicht mehr nur objektsprachliche Wörter (Terminals) ein, sondern Platzhalter, für welche die zulässigen Wörter aus einem Lexikon gesucht werden, welches für jedes Wort einen Merkmalskatalog enthält. Wenn wir im Lexikon die folgenden Einträge haben:

liebt	Hugo	Fussball
<Verb>	<Substantiv>	<Substantiv>
<Subjekt => lebt>	<+ lebt>	<- lebt>

generiert die Grammatik

Satz	⇒	Subjekt Prädikat Objekt „."
Subjekt	⇒	Substantiv
Objekt	⇒	Substantiv
Prädikat	⇒	Verb

den Satz „Hugo liebt Fussball", nicht aber den Satz „Fussball liebt Hugo". Jedem Terminalsymbol kann eine beliebige Kette von Merkmalen angehängt werden. „Hugo" ist <menschlich>, <männlich>, <Eigenname>, <Schimpfwort> usw; „Lieben" verlangt ein menschliches Subjekt, „liegen" dagegen nicht. Unter „Frauen" würde in einem Lexikon beispielsweise folgender Eintrag stehen:

frauen	Ausdruck
<+ Nomen>	Identifizierungselement
<+ Appelativ>	
<+ definit>	bedeutungsfreie Merkmale
<+ Plural>	(Markers)
<+ menschlich>	
<+ weiblich>	bedeutungsgebundene Merkmale
<+ erwachsen>	(Seme)

Die Produktionen unterstehen in einer solchen Grammatik übergeordneten Regeln, die besagen, dass die eingesetzten Wörter bezüglich ihrer Lexikoneintragungen zueinander „passen" müssen. Wesentlich ist dabei, dass das Lexikon die Terminalsymbole im Unterschied zu den bisher diskutierten Produktionen quasi auf der linken Regelseite der Eintragungen hat. Dadurch werden die Terminale nicht mehr nur durch Regeln ausgewählt, sondern sie implizieren ihrerseits Regeln, die eingehalten werden müssen. Dadurch sind die Terminale auch durch ihren *Kon-Text* bestimmt.

Es geht hier trotz der relativen Ausführlichkeit keineswegs darum, die Prinzipien einer generativen Grammatik darzustellen, das hat neben vielen anderen auch N. Chomsky selbst – nicht sehr anschaulich, aber sehr lesenswert – in seinem Buch *Thesen zur Theorie der generativen Grammatik* getan (Chomsky, 1974). Hier geht es nur darum, einige Unterscheidungen zu diskutieren, die für das Verständnis der spezifischen Sprachen der Ingenieure wichtig sind. Insbesondere spielen in generativen Grammatiken, in welchen die Sätze der beschriebenen Sprache als oberflächliche Erscheinungsform von tieferliegenden Satzkonstruktionen betrachtet werden, die sogenannten Transformationsregeln eine wesentlich wichtigere Rolle als die hier erwähnten Ersetzungsregeln. Transformationsregeln beschreiben beispielsweise, wie sich die Wortstellungen im Satz verändern, wenn dieser in eine Frage verwandelt oder als Nebensatz verwendet wird. Dabei werden bei weitem nicht alle lexikalischen Merkmale, die uns hier interessieren, als kontextuelle Selektionskriterien bezeichnet.[185]

Die lexikalischen Merkmale, die in einer Grammatik mit entsprechenden Selektionsregeln verwendet werden, sind Zeichenketten, die eine in der Grammatik festgelegte Rolle spielen. Dass *wir* verschiedene Zeichenketten unterschiedlich interpretieren (können), ist für die Grammatik gleichgültig. Wenn wir eine Grammatik konstruieren, verwenden wir aber, wie wenn wir eine Maschine programmieren, aus mnemotechnischen Gründen naheliegenderweise Zeichenketten, die in unserer Sprache eine Bedeutung haben. Der oben charakterisierte Ausdruck „frauen" kann unter gegebenen Grammatikregeln völlig unabhängig davon, was „Appelativ" oder „menschlich" für uns bedeutet, in die Subjektposition zum Verb „lieben" gesetzt werden, weil er die Bedingung „+ Appelativ" und „+ menschlich" erfüllt.

Mit der im Alltag üblichen Unterscheidung zwischen „syntaktischen" und „semantischen" Merkmalen, charakterisieren wir grammatikalisch nicht die Merkmale als solche, sondern unsere Begründung der Merkmale. Syntaktische Merkmale nennen wir jene, die die Kontexttauglichkeit eines Ausdruckes *auch für uns* nicht inhaltlich charakterisieren, während semantische Merkmale – scheinbar – aufgrund der Wortbedeutung eingeführt werden. Wenn man aber genügend viele Texte untersucht, kann man ohne weiteres feststellen, welche Zeichenketten den Kontext zum Ausdruck „lieben" bilden können, ohne dass man weiss, was „lieben" heissen soll.[186] Syntaktische Merkmale verwenden wir, um die Syntax überhaupt darzustellen, semantische Merkmale, um sie dort einzugrenzen, wo sie aufgrund der syntaktischen Merkmale zu weit ist. In einer generativen Grammatik sind semantische Merkmale nichts anderes als Vehikel, mit welchen wir Abweichungen von der syntaktisch bereits geleisteten Beschreibung einer Sprache darstellen. Die Aspekte der Ausdrücke, die wir grammatikalisch *(noch)* nicht so bestimmen können, dass

---

185 N. Chomsky zählt beispielsweise < + menschlich > nicht zu den kontextuellen Merkmalen, weil dieses Merkmal nur die Zulässigkeit des Ausdruckes, nicht aber syntaktische Strukturen eines Satzes entscheidet (Chomsky, 1974, 57).
186 In der KI-Forschung sind Strategien vorhanden, die darauf hinauslaufen, neuronale Netzwerke die richtige Verwendung von Wörtern „lernen" zu lassen, indem sie durch Einlesen von sehr vielen richtigen Verwendungen „trainiert" werden.

die Ausdrücke syntaktisch richtig generiert werden, erscheinen uns als „Bedeutung der Wörter", weil wir die Zulässigkeit von Sätzen einer Sprache häufig aussersprachlich, auf der Ebene der beschriebenen Referenten entscheiden.

Die Syntaxtheorie im engeren Sinne beschäftigt sich hauptsächlich damit, wie die „semantischen" Merkmale durch „syntaktische" Merkmale oder Regeln ersetzt werden können.[187] Sie kümmert sich deshalb (vermutlich noch längere Zeit) nicht darum, dass die bisher in generativen Grammatiken vorgeschlagenen Lexika[188], die bereits mit banalen Tatsachen wie Ausdrücken, die für verschiedene Inhalte stehen, erhebliche Probleme haben.[189] Die Merkmalskataloge, die für jedes Wort bestimmen, in welchem Kontext es auftreten kann, werden danach beurteilt, inwiefern sie der Syntaxproduktion dienen, nicht danach, inwiefern die Merkmale aussersprachlich begründbar sind. Für praktische Belange wie automatische Übersetzungen interessiert uns ohnehin nur die Effizienz der Maschine und nicht, was für eine Logik in deren Lexikon herrscht.[190]

Die (wenn auch häufig noch nicht verstandene) Bedeutung der generativen Grammatiken liegt darin, dass sie durch die Verwendung von semantischen Merkmalen sprachnahe Syntaxbeschreibungen ermöglicht, die von *pragmatischem Wissen* unabhängig sind.

---

187 Gerade dabei wird – was der generativen Grammatik keinesfalls schadet – die Unterscheidung zwischen „semantisch" und „syntaktisch" immer fraglicher. N. Chomsky erläutert einige Aspekte dieser Problematik (Chomsky, 1973, 188ff).

188 Verteidiger der traditionellen Grammatik wie beispielsweise Duden stellen die semantische Faktorenanalyse und damit die generative Grammatik für natürliche Sprachen häufig insgesamt in Frage, weil in diesen Verfahren irgendwelche, nicht begründbare Lexika verwendet würden, „wohlgemerkt: des Lexikons oder wie immer man die Summe der Wörter einer Sprache nennen möchte – und nicht etwa des gegliederten Wortschatzes, der zugrunde zu legen wäre" (Duden, Grammatik, 1984, 531).

189 Einige werden von Duden anhand des Ausdruckes „Schloss", der für Gebäude und für Türschloss steht, behandelt (Duden, Grammatik, 1984, 532).

190 „Schaut man genauer hin," schreibt Duden in bezug auf solche Merkmalskataloge, „so handelt es sich zum Teil um Kategorien der traditionellen Grammatik, die ungeprüft übernommen werden, dann um Kategorien aus der formalen Logik und schliesslich um Merkmale, die einer allgemeinen Weltvorstellung entnom-

3.3. Pragmatik

C. Morris hat die Unterscheidung zwischen Semantik und Pragmatik, also zwischen einer innersprachlichen Lehre und einer Lehre, die sich mit der Verwendung der Sprache beschäftigt, 1946 vorgeschlagen, also lange bevor die Semantik durch die generative Grammatik ihren eigentlichen Sinn bekam. Die Pragmatik ist im Unterschied zur Semantik „kein Teil der Sprachwissenschaft, sondern einfach eine Lehre von der (Sprach-)Welt"[191], eine empirische Lehre darüber, wie die Menschen ihre Sprache einsetzen.[192] Die Pragmatik, nicht die Semantik, beschreibt, welches Zeichen jeweils für welche Bedeutung steht.

Die traditionelle Grammatik zwischenmenschlicher Sprachen, die sich keiner formalen Sprache bedient – und in diesem Sinne natürlich gar keine eigentliche Grammatik, sondern eine metasprachliche Erörterung der Sprache ist –, unterscheidet Semantik und Pragmatik nicht begrifflich, sondern bestenfalls pragmatisch, wie etwa die Ingenieure zwischen Arbeit und Energie. Man merkt zwar, das es nicht dasselbe ist, aber man kann den Unterschied nicht benennen.[193] Da in der traditionellen Grammatik nicht eine Syntax, sondern die Menge der sprachlichen Sätze selbst beschrieben wird, werden die vermeintlich syntaktischen Kategorien sehr oft – pragmatisch motiviert – „semantisch" begründet. Duden stellt gar in Frage, ob „sich Syntax und Semantik überhaupt theoretisch

men sind, die dem entspricht, was man als gesunden Menschenverstand bezeichnen könnte" (Duden, Grammatik, 1984, 532).

191 E. Leisi, der in seinem Buch *Semantik* auf die Unterscheidung zwischen Pragmatik und Semantik verzichtet, schreibt, wenn Bedeutung in den Gegenständen wäre, wäre die Semantik, die die Bedeutung beschreibt, „kein Teil der Sprachwissenschaft, sondern einfach eine Lehre der Welt" (Leisi, 1973, 34).

192 N. Chomsky will „einigen Sprachwissenschaftlern den Wunsch nicht verübeln, den Erwerb und die Praktizierung des tatsächlich vorkommenden Sprachverhaltens zu untersuchen. Es bleibt jedoch", schreibt er weiter, „nachzuweisen, dass diese Untersuchung etwas mit Sprachwissenschaft zu tun hat. Bis jetzt sehe ich keine Anzeichen dafür, dass dieser Anspruch begründet werden kann" (Chomsky, 1970, 120).

193 U. Eco beispielsweise zeigt den vermeintlichen Unterschied gerade nicht, wenn er schreibt, die Semantik sage, was ein Zeichen bedeutet und die Pragmatik, welchen Gebrauch man von einem Zeichen macht (Eco, 1977, 32).

und praktisch so getrennt behandeln lassen, wie dort (von N. Chomsky, RT) angenommen wird" (Duden, Grammatik, 1984, 531).[194] Die traditionelle Grammatik scheitert daran, dass sie die Sprache mit Begriffen beschreibt, die sich nicht nur auf Zeichenketten beziehen, sondern, wie nachfolgend anhand einer Wortart kurz exemplarisch gezeigt wird, gleichzeitig auf etwas, das – aussersprachlich – hinter den Zeichenketten steht und beispielsweise die Einteilung der Zeichenketten in bestimmte Wortarten begründen soll.

Syntaktisch begründete Wortarten würden beispielsweise die Wörter zusammenfassen, die nach denselben syntaktischen Regeln in Sätze eingebaut werden. „Wörter wie Mann, Frau, (...) nennt man Substantive. Sie werden im allgemeinen mit einem grossen Anfangsbuchstaben geschrieben. Kennzeichnend für das Substantiv ist, dass es mit einem Artikel verbunden werden kann. (...) Substantive werden als Subjekt oder Objekt (...) gebraucht (...)" (Duden, Grammatik, 1984, 89). Etwas pointiert ausgedrückt, ist also beispielsweise „Metall" ein Substantiv, *weil* es gross geschrieben werden muss oder weil wir „das" Metall sagen (können). Duden schreibt in seiner Grammatik aber auch: „Mit Substantiven bezeichnet der Sprecher Lebewesen, Pflanzen, Dinge, Begriffe u. ä." (Duden, Grammatik, 1984, 196).[195] Damit wird nicht auf Nichtterminale, sondern auf Aussersprachliches verwiesen. Bereits die Aufzählung dieser aussersprachlichen Referenten zeigt die Beliebigkeit, mit welcher der gesunde Menschenverstand Kategorien schafft. „Begriff" bezeichnet darin offensichtlich nicht die disziplinierte Beschreibung eines Dings oder einer Relation, sondern „etwas", das unabhängig vom Abbildungszusammenhang so neben dem Ding existiert, dass man sich darauf wie auf ein Ding beziehen kann. Gemeint ist offensichtlich nicht der Begriff, son-

---

194 N. Chomsky seinerseits teilt die sprachliche Ungenauigkeit, wenn er sich gegen die „vielfach anklingende (aber im Augenblick völlig leere) Behauptung (...), dass semantische Erwägungen in irgendeiner Weise die syntaktische Struktur oder die Distributionseigenschaften bestimmen" (Chomsky, 1973, 284), wehrt.

195 Natürlich könnte man einwenden, dass die zitierte Aussage kein grammatikalisches Argument sei oder dass deren Umkehrung, wonach die Wörter, mit welchen wir Lebewesen, Dinge Pflanzen, Begriffe u. ä. bezeichnen, Substantive seien, nicht mitgemeint sei. Aber auch wenn die Aussage nur als empirisches Argument betrachtet wird, verrät sie den Versuch, Substantive pragmatisch (semantisch) zu begründen.

dern Abstraktionen, die wie „Liebe" oder „Metall" nicht als konkrete, dingliche Gegenstände auftreten. Aus dem Dilemma, das sich daraus ergibt, dass Metall nicht nur „geistig" existiert, aber andrerseits auch kein Ding ist, windet sich die traditionelle Grammatik, indem sie den Eigennamen analoge Stoffnamen postuliert. Mit Stoff- oder Materialnamen suggeriert die traditionelle Grammatik Materiale als quasi formlose Dinge. „Metall" erscheint als Substantiv, weil der Ausdruck „Metall" halb Name ist und halb für ein Ding steht.[196]

Dinge sind Eigenschaftsträger, wir klassifizieren sie nach Eigenschaften. Wenn wir ein konkretes Ding definieren, suchen wir einen Oberbegriff, der wieder ein Ding repräsentiert und deshalb wieder ein Substantiv sein muss. In diesem Sinne zulässige Antworten zur Frage: „Was ist ein Leopard?" wären: „Ein Leopard ist ein Panther" oder „Ein Leopard ist ein gelbes Tier"; nicht zulässig wären Antworten wie „Der Leopard ist gelb" oder „lebendig". Die Definitionsfrage, die mit „Was ist ein ..." beginnt, verlangt, dass ein Oberbegriff eingeführt wird. Dies wird implizit geprüft, wenn man prüft, ob die Aussage, dass alle Vertreter des Unterbegriffes auch Vertreter des Oberbegriffes sind, aber nicht umgekehrt, Sinn macht. Wir fragen also beispielsweise: „Ist jeder Leopard ein Tier, aber nicht jedes Tier ein Leopard?" Würde man die entsprechende Frage für die Antwort „Ein Leopard ist gelb" formulieren, ergäbe sich der Un-(sinn-)Satz: „Ist jeder Leopard (ein) ‚gelb', aber nicht jedes ‚gelb' ein Leopard?" Natürlich könnte man etwas in diesen Satz hineinschmuggeln, man könnte fragen: „ ..., aber ist nicht jedes ‚gelbe Etwas' ein Leopard?" Damit hätte man aber eben – wie es die Grammatik verlangt – ein wenn auch nicht sehr typisches Substantiv eingeführt.[197] Im gleichen

---

196 B. Whorf führt diese Argumentation unter dem Titel *Substantive der physischen Quantität* (Whorf, 1963, 80) unter etwas anderem Gesichtspunkt noch wesentlich weiter. Er kritisiert nicht nur das Substantiv als Wortklasse, sondern die damit verbundene Idee der Substanz oder Materie überhaupt, die er auf naives, allgemeinen Sprachgewohnheiten unterliegendem Denken zurückführt.

197 Grammatikalisch zusätzliche Probleme, die kaum geringer sind als die Verdinglichung von Prozessen und Eigenschaften, schaffen die Eigennamen, die uns raffinierte Doppelbesetzungen ermöglichen. Mit Fug wird man behaupten, ein „Leopard" sei nicht gelb, dafür aber metallig, wenn man an den geländegewandten deutschen Panzer denkt. Da wir die Eigennamen pragmatisch im wesentli-

Sinne wie „gelb" für gelbe Dinge kommt etwa das Wort „Metall", das in der herkömmlichen Grammatik sicher ein Substantiv ist, als Oberbegriff für Gegenstände, die aus Metall sind, nicht in Frage. Es lässt sich zwar sagen, dass beispielsweise alle Panzer aus Metall sind, aber der Satz „Nicht alle Metalle sind Panzer" macht keinen Sinn. Mit dem Satz „Dieser Panzer ist aus Metall" wird dem Gegenstand „Panzer" eine Eigenschaft zugeschrieben. Denselben Sachverhalt könnte man an sich auch mit dem Satz „Dies ist ein metalliger Panzer" ausdrücken, nur gibt es das Wort „metallig" in der deutschen Sprache (noch) nicht, und das in der Sprache vorhandene Wort „metallisch" steht für einen anderen Sachverhalt. Unser Sachverhalt, der metallige Panzer, lässt die begriffliche Unterscheidung zwischen Gegenstand und Eigenschaft zu. „Metall" referenziert – nebenbei bemerkt, ‚referenzieren' ist auch noch kein deutsches Wort – keinen Gegenstand. Als Gegenstand kommen nur metallene Dinge, Klumpen, Maschinen usw. in Betracht.

„Metall" steht für eine Eigenschaft[198] und verlangt als solche immer einen Eigenschaftsträger. Eigenschaften treten in gegenständlichen Begriffsbäumen immer als Kriterien, aber nie als Begriffe auf. Deshalb kann Metall nicht Oberbegriff einer metallenen Sache sein. Wir sagen, was sehr viele Sprecher nicht realisieren, „aus Metall", wo wir „metallig" sagen würden. Wir verwenden für bestimmte Eigenschaften eben nicht Eigenschaftsworte, sondern drücken sie durch Substantive aus.[199]

Nicht das Beispiel „Metall", aber die angeführte Argumentation könnte zur Annahme verleiten, dass das Kriterium „begriffsbaumtauglich"

---

chen wie andere Bezeichner, also wie Gattungsnamen (Appellativa) und Sammelbezeichnungen (Kollektiva) verwenden, zählen auch sie zu den Substantiven und sind syntaktisch von diesen nicht unterscheidbar.

198 E. Leisi argumentiert syntaktisch: „Falls man die Zeigedefinition mit einem ganzen Satz begleitet, unterliegt dieser Satz gewissen Variationen. Im Falle von ‚Turm', d. h. bei zählbaren Gegenständen heisst er: ‚Das ist ein ...'; in anderen Fällen muss der Artikel weggelassen werden, zum Beispiel ‚Das ist Wasser'. Bei Adjektiven fällt der Artikel ebenfalls weg: ‚Das ist rot'" (Leisi, 1973, 37).

199 Duden bezeichnet Substantive, die eine Eigenschaft bezeichnen, als „Abstrakta", was ausdrücken soll, dass sie etwas Nichtgegenständliches, etwas Gedachtes bezeichnen (Duden, Grammatik, 1984, 197). Die Klassenbestimmung „Gegenstände und Nicht-Gegenstände", die daraus für Substantive folgt, ist logisch etwas seltsam.

eine semantisch begründete Klasse von Substantiven selektioniere; diese Annahme ist natürlich – und dafür steht das Beispiel auch – falsch, denn syntaktisch lässt sich „Metall" ohne weiteres wie ein Oberbegriff verwenden, wenn Kupfer, Silber, Gold und dergleichen auch verdinglicht werden. Um die Frage, was „Metall" als Oberbegriff referenziert, zu beantworten, wenden wir uns dem zu, was mit den Unterbegriffen „Kupfer", „Silber" und „Gold" gemeint ist. „Kupfer" steht hier für „kupferige" (nicht für kupferfarbige) Gegenstände. „Kupferige" Gegenstände haben unter anderen die Eigenschaften zu glänzen, Wärme und Strom sehr gut zu leiten und gut legierbar zu sein. Genau diese Eigenschaften teilen die „kupferigen" Gegenstände mit allen andern „metalligen" Gegenständen.

Die Struktur der Sprache lässt sich nicht mit der Struktur des sprachlichen Referenten begründen, das ist gerade der Witz der – beliebig vereinbarten – sprachlichen Abbildung, die auf bedeutungslosen Zeichen beruht. Semantische Argumente verwenden wir dort, wo wir die Syntax einer Grammatik den Sätzen eine Sprache angleichen wollen, ohne entsprechende grammatikalische Regeln formulieren zu können. Die Semantik beschreibt in gewisser Hinsicht die Differenz zwischen einem sprechenden Menschen und einer Maschine, die grammatikalisch beschreibbar die Zeichenketten produziert, die Menschen beim Sprechen verwenden.

Die Pragmatik beschreibt metasprachlich, wie die Menschen die Zeichenketten verwenden. Da sie selbst nur Zeichenketten verwendet, kann sie die wirkliche Vereinbarung von elementaren Symbolen, die auf Zeigen beruht, natürlich nicht wiedergeben. Pragmatik setzt teilweise voraus, was sie beschreibt; über die Vereinbarung von Symbolen kann man erst sprechen, nachdem entsprechende Symbole vereinbart sind. Allerdings ist das Sprechen über die Vereinbarung ein wesentlicher Bestandteil der Vereinbarung selbst. Mit Zeigedefinitionen im unmittelbarsten Sinne, also indem man den Referenten zeigt und seine Bezeichnung ausspricht, liesse sich kaum eine brauchbare Symbolmenge vereinbaren. Ohnehin vereinbaren wir die Symbole praktisch, indem wir sie – objektsprachlich – situationsbezogen verwenden. Viele Wörter, die für sich nichts bezeichnen, sondern der Satzkonstruktion dienen, lassen sich nur durch Verwendung in Sätzen vereinbaren. Das Zeigen in der Zeigedefinition stellt, wie anhand der begrifflichen Abstraktionen diskutiert wurde, bereits hohe Anforderungen, wenn mit dem Finger noch hingezeigt werden kann. Die Vereinbarung wird aber noch erheblich komplexer, wenn die Ausdrücke unregelmässig redundante Elemente wie beispielsweise Präpositionen enthalten. Wir „zeigen" durch situationsbezogenes Sprechen häufig auf Situationen, also Referenten, die keine Dinglichkeit besitzen. Da wir immer wieder dieselben Situationen beschreiben, erhalten die Symbole einen Kontext, auf welchen wir uns metasprachlich, zur genaueren Vereinbarung beziehen können, was die Vereinbarung wesentlich effizienter macht, als wenn sie sich auf Zeigedefinitionen im engeren Sinne stützen müsste. Pragmatisch verhalten wir uns dabei quasi semantisch, indem wir die kontextuellen Bedingungen, unter welchen wir ein bestimmtes Wort üblicherweise verwenden, dem Wort als Bedeutungsmerkmale zuschreiben. Ein Esel ist ein graues, oft störrisches Tier, weil wir bestimmte graue, oft störrische Tiere als Esel bezeichnen.

3.3.1. Metapher

Wir verwenden die Worte aber keineswegs immer nur dort, wo es der semantisch unterstellte Kontext erlaubt. Eigentliche Sprachen sind im Unterschied etwa zu Maschinensprachen *diskursiv*[200], sie leben vom uneigentlichen Wortgebrauch. Ein kommunikativ wichtiger Effekt ergibt sich daraus, dass die Symbole der zwischenmenschlichen Sprachen „wirkungsvoll falsch" verwendet werden (können). Ich kann in unserer Sprache zu einem Menschen sagen, er sei ein Esel, und wenn er kein Esel ist, versteht er mich ohne weiteres, obwohl oder gerade weil er weiss, was „Esel" eigentlich heisst.

Wie lässt sich ein solches Verstehen unter semantischen Kategorien auffassen? Das in semantischer Hinsicht unstimmige Bild (ein Mensch „ist" kein Esel) lässt den Hörer zunächst „stutzen", d.h. er sieht sich genötigt, sein Verhältnis zur Sprache zu überprüfen. Er muss sich fragen, ob die semantische Unstimmigkeit durch Versehen oder mangelnde

---

200 Der Ausdruck „diskursiv" steht gemäss Duden für: „von einer Vorstellung zur anderen (...) fortschreitend" (Duden, Fremdwörter, 1990, 191). Nicht nur Psychoanalytiker und verhandelnde Politiker versuchen im wirklich Gesagten das eigentlich Gemeinte zu finden; wir lesen immer auch zwischen den Zeilen und hinter den Ausdrücken.

Sprachkenntnisse usw. entstanden sein kann. Ist das nicht der Fall, muss der Hörer annehmen, dass der gehörte Satz *absichtlich gegen* die Semantik formuliert wurde. Der Satz darf dann weder naiv als Repräsentant von Wirklichkeit noch schlicht als falsch genommen werden. Er muss interpretiert werden.[201] Die Interpretation muss eine ad hoc-Vereinbarung unterstellen, die die Sprache entsprechend erweitert, weil der Satz im eigentlichen Sinn in der bisher akzeptierten Syntax fehlt. Wir nennen den im Gegensatz zum „eigentlichen" Wortgebrauch – mindestens unbewusst – beabsichtigten „uneigentlichen" Wortgebrauch „Metapher".

Metaphern beruhen auf verschiedensten inhaltlichen Verschiebungen.[202] Ironie verwendet wertende Worte so, dass die eigentliche Wertung ins Gegenteil verkehrt wird. Ironisch im engeren Sinne war Schillers Tell, als er sagte: „Und mit der Axt hab' ich ihm's Bad gesegnet." Euphemistisch sind Verschleierungen von tabuisierten Inhalten, etwa die Bezeichnungen wie „Gast"arbeiter für billige Arbeitskräfte aus dem Ausland. Schliesslich gehören Understatements, wie „Häuschen" für 10-Zimmervilla, und die übertreibende Hyperbel, „das dauert ja eine Ewigkeit" in den Bereich der Ironie. Die Metonymie verwendet Worte für Inhalte, die mit dem eigentlichen Inhalt in einem Sachzusammenhang stehen. Wenn wir sagen, er hat acht Flaschen getrunken, meinen wir natürlich den Inhalt von acht Flaschen. Die Metapher im engeren Sinne ist ein Symbol, das für einen Inhalt steht, der mit dem „eigentlichen" Inhalt dieses Symbols teilweise übereinstimmt. Genauer bezeichnet „Metapher" die in einem bestimmten Sinn falsche Zuweisung eines Referenten zum Inhalt, der mit dem Symbol verbunden ist. In der direkten Metapher:

---

201 D. Wandschneider teilt diese Argumentation in bezug auf das Verstehen von Metaphern, obwohl er im übrigen eine konventionelle Semantikauffassung vertritt (Wandschneider, 1975, 121). Natürlich „wissen" wir – was D. Wandschneider nicht problematisiert – nur aufgrund eigener Introspektion, wie wir mit Metaphern umgehen. Von einem begrifflichen Verstehen der Metapher sind bisher, etwa in der KI-Forschung, noch nicht einmal Ansätze vorhanden.

202 E. Leisi verwendet den Rhetorik-Ausdruck „Trope" als Oberbegriff für uneigentliche Wortverwendungen. Er unterscheidet die Metapher von einer Reihe anderer Tropen wie Ironie und Metonymie (Leisi, 1973, 166f). Duden gibt für die Trope im engeren Sinne die drei Kategorien Metapher (Bedeutungsübertragung), Metonymie (Bedeutungsvertauschung) und Euphemismus (Bedeutungsverhüllung) an (Duden, Grammatik, 535).

„Dieser Mensch ist ein Esel" wird ein begrifflich übergeordnetes Kriterium, nämlich dass der Esel ein Tier ist, missachtet und ein bestimmter Mensch aufgrund des untergeordneteren Kriteriums „störrisch sein" in die Kategorie „Esel" verwiesen, während in der indirekten Metapher: „Dieser Computer denkt schnell" die Eigenschaftsbestimmung insofern „falsch" gewählt wird, als nur Menschen eigentlich denken.

Die Funktionsweise der Metaphern beruht auf der analytisch nachvollziehbaren Differenz zwischen dem Inhalt, für den das Symbol eigentlich steht, und dem Inhalt, der dem aktuell gemeinten Referenten zukommt.[203] Dabei ist es keineswegs so, dass sich die eigentliche Verwendung eines Wortes daraus ergibt, dass sie häufiger oder zeitlich *vor* den Metaphern auftreten müsste. „Es führt zu nichts, wenn man versucht, normalen und übertragenen Gebrauch statistisch abzugrenzen. In gewöhnlicher (städtischer, mitteleuropäischer) Umgebung wird das Wort *Esel* vermutlich viel häufiger im übertragenen als im ‚wirklichen' Sinne verwendet werden" (Leisi, 1973, 167). Auch die Chronologie im Wortgebrauch führt nicht weiter. Zum individuellen Wortgebrauch in der Erlernung der Sprache schreibt E. Leisi: „Die Geschichte vom Stadtkind, dem man auf dem Bauernhof ein Tier zeigt: *Das ist ein Schwein*, und das dann antwortet: *Ein Schwein – was hat es denn getan?*, zeigt sehr schön, dass die Kenntnis des metaphorischen Gebrauches derjenigen des ‚eigentlichen' zeitlich vorausgehen kann" (Leisi, 1973, 167). Schliesslich gilt dasselbe auch für den kollektiven Wortgebrauch. Der Ausdruck „Information" etwa wurde unbegrifflich für „belehrende Nachricht" bereits im 16. Jahrhundert verwendet (Duden, Herkunftswörterbuch, 1963, 287), also lange bevor sein „eigentlicher" Sinn als potentieller Träger einer Nachricht entwickelt wurde.

„Wirkungsvoll falsch" ist eine scheinbar widersprüchliche, dialektische

---

203 Beispiele dafür, wie subtil die Metaphern funktionieren und wie schwierig sie im konkreten Falle auszuweisen sind, kann man bei E. Leisi finden: „Wenn ich die Schreibmaschine mit *Aschenbecher* benenne, wird niemand dies als Metapher bezeichnen (...) Sage ich hingegen zu meiner nicht funktionierenden Schreibmaschine *du Schwein!*, so wird weiterum Einigkeit bestehen, dass man diese Benennung als Metapher bezeichnen kann (...) Der normale und der Schimpfgebrauch des Wortes ‚Schwein' sind durch eine höchst komplexe ‚dünne' Beziehung miteinander verbunden" (Leisi, 1973, 172).

Formulierung, mit welcher auf eine bestimmte Perspektive der Sprachbetrachtung verwiesen wird. Man kann natürlich nicht von wirkungsvoll falschen Wörtern und mithin auch nicht ernsthaft von Metaphern sprechen, wenn man die Wortbedeutung, wie das in sogenannten „operationalen Semantiken"[204] und auch in „pragmatischen" Ansätzen getan wird, nur aus dem Gebrauch der Lautgestalt ableitet. Dabei nämlich zeigt sich die Bedeutung des Wortes ausschliesslich dadurch, dass es die gewünschte Wirkung regelmässig zeigt. „Esel" hat dann beispielsweise wie etwa „Bank" einfach mehrere Bedeutungen, die rein zufällig gewisse Ähnlichkeiten haben (können). Von uneigentlich verwendeten oder wirkungsvoll falschen Wörtern sprechen wir, um auszudrücken, dass die aussersprachliche Bedeutung in der sprachlichen Abbildung immer in einen willkürlichen Zusammenhang gesetzt wird, was sich eben gerade in der Metapher zeigt. Eine bestimmte Vereinbarung eines Ausdruckes als die eigentliche zu bezeichnen, macht Sinn, weil dadurch die aussersprachliche Bedeutung überhaupt diskutierbar wird. Es geht bei der Festlegung der eigentlichen Bedeutung sowenig wie bei der Definition um eine bedingungslose Richtigkeit oder gar um die Wahrheit, sondern ausschliesslich darum, implizierte Verwandtschaften explizit zu machen. Hier fassen wir als „eigentliche" Verwendung des Wortes schliesslich jene auf, die als Basis der Metapher zu dienen vermag, weil sie selbst nicht nur als Metapher begreifbar ist, sondern begrifflich definiert werden kann.[205] Die eigentliche „Bedeutung" der Worte[206] entwickeln wir in der realen Produktion als Bedeutung der Dinge.

204 Nach E. Leisi sind „operationelle Definitionen in den Jahren 1952/53 fast zugleich in drei voneinander unabhängigen Schriften vorgeschlagen worden (...): P. Kecskeméti, *Meaning, Communication and Value*, L. Wittgenstein, *Philosophische Untersuchungen* und Verf., *Der Wortinhalt*. Gemeinsam ist diesen Vorschlägen, dass ‚Bedeutung' in engen Zusammenhang gebracht wird mit dem Gebrauch der Lautgestalt" (Leisi, 1973, 35f).
205 E. Leisi etwa, der in diesem Zusammenhang vom „Sendegebiet" der Metapher spricht, führt als wichtigste Sendegebiete der Metapher (für das Englische) – neben neuen Sachgebieten wie das Flugwesen – Sport und Handel an (Leisi, 1973, 175). Die Arbeit bleibt uns als Sendegebiet so unsichtbar selbstverständlich, wie den Fischen das Wasser.
206 Nachdem eindeutig ist, dass Worte keine Bedeutung haben, ist uns die verkürzte Redeweise eine unproblematische Vereinfachung.

4. Das Wissen der Ingenieure

Im Alltag steht „Wissen", wie beispielsweise „Intelligenz", für einen komplizierten Referenten, der sich sprachlich und verhaltensmässig in vielfältigster Art und Weise zeigen kann.[207] Umgangssprachlich verwenden wir den Ausdruck „Wissen" vor allem für die versubjektivierte, in den Menschen hineinprojizierte (hineingedachte) Repräsentation der Wirklichkeit, die in bestimmten Abbildungen zum Ausdruck kommt. Im Satz „Zürich ist eine Stadt" ist in diesem Sinne Wissen über die Sache „Zürich" ausgedrückt. Die Rekonstruktion der Zuordnung *zeigt* in diesem Sinne Wissen; wir sagen, Wissen zeige sich *in* „ist"-Sätzen, die den Referenten, über den man etwas weiss, charakterisieren.[208] Wenn man beispielsweise weiss, dass Zürich eine Stadt *ist*, weiss man in einem gesättigten Sinne, was mit Zürich gemeint ist, und zwar unabhängig davon, ob man Stadt, also die Sache, die den Namen Zürich trägt, kennt. Was eine Stadt ist, kann man dagegen nur begrifflich abstrakt wissen, was eine Stadt ist, muss man durch Bestimmungen charakterisieren: Eine Stadt *ist* eine grössere Siedlung; eine Stadt *ist* eine Ansammlung von Häusern; eine Stadt *ist* nicht sehr wohnlich usw. Weil wir häufig eine Differenz zwischen unserer subjektiven, „geistig" vorhandenen Repräsentation und deren objektiver Darstellbarkeit erleben, sprechen wir im Alltag auch von Wissen, wenn wir nicht ausdrücken können, was wir „wissen". Wir sagen etwa, wenn wir ein einfaches Faktum vermeintlich wissen, aber nicht sagen können, dass uns die Worte auf der Zunge lie-

---

207 Nicht nur im Alltag. H. Trost schreibt: „Folgerichtig herrscht auch wenig Übereinstimmung zwischen den auf diesem Gebiet tätigen Forschern, was unter Wissensrepräsentation zu verstehen sei", und gibt sofort auch ein Beispiel dafür, wie er selbst die Begriffe ‚Repräsentation' und ‚Wissen' völlig beliebig verwendet: „Von Repräsentation von Wissen kann man sprechen, wenn bestimmtes Wissen Subeinheiten des Systems assoziiert ist (wenn das Wissen sozusagen lokalisierbar wird)" (Trost, 1984, 55).

208 Im Satz „Diese Zeichenfolge ist ein Satz" unterscheidet G. Frege den Eigennamen „Diese Zeichenfolge" vom Prädikat „ist ein Satz". Die mit Eigennamen bezeichnete Sache wird im Prädikat einem Begriff zugeordnet (Gut, 1979, 16).

gen, oder, wenn es um einen komplexeren Gegenstand wie etwa Intelligenz geht, dass wir zu viele Worte brauchen würden.

Im alltäglichen Sinne zeigt sich Wissen auch in vernünftigem Verhalten. Wir machen vieles, weil wir wissen, wozu es gut ist. Auch die Handlungen selbst implizieren Wissen. Wir wissen beispielsweise, wie man einen Computer benützt oder wie man Schachfiguren bewegen darf. Ganz unsensibel ist aber auch unsere Umgangssprache nicht; wir sagen beispielsweise nicht (ohne weiteres), dass wir wissen, wie wir die Beine beim Gehen bewegen, obwohl wir es implizit wohl auch wissen (müssen). In allen Fähigkeiten lässt sich unausgesprochenes Wissen entdekken. Von unserem im Verhalten gezeigten, impliziten Wissen bezeichnen wir aber hauptsächlich jene Bestandteile als Wissen, die wir auch sprachlich ausdrücken (können).

In einem terminologisch strengeren Sinne bezeichnen wir die „ist"-Sätze selbst als Wissen, und zwar unabhängig davon, inwiefern sie als Abbildung adäquat sind, da wir „wissen", dass fast alles, was wir wissen, nur bestes Wissen ist.[209] Die unbedingten „ist"-Sätze dienen der Generalisierung (Oberbegriff), der Attribuierung (Merkmale, Teile, Funktion) und der Individualisierung (Eigennamen).[210] Wissen zeigt sich auch in bedingten „ist"-Sätzen wie „Wenn es regnet, *ist* die Strasse nass" oder „Wenn Zürich eine Stadt ist, *ist* Zürich auch eine grössere Siedlung". Unsere Sprache etwa bietet sehr viele alternative Formulierungen für „ist"-Sätze. Wir sagen beispielsweise: „Peter *hat* ein Haus" statt „Peter *ist* Hausbesitzer". Wir können also Wissen nicht nur in „ist"-Sätzen ausdrücken. In unserer Sprache steckt Wissen sogar sehr oft in Formulierungen, die wir nur mit erheblichem Aufwand in „ist"-Sätze transformieren können, weil wir dazu den beschriebenen Referenten ganz anders betrachten müssten. ‚Es regnet' kann man weder mit ‚es ist Regen' noch mit ‚es ist regnerisch' übersetzen, obwohl die Aussage auch Wissen repräsentiert.

---

209 Natürlich zählen wir – wenn es uns ums Wissen, nicht ums Verkaufen geht – „ist"-Sätze, die wir gar nicht machen würden, nicht zum Wissen. „In der Sprache der Logik besteht das Wissen aus einer Menge von wahren Aussagen" (Duden, Informatik, 1988, 464).

210 H. Trost gibt entsprechende Beispiele: ‚Vogel' is_a ‚Tier', ‚Laura' is_instance_of ‚Vogel', ‚Flügel' is_part_of ‚Vogel' (Trost, 1984, 55).

Auch Konstruktionszeichnungen zeigen implizites Wissen. Wer eine Konstruktionszeichnung macht, weiss, wie der gezeichnete Gegenstand hergestellt wird, und wer die Zeichnung als Anweisung benützt, kann den Gegenstand herstellen, obwohl das „Wie" der Produktion auf der Zeichnung nicht beschrieben ist. Dem Könner genügt implizites Wissen; deshalb können jene, die praktisch arbeiten, häufig nicht oder nur schlecht sagen, was sie „wissen". Aber auch über den Gegenstand selbst sagen Anweisungen bei weitem nicht alles. Es ist deshalb keineswegs erstaunlich, wieviele derjenigen, die die Produkte wirklich herstellen, explizit weder wissen, wie sie funktionieren noch wie sie verwendet werden. Die konstruktionsorientierte Abbildung genügt ihrem Zweck, wenn die entsprechende Maschine damit gebaut werden kann. Dazu muss man keineswegs wissen, wozu die Maschine gut ist. Die konstruktionsorientierte Abbildung eines Viertaktmotors beispielsweise muss nur die Teil-Wirklichkeit des Motors widerspiegeln, die konstruktiv wichtig ist. Dazu gehört weder, dass sich der Kolben im Zylinder durch regelmässige Benzin-Luft-Gemisch-Explosionen angetrieben hin- und herbewegt, noch dass der Motor beispielsweise ein Auto antreiben soll. Für die Konstruktion ist sogar unwichtig, wie die Sache heisst.

Funktion und Funktionsweise einer Maschine sind auf der Konstruktionszeichnung implizit abgebildet. Man kann sie erkennen, weil man in dieser Hinsicht auf der konstruktiven Abbildung dasselbe sieht wie bei der zerlegten wirklichen Maschine. Man kann mit dem entsprechenden Verständnis die Konstruktionszeichnung selbst als Erläuterung der Funktionsweise der abgebildeten Maschine auffassen. Explizit erläutert, wie die Maschine funktioniert, wird aber auf der Zeichnung nicht. Auch der Zweck des abgebildeten Gegenstandes ist nur verbindlich unterstellt – wie der Inhalt auf einer analogen Abbildung, die eigentlich nur die Form zeigt. Auch wer ein Computerprogramm gelesen hat, weiss, wozu die entsprechende Maschine gebaut wurde, obwohl das explizit im Programm nicht steht – wenn man von den nicht zum Programm gehörenden Kommentaren absieht, in welchen der Zweck von Programmen sprachlich beschrieben wird, weil sie sich selbst zu wenig effizient erklären.

Die Ingenieure „wissen" über ihre intendierten Produkte wesentlich mehr als sie in den konstruktionsorientierten Abbildungen darstellen. Aber über die Funktion oder die Funktionsweise einer Maschine sprechen die Ingenieure nur in einem der Konstruktion übergeordneten Zusammenhang, in welchem die Maschine als Blackbox auftritt[211]; über die Funktionsweise beispielsweise, wenn sie noch nicht genau wissen, wie die entsprechende Maschine zu konstruieren ist, über die Funktion etwa, wenn es sie im Moment gar nicht interessiert, wie sie zu konstruieren ist, weil sie erst den Zweck, dem die zu bauende Maschine zu dienen hat, diskutieren. Der Konstruktion übergeordnete Zusammenhänge wurden von den frühgeborenen Ingenieuren vernachlässigt. Sie konzentrierten sich auf die Konstruktion ihres Produktes. Sie kümmerten sich nicht nur nicht um die Auswirkungen ihrer Produkte auf die Umwelt und auf die Arbeitstätigkeit, was etwa die frühe Ford'sche Autoproduktion zeigt, sie kümmerten sich auch nicht um eine Beschreibung ihrer Produkte, die jenseits der Produktion brauchbar ist. Möglicherweise vernachlässigten die Ingenieure die nicht unmittelbar produktionsorientierte Beschreibung ihrer intendierten Produkte in der Meinung, dass diese so eindeutig bestimmbar seien, dass falsche Vorstellungen gar nicht entstehen können. Die Produktedefinition war zunächst Sache des gesunden Menschenverstandes und dann Sache der Marketingabteilungen. Technisch begründetes Wissen wurde erst gefragt, als die allesversprechende Offerte des Verkäufers wenigstens intern durch das sogenannte Pflichtenheft ersetzt wurde, in welchem die Bedeutung der Maschine in einer begrifflich präzisen Sprache beschrieben wird.[212] Institutionen wie DIN versuchen – im Bereich der neueren Technologien nicht zuletzt gegen die Verkäufer – die Verwendung von „übertreibenden", falsche Vorstellungen verursachenden Wörtern durch Definitionen einzugrenzen, wobei auch oft über das Ziel der eigentlichen Produktedefinitionen hinausgeschossen wird.[213]

---

211 Eine Blackbox ist „Teil eines kybernetischen Systems, dessen Aufbau u. innerer Ablauf aus den Reaktionen auf eingegebene Signale erst erschlossen werden muss" (Duden, Fremdwörter, 1990, 117).
212 Ein konzeptionelles Datenmodell, schreibt M. Vetter, „basiert auf eindeutigen, mit den Fachabteilungen festgelegten Fachbegriffen, die für das weitere Vorgehen in der DV verbindlich sind" (Vetter, 1987, 6).
213 In den Deutschen Industrie Normen (DIN) werden die begrifflichen Vereinbarungen sogar für eine ganze Nation festgelegt, wobei sie nach Möglichkeit nicht nur in einem bestimmten Fach gelten sollen: „Es war das Bestreben, die Definitionen so allgemein zu fassen, dass sie auch auf anderen (...) Wissensgebieten anwendbar sind" (DIN-Taschenbuch 25, 44301, 1989, 210).

4.1. Das Wissen über die konstruierte Wirklichkeit

Wir „produzieren" neben den Produkten des tertiären Sektors insbesondere auch Agrarprodukte und Rohstoffe wie Gemüse, Getreide, Metalle, Öl und Kohle. All diese Produkte produzieren wir aber im Gegensatz zu den eigentlichen Produkten der Ingenieure, ohne sie zu konstruieren. Wir schaffen in jeder Produktion Bedeutung, indem wir um*formen*, was uns dazu bereits zuhanden ist. Beim Konstruieren verwenden wir bereits hergestellte Produkte. Die umgangssprachliche Verwendung des Ausdruckes „konstruieren" reflektiert auch die Praxis des Konstruierens, in welcher der Gegenstand zunächst jeweils gezeichnet wird. Der wesentliche Aspekt des Konstruierens zeigt sich aber darin, dass wir die jeweils „innerste" Formgebung unserer Produkte nicht als Konstruieren auffassen. Eine Stahlblechkonstruktion beispielsweise beruht auf Blechen und Profilen, die ihre Form in einem Walzprozess, der nicht als Konstruieren bezeichnet wird, bekommen haben. Bleche konstruiert man nicht. Wenn wir Gegenstände wie Kuchenformen herstellen, rechnen wir sogar das Verformen der Bleche nicht zum Konstruieren, weil wir auch darin nur die innerste Formgebung erkennen. Das Material, das wir beim Konstruieren verwenden, hat bereits Bedeutung, es hat einen ursprünglichen Produktionsprozess durchlaufen, der uns in der konstruktionsorientierten Beschreibung allerdings nicht mehr interessiert. Wenn wir über die Konstruktion sprechen, haben wir in diesen Produkten bedeutungsvolle Ausgangspunkte, die ihren Sinn im konstruierten Produkt – quasi im Nachhinein – bekommen.

Die konstruierten Produkte der Ingenieure bilden den Teil unserer Wirklichkeit, den wir überhaupt kategorisch begründet beschreiben können, weil wir uns durch diese Produkte – auf dem für die Konstruktion relevanten Auflösungsniveau – eine objektive Wirklichkeit schaffen, für die wir zuständig sind. Wenn wir über diese *konstruierte Wirklichkeit* sprechen, wissen wir in einem eigenständigen Sinne, wovon wir sprechen.

„Konstruierte Wirklichkeit" ist ein Terminus, mit welchem Skeptiker wie P. Watzlawick, die sich *Konstruktivisten* nennen, die „skeptische" Tatsache beschreiben, dass uns die sogenannte Wirklichkeit ausschliesslich in Form von Sinneserfahrungen zugänglich ist und dass sie mithin nur Resultat einer gedanklichen Konstruktion sein kann, die wir aufgrund unserer sinnlichen Erfahrungen leisten.[214] In unserem Zusammenhang ist relativ unwichtig, wie wirklich die Wirklichkeit ist, da wir lediglich die Korrespondenz zwischen Abbildungen und den Referenten der Abbildungen diskutieren, die wir beide als Teile derselben re-konstruierbaren, konstruierten Wirklichkeit wahrnehmen. In diesem Sinne ist auch für Ingenieure nicht wichtig, wie „wirklich" ihre Maschinen sind, wichtig ist, dass sie funktionieren; oder um es konstruktivistischer zu sagen, dass sie zu unserem Wissen passen[215], oder dass umgekehrt unser Wissen nicht nur eine metaphorische Deutung, sondern eine adäquate Abbildung der Maschinen ist.

4.1.1. Das metaphorische Wissen

Wenn wir die Funktion einer neuen Maschine oder Teilmaschine inhaltlich beschreiben, erfinden wir normalerweise keine ganz neuen Wörter, sondern verwenden pragmatisch bereits besetzte Ausdrücke. So verraten beispielsweise die Ausdrücke „Telefon" und „Automat", was deren Er-

---

214 Auf dem Umschlag des Buches „Einführung in den Konstruktivismus" steht: „Die Wirklichkeit wird von uns nicht gefunden, sondern erfunden, behaupten die Vertreter des Konstruktivismus. Sie gehen davon aus, dass dem Menschen die Erkenntnis einer absoluten Wahrheit nicht möglich ist" (Gumin/Mohler, 1985). J. Ziegler zeigt anhand einiger technischer Begriffe aus der Kommunikationstheorie von P. Watzlawick eindrücklich, wie frei die Konstruktivisten, die ja nur gedanklich konstruieren, erfinden (können) (Ziegler, 1977, 18).

215 „Passen" ist das deutsche Wort der Konstruktivisten für das englische "to fit". E. von Glasersfeld erläutert – sinnigerweise anhand einer *Abbildung*, die sich ein Blinder von einem Weg durch den Wald macht –, dass „Passen" viel weniger verlangt, als eine vollständige Wiedergabe der Wirklichkeit (von Glasersfeld, 1985, 9/15). Die wissenschaftstheoretischen Konstruktivisten gehen noch wesentlich weiter. Sie postulieren, dass wissenschaftliche Theorien, solange sie dienen, beibehalten werden, auch wenn ihnen widersprechende empirische Befunde vorliegen. K. Holzkamp bezeichnet das Exhaustionsverfahren, „indem man die Theorie gegenüber (nicht passenden empirischen, RT) Befunden, ‚exhauriert', das heisst, die theoriedivergenten Daten auf ‚störende Umstände' zurückführt" (Holzkamp, 1972, 89) als „Charakteristikum jeder Art von empirischer Forschung" (ders, 90).

finder mit den entsprechenden Maschinen assoziierten. Wir verwenden nicht nur bei der Bezeichnung der Maschinen anderweitig besetzte Wörter, sondern auch, wenn wir etwa sagen, ein Flugzeug „fliegt", ein Schiff „schwimmt", oder ein Computer „rechnet", um die Funktion einer bestimmten Maschine anzugeben.[216] Solche intuitiv gewählten Worte können in verschiedenen Hinsichten gefährlich sein. Eine ganz praktische, unmittelbare Gefahr, die mit der unbewussten Verwendung von nicht eigentlich gemeinten Wörtern einhergeht, besteht darin, dass man gerade nicht gemeinte Konnotationen des Wortes überträgt. Beispiele dafür, etwa „leere" Benzinfässer, wurden bereits auf S. 68 zitiert.[217] Auf eine andere, normalerweise weniger unmittelbare Gefahr verweist die griechische Sagengestalt Ikarus. Von Ikarus kann man lernen, dass Ausdrücke, die wie „fliegen" oder „sprechen" aus einer „Natur"-Beschreibung in die Zweckumschreibung einer Maschine übertragen werden, für den Konstrukteur gefährlich sind, weil sie ihn zum Kopieren der Natur verleiten. Die Gefahr besteht darin, dass die metaphorisch beschriebene Funktion der Maschine zu eng mit deren Funktionsweise gekoppelt gesehen wird. „Fliegen" beispielsweise muss der Mensch keineswegs als (wachs)gefederter Zweibeiner.[218]

In vielen Metaphern widerspiegelt sich die (nicht nur) bei Ingenieuren verbreitete Auffassung, dass die Ingenieure mit ihren Produkten die Natur kopieren oder imitieren. Dies gegen alle Evidenz; die bisher gebauten

---

216 Die Hauptbedeutung von Schwimmen beispielsweise, nämlich „‚sich im Wasser fortbewegen' gilt von Anfang an, und zwar ursprünglich nur vom Menschen" (Duden, Herkunftswörterbuch, 1963, 631).
217 B. Whorf postulierte aufgrund solcher Beispiele einen generellen, dominanten Einfluss der Sprache auf das Denken. Er unterstellt ein Denken, dass in der Semantik gefangen ist (Whorf, 1976). Wo das Denken auf die Gegenstände selbst gerichtet ist – was uns unsere Sprache allerdings wirklich erschwert –, ist die Sprache ohne Relevanz – was, nebenbei bemerkt, natürlich B. Whorfs Werk überhaupt ermöglichte.
218 J. Weizenbaum, von dem diese Ikarus-Interpretation stammt, meint sogar, Ikarus sei eigens dazu abgestürzt, die Ingenieure davor zu warnen, das Fliegen den Vögeln gleichtun zu wollen. Er unterscheidet einen Simulationsmodus, in welchem die Konstruktion auf Nachahmung der Natur beruht, von einem viel erfolgreicheren Performanzmodus, in welchem die Ingenieure die Konstruktion ausschliesslich vom verfolgten Zweck der Maschine ableiten (Weizenbaum, 1978, 220).

„sprechenden" Maschinen, etwa Weizenbaums Eliza, erinnern konstruktiv so wenig an Menschen, wie uns unsere Flugzeuge – konstruktiv – an Vögel erinnern. Unsere Roboter sehen nur wie Menschen aus, wenn sie als Spielzeuge genau zu diesem Zweck hergestellt wurden. Roboter, die wir bei der Arbeit verwenden, beruhen auf der Analyse der Arbeit, nicht auf der Analyse des Arbeiters, dessen Arbeitsplatz sie aufheben – auch wenn diese Arbeiter im Nachhinein mit Kategorien, die am Roboter entwickelt wurden, beschrieben werden.[219] Das Vorbild einer „sprechenden" Maschine – wenn schon ein Vorbild sein müsste – gaben den Ingenieuren nicht die Natur, sondern die Taylors, indem sie ihre Schmidts so reduzierten, dass sie von sprachbegabten Robotern kaum mehr zu unterscheiden waren. Man hätte allerdings auch ohne entsprechende „natürliche" Vorbilder erkennen können, dass Maschinen, die man wie Menschen anweisen kann, unabhängig davon, wie sie konstruiert sind, effiziente Werkzeuge wären.

Die Produkte der Ingenieure *imitieren* nicht die Natur.[220] Unsere Flugzeuge imitieren im Unterschied zum schliesslich abgestürzten Ikarus keineswegs die Vögel.[221] O. Lilienthal, einer der Erfinder des Flugzeuges, schrieb anfänglich irritiert durch die Metapher, die er mitbegründete: „Mit welcher Ruhe, mit welcher vollendeten Sicherheit, mit welchen überraschend einfachen Mitteln sehen wir den Vogel auf der Luft dahin-

---

219 Wie weit das Maschinendenken im Nachhinein in den Menschen hineinreicht, lässt sich beispielsweise auch am vorläufigen Ende eines Streites zwischen den Physiologen H. Helmholtz und H. Herring zeigen. Ersterer postulierte für die Farbwahrnehmung drei Rezeptoren (rot, grün, blau), letzterer drei Flipflops mit den Werten rot/grün, blau/gelb und hell/dunkel. Mittlerweile hat die empirische Forschung beiden recht gegeben, dem ersteren in bezug auf die Retina, dem letzteren für den Cortex. Dazwischen fliesst raffiniert geschaltete Information, die aber nach wie vor wie W. Weavers Information nur unverstandenerweise zum „Ich" findet.

220 Das Verstehen der Natur ist für Ingenieure, die an Performanz interessiert sind, „nur insofern notwendig, als es diese erleichtern würde" (Weizenbaum, 1978, 220f).

221 Während sich die Flugzeugingenieure heute konstruktiv nicht mehr so sehr um das Fliegen der Vögel kümmern und eindeutig im *Performanzmodus* arbeiten, arbeiten viele ihrer Kollegen in der KI-Forschung immer noch unter dem *Simulationsmodus* daran, wie sie was vom Menschen kopieren können (vgl. Weizenbaum, 1978, 220f).

gleiten! Das sollte der Mensch mit seiner Intelligenz, mit seinen mechanischen Hilfskräften, die ihn bereits wahre Wunderwerke schaffen liessen, nicht auch fertigbringen? Und doch ist es schwierig, ausserordentlich schwierig, nur annähernd zu erreichen, was der Natur so spielend gelingt" (Lilienthal, zit: Klemm, 1983, 177). Die in der nicht bewussten Metapher begründete Verwechslung ist offensichtlich. „Mit überraschend einfachen Mitteln auf der Luft dahingleiten" sehen wir natürlich nicht die Vögel, sondern die – wenn man überhaupt Vergleiche anstellen wollte – extrem primitiven Gleiter, die O. Lilienthal konstruiert hat. Auf die wirkliche Konstruktionstätigkeit bezogen, schrieb er aber bereits während der langjährigen Entwicklungsphase des Flugzeuges, also lange bevor die ersten Flugzeuge wirklich flogen: „Ob nun dieses direkte Nachbilden des natürlichen Fluges (des Vogels) ein Weg von vielen oder der einzige ist, der zum Ziel führt, das bildet heute noch eine Streitfrage. Vielen Technikern erscheint beispielsweise die Flügelbewegung der Vögel zu schwer maschinell durchführbar, und sie wollen die im Wasser so liebgewonnene Schraube auch zur Fortbewegung in der Luft nicht missen" (Lilienthal, zit: Klemm, 1983, 78).[222] Sehr tiefschürfend konnte dieser Streit nicht gewesen sein, haben sich doch bislang immer die Ingenieure durchgesetzt, die die Natur *nicht* imitierten, sondern wie im Falle der „liebgewonnenen Schraube", die mittlerweile nur noch in der Luft Propeller heisst, ein Mittel erfunden haben, das dem gesetzten Zweck diente. Überdies gibt uns die Natur, wie man sich etwa anhand des

---

222 Der Streit dauert an. Die kanadische Firma Battelle hat nach eigenen Angaben 1992 ein Patent für einen Flügelkippmechanismus angemeldet, mit welchem ein Ornithoper genanntes Flugzeug wie ein Vogel fliegen kann (Battelle today, zit. in: Tagesanzeiger, Zürich, 24.10.92, 88).
Leonardo da Vinci wollte den Streit auch nicht entscheiden. Neben technisch begründeten Beispielen musste auch der Flug des Vogels als Beweis dafür herhalten, dass seine konstruktiven Überlegungen zum Fliegen richtig waren: „Mit einem (bewegten) Gegenstand übt man auf die Luft eine ebenso grosse Kraft aus wie die Luft auf diesen. Du siehst, wie die gegen die Luft geschwungenen Flügel dem schweren Adler ermöglichen, sich in der äusserst dünnen Luft nahe an der Sphäre des feurigen Elements zu halten. Weiter siehst du, wie die bewegte Luft über dem Meere das schwer beladene Schiff dahinziehen lässt, indem sie die geschwellten Segel stösst und zurückgeworfen wird" (Leonardo, zit: Klemm, 1983, 79).

Schiffes bewusst machen kann, für die meisten Produkte, die wir bauen, überhaupt keine Vorbilder. Schwimmen überhaupt war nie eine Motivation für Ingenieure, und wenn wir nur wie Vögel fliegen könnten, hätten wir ausser Spass nicht viel gewonnen.

Wirklich problematisch sind natürlich nicht die Metaphern, sondern die nicht adäquaten Vorstellungen, die sie von ihrem Referenten suggerieren, wenn sie nicht als Metaphern erkannt werden. Der Ausdruck „Elektronen(ge)hirn", den wir umgangssprachlich für Computer verwenden, muss in diesem Zusammenhang häufig als Beispiel zur Problematisierung der Metaphern herhalten, obwohl er leicht als uneigentlicher Wortgebrauch erkennbar ist. Der Ausdruck ist, davon abgesehen, dass wir ihn fast immer nur scherzend benützen, vor allem deshalb völlig unproblematisch, weil wir ihn bewusst als *zweite* Bezeichnung für eine Sache verwenden, die auch den sachlicheren Namen „Computer" hat, so dass wir jederzeit auch an einen Computer denken (können), wenn wir uns den gemeinten Referenten vergegenwärtigen wollen. Dazu muss man keineswegs über ein adäquates Modell vom Computer verfügen; von eigentlichen Gehirnen kann man Computer unterscheiden, auch wenn man sich unter einem Computer nicht viel mehr als einen Blechkasten mit einigen Lämpchen vorstellen kann.

Das eigentlich gemeinte Metaphernproblem stellt sich in bezug auf unser Verständnis von Referenten, deren *„eigentliche"* Bezeichnung metaphorisch ist. Nachdem eine Maschine konstruiert ist, gibt es für Ingenieure vom konstruktiven Standpunkt her gesehen keinen Grund mehr, eine Metapher, die für die Funktionsumschreibung der Maschine (bereits) verwendet wird, zu ersetzen. Wenn die durch eine Metapher bezeichnete Sache konstruktiv vollständig verstanden ist, löst sich die Metapher in einer eigentlichen Bezeichnung für die Sache auf. So steht der Ausdruck „fliegen" heute für das Fliegen der Vögel wie für das Fliegen der Flugzeuge, und zwar unabhängig davon, wie verwandt die beiden bezeichneten Referenten sind. Die Tatsache, dass wir beiden Verwendungen des Ausdruckes „fliegen" das semantische Merkmal „sich durch die Luft bewegen" zuordnen können, suggeriert lediglich dem naiven Denken, dass die Bezeichnungen nicht beliebig sind. Später, wenn das Fliegen der Flugzeuge überhaupt nicht mehr an Vögel erinnert, sei es weil die Vögel ausgestorben, oder weil die Flugzeuge ganz, zu heute erst in

Science-Fictions beschriebenen Geräten verkommen sind, werden uns die beiden Bedeutungen von „fliegen" so wesensfremd vorkommen, wie heute die verschiedenen Bedeutungen von „Bank".[223]

Computer (*Rechner*) beispielsweise ist eine primäre Bezeichnung, die wir im Unterschied zu Elektronengehirn nicht durch eine sachlichere ersetzen können, obwohl sie auch leicht als Metapher erkennbar ist. Was also stellt man sich – dem Namen trauend – vernünftigerweise unter einem Computer vor? Ein Computer, das suggeriert der Name, wenn die Maschine nicht nur ironischerweise „Rechner" genannt wird, ist ein Ding, das rechnet. Computer erscheinen als Maschinen, die in grossem Stil arithmetische *Berechnungen* anstellen können, d. h., die dasselbe machen wie automatische Tischrechner, nur sehr viel schneller. Viele Informatiker betonen, dass die damit unterstellte Spezialisierung „Rechnen" einer zu engen Auffassung entspreche[224], weshalb man anstelle von „Computer" besser den Ausdruck „Datenverarbeitungsanlage" verwenden würde, da der Computer im Prinzip als eine Maschine anzusehen sei, die mit Symbolen manipuliere.[225] Der Computer manipuliert keineswegs mit Symbolen[226], er *ist* vielmehr sehr genau dasselbe wie ein „automatischer, sehr schneller Tischrechner", der ja bekanntlich auch nicht rechnet, son-

---

223 Wie die Etymologen am Beispiel der „Bank" beweisen, wird aber auch dannzumal irgendein halbwegs plausibler Bezug konstruiert werden können. Entsprechende Bemühungen zeigt etwa Duden, wo die Wortbedeutung „Geldinstitut" vom „langen Tisch des Geldwechslers" (der wohl wie eine Sitzbank ausgesehen hat, oder als solche verwendet wurde, RT) hergeleitet wird (Duden, Herkunftswörterbuch, 1963, 48).

224 Duden etwa schreibt, Rechnen sei die Kulturtechnik, die die Menschen dazu angeregt habe, automatische Maschinen zu bauen, dass sich aber „heutige Computer für beliebige Zwecke (nicht nur für Rechnen) einsetzen (...) lassen" (Duden, Informatik, 1988, 121).

225 „Obgleich man diese Ansicht (dass Computer dasselbe machen wie automatische Tischrechner) auf einer rein formalen Ebene vertreten kann, ist es jedoch zweckmässiger, den Computer im Prinzip als eine Maschine anzusehen, die mit Symbolen manipuliert" (Weizenbaum, 1978, 107).

226 So wenig, wie ein Instrument Noten manipuliert. R. Marolf schreibt: „Die Hardware ist einem Musikinstrument vergleichbar; die Software – die Programme – den Noten; erst durch das Zusammenwirken von Hardware und Software – von Instrument und Noten – entsteht Musik" (Marolf, 1983, 79). Wie wohl wirken Instrument und Noten je zusammen?

dern nur dazu benutzt wird. Jede Auffassung, nach welcher ein Computer etwas anderes als ein „Tischrechner" ist, ist „rein formal", auch wenn zweifellos stimmt, dass wir mit Computern in diesem semantisch eingeschränkten Sinne hauptsächlich Symbole „verarbeiten".

Computer sind mittlerweile so alltägliche Dinge geworden, dass man den Ausdruck „Computer" wohl gar nicht mehr als Metapher empfindet. Wer denkt schon an einen Mathematiker(gehilfen), wenn er „Rechner" hört? Was wir uns – durch Metaphern suggeriert – unter einem Computer vorstellen (können), ist aber keineswegs nur von der Bezeichnung „Computer" abhängig. „Computer" ist als Ausdruck ein Er-Satz, für einen den Computer beschreibenden Satz, in welchem wir ebenfalls Metaphern verwenden, die wir beim Ausdruck „Computer" mitassoziieren. Wenn ein Computer etwa *Befehle* entgegennimmt, *interpretiert* und *ausführt*, suggerieren die quasi hinter dem Ausdruck „Computer" versteckten Metaphern keineswegs nur beim Laien ein Computer-Modell, in welchem entweder der Computer selbst als subjekthaftes Wesen à la Eliza erscheint oder, was häufiger der Fall ist, ein Modell, in welchem *im* Computer eine Instanz unterstellt wird, die für diese Tätigkeiten zuständig ist.

Diese suggerierte Instanz, die in etwas populären Darstellungen der Informatik in verschiedenen Formen auch explizit verwendet wird[227], agiert wie ein „kleines Männchen", das auf irgendwelche Signale reagiert. Dieses „kleine Männchen", das wir hier so nennen, weil es keinen (Eigen-)-Namen hat, wird, nachdem es – aus vermeintlich didaktischen Gründen – einmal eingeführt wurde, zwar im zunehmendem Sachverstand des Computerbenützers kleiner oder funktionsärmer; es wird physisch so klein wie der Maxwellsche Dämon[228], aber im Unterschied zu diesem

---

227 In den Informationssystemen von C. Zehnder arbeiten beispielsweise verschiedenste Verwalter. Sie werden in hardwareunabhängigen Funktionsbeschreibungen, die sich wie Tätigkeitsbeschreibungen lesen, eingeführt und dann als Komponenten der Hardware bezeichnet. „Der Speicher-Verwalter offeriert seinem Auftraggeber, dem Tupel-Verwalter Funktionen zur Bereitstellung (...) von (...) Daten (...)" (Zehnder, 1987, 232). Zu den Aufgaben des Transaktions-Verwalters „gehören (...) die Bearbeitung der Anwendertransaktionen, deren Analyse (...) sowie die Zusammensetzung von Teilergebnissen zu einem gesamten Transaktionsergebnis für den Benutzer" (ders., 247).

228 D. Hofstadter schreibt beispielsweise im Zusammenhang mit einem „SATZheit-

verschwindet es nicht mehr.[229] Es bleibt durch die Sprache in der Maschine wie die Seele im Menschen. In ganz naiven Beschreibungen des Computers scheint es – wie der Zwerg im Schachcomputer – unmittelbar hinter dem Bildschirm zu hocken, bei etwas entwickelteren Darstellungen holt es Adressen und Befehle aus einem Briefkasten oder einem Register, legt sie in andere Register usw., und schliesslich führt es nur noch die „rein geistigen" Operationen aus. Die mathematisch geschulten Ingenieure ersetzen Vorstellungen, die sie nicht haben können, häufig auch jenseits der Mathematik durch phänomenale „Erklärungen"; ein unter Ingenieuren, die sich mit künstlicher Intelligenz beschäftigen, typisches Postulat ist, dass das „Männchen", das dort sogar Bewusstsein haben muss, für etwas stehe, das sich irgendwie daraus ergeben soll, dass die Summe der beschreibbaren Teile (eines Computers) weniger sei als das Ganze.[230]

Das „kleine Männchen" ist im Unterschied zum „Elektronengehirn" ein rein innersprachliches Phänomen, das im wirklichen Computer keinerlei Entsprechung hat. Im Computer sitzt nicht nur kein Männchen, sondern nichts, worauf man mit der Männchen-Metapher verweisen könnte. Das „kleine Männchen" sitzt nur – wie Zeus hinter dem Blitz – in archaischen Vorstellungen, die seltsamerweise vielen Didaktikern, die sich sonst eher als Aufklärer verstehen, sehr nützlich zu sein scheinen. Es scheint, dass am Computer etwas Mystisches ist, was nicht adäquate

    Test", in welchem geprüft wird, ob ein bestimmter Satz zur Syntax gehört: „Stellen Sie sich nun einen Dämon vor, der unendlich viel Zeit hat, und dem es Spass macht, Sätze (...) zu produzieren, und das auf einigermassen methodische Weise" (Hofstadter, 1985, 44). Die Methode wird anschliessend computergerecht formuliert (ders., 53).

229 Sehr elegant scheint die Instanz bei W. Giloi zu verschwinden: „Ein Interpretationssystem ist ein geordnetes Paar (L,I), wobei L eine Sprache (...) ist und I ein Interpretierer, der eine Programmdarstellung in L in eine neue Darstellung transformiert" (Giloi, in: Schneider, 1983, 281). Das, was der Interpretierer macht, ist das, was der ganze Computer macht.

230 Dass sie dabei doch nicht ganz um Vorstellungen herum kommen, schreibt beispielsweise D. Hofstadter, der das Bewusstsein „als Phänomen intrinsisch hoher Stufe" mit Effekten der Neuronen erklären will, sehr deutlich: „Mein Hauptziel ist (...) einige Bilder zu vermitteln, die mir dabei behilflich sind, eine Vorstellung zu entwickeln, wie das Bewusstsein aus dem Neuronen-Dschungel auftaucht" (Hofstadter, 1985, 731).

Modelle nicht nur erlaubt, sondern sogar sinnvoll macht. Nicht adäquate Modelle rächen sich immer irgendwo. Die vermeintliche Macht der Computer, die J. Weizenbaum konstatiert, ist, wie die Macht anderer Götter, eine archaische Zuschreibung, die auf falschen Modellen beruht.[231]

Modelle sind „analoges" Wissen, wir verwenden sie wie Wissen, insbesondere wenn wir etwas erklären wollen. Eigentliche Modelle haben wir nicht im Kopf, eigentliche Modelle sind analoge gegenständliche Abbildungen. Pragmatisch werden häufig auch Beschreibungen von Modellen Modelle genannt. Eine Beschreibung ist aber natürlich kein Modell, sondern allenfalls eine Beschreibung eines vereinfacht, modellhaft gedachten Referenten, wobei die Beschreibung eines Modells und die Beschreibung des Referenten dieses Modells natürlich als Abbildungen gleichwertig oder identisch sind, wenn die Beschreibung genau die Aspekte des Referenten explizit macht, die auch im Modell dargestellt sind. Eine Beschreibung kann, und das macht die Unterscheidung zwischen Modell und Beschreibung wichtig, insbesondere auch ein nicht adäquates Modell adäquat wiedergeben. Schliesslich können wir „gedankliche" Modelle beschreiben, die wir gegenständlich nur mit übergrossem Aufwand oder gar nicht herstellen können. Man denke etwa an ein einfaches dynamisches Planetenmodell, in welchem die Planeten nicht durch physische Verbindungen auf ihrer Bahn gehalten werden. Trotzdem sind eigentliche Modelle Gegenstände, die in einer weitgefassten Weise immer Vereinfachungen ihres Referenten sind.[232] Eine ausrangierte Lokomotive im Verkehrsmuseum ist kein Modell, sondern eine wirkliche Lokomotive, die wie ein Modell verwendet wird. Ein typisches, wenn auch

---

231 J. Weizenbaum schreibt von einer Maschine, die Macken hatte und dann plötzlich wieder funktioniert, weil sie kurz geschüttelt wurde, und fährt fort: „Wenn wir von dieser Maschine abhängig sind, so sind wir Diener eines Gesetzes geworden, das wir nicht kennen können, also die Diener eines unberechenbaren Gesetzes. Und das ist es dann, was uns so unruhig macht" (Weizenbaum, 1978, 67). Jedes Flugzeug und jedes Auto zeigt unerklärliches Verhalten, das uns begründete Sorgen macht, aber zu Göttern machen wir sie deshalb nicht.

232 „Modell" wird pragmatisch sehr weitläufig verwendet. Im Duden-Fremdwörterbuch steht unter anderem: „1. Muster, Vorbild. 2. Entwurf od. Nachbildung in kleinerem Massstab (z.B. eines Bauwerks). 3. (Holz)form zur Herstellung der Gussform. (...) 7. vereinfachte Darstellung der Funktion eines Gegenstandes od.

ein sehr schlechtes Beispiel für ein Modell ist die Modell-Eisenbahn, in welcher der abgebildete Referent sehr detailgetreu verkleinert wird.[233] Eine Verkleinerung ist an sich noch keine Vereinfachung, Modelleisenbahnen verdienen ihren Namen nur, weil sie ihr Ziel, eine massstäblich verkleinerte Kopie der richtigen Eisenbahn zu sein, nicht erreichen. Vielleicht ein gutes Modell, vor allem aber ein sehr gutes Beispiel für ein Modell, obwohl es wesentlich grösser ist, als sein Referent, ist das Planetenmodell mit welchem N. Bohr das Atom abbildete. Es zeigt nicht das Atom, sondern das, was in einer gewissen Hinsicht wesentlich ist am Atom, dass nämlich bestimmte Teilchen einen Kern planetenartig umkreisen. Modelle sind Vereinfachungen, sie beruhen auf Abstraktionen, also darauf, dass Unwesentliches weggelassen wird. Was im Modell abstrahiert wird, hängt vom Verwendungszweck des Modells ab. Wenn man beispielsweise die Funktionsweise eines (Computer-)Transistors erklären will, muss man die Halbleitereigenschaft, die im Transistor benützt wird, darstellen. Wenn man aber nur die übergeordnete Funktionsweise eines (Transistor-)Computers erklären will, kann man den Transistor auf einen Schalter reduzieren. Man macht sich also von derselben Sache verschiedene Modelle. Wer einen Transistor als abstrakten Schalter, der mit „toter" Energie geschaltet wird, beschreibt, macht eine enorme Vereinfachung, er beschreibt aber insofern ein adäquates Modell, als im Modell nichts vorhanden ist, was im Referenten des Modells nicht auch vorhanden ist. Wer den Transistor anschaulich als einen Lichtschalter im Wohnzimmer beschreibt, hat im vermeintlichen Modell mechanische Elemente und „nicht-tote" Energie, also Elemente, die im wirklichen Transistor fehlen. Der Lichtschalter im Wohnzimmer ist eben kein Modell, sondern eine konkrete Sache, die Bedeutung hat. Man kann ihn nur als Veranschaulichung eines abstrakten Modelles verwenden.

Der Zweck des metaphorisch suggerierten Männchens liegt offensichtlich nicht darin, das konstruktive Verständnis für Computer zu unterstützen, sondern darin, den minimalen Aneignungsaufwand zu reduzieren,

---

des Ablaufs eines Sachverhalts, die eine Untersuchung od. Erforschung erleichtert od. erst möglich macht (...)" (Duden, Fremdwörterbuch, 1990, 507).
[233] Etymologisch wird beispielsweise von Duden neben der Form vor allem die massstäbliche Verkleinerung betont (Duden, Herkunftswörterbuch, 1963, 446).

der nötig ist, um einen Computer zu benützen.[234] Anhand des vermeintlichen Computermodells können die Handlungen, die der Benützer eines Computers kennen muss, einfältig-anschaulich (archaisch) beschrieben werden. Das Männchenmodell erlaubt dem Benützer beim Arbeiten mit dem Computer ein „quasisprachliches" Handeln, das seinen natürlichen Fähigkeiten „hirn-ergonomisch" entgegenkommt, auch wenn die bisher verwendeten „Computer-Sprachen" selbst noch ziemlich unnatürlich aussehen. Der Benützer, der ja objektiv immer dieselbe Tastatur, manchmal sogar dieselbe Eingabereihenfolge benutzt, gewinnt durch den Bezug seiner Handlungen auf dieses metaphorische Modell – neben der früher diskutierten „ausdrücklichen" Anordnung der Schalterreihenfolgen – eine explizite Strukturierung seiner Tätigkeit. Die Tastenreihenfolgen, die als „Befehle" bezeichnet werden, haben auch für den Benützer einen anderen Sinn als die „Daten" oder die „Adressen".

Das „Männchenmodell" repräsentiert kein Wissen, es will nichts erklären, sondern im Gegenteil, die Bedienung des Computers ermöglichen, ohne dass man den Computer versteht.[235] Es beruht auf der banalen, aber ökonomisch wichtigen Erkenntnis, dass man, um einen Computer zu benützen, ihn so wenig verstehen muss wie das Auto, mit dem man fährt. Ausser acht gelassen wird in dieser *formalen* Erkenntnis, dass man vom Auto kein falsches Modell entwickelt, wenn man sich für dessen Mecha-

---

234 R. Marolf zeigt mit seinem Buch *Informatik zum Mitdenken* beispielhaft, dass Computer als solche auch für Laien anschaulich dargestellt werden können, ohne dass die sachlich nicht begründbaren Männchen impliziert oder gar eingeführt werden (Marolf, 1983). Allerdings muss der Leser die Anwendbarkeit der Computer bereits kennen, um glauben zu können, dass mit so einfachen Mitteln so wirksam gearbeitet werden kann.

235 Von der Reduktion des Programmieraufwandes durch Programmiersprachen, welche IBM mit Fortran anstrebte, dürfte ein wesentlicher Anteil darin bestehen, dass die Programmierer, die dem Computer Befehle geben, praktisch nichts vom Computer wissen müssen. Was es alles zu wissen gäbe, erläutert N. Wirth anhand des vermeintlich einfachen Beispiels, wie die Position eines Objektes im Computer darzustellen ist. Das Problemchen wäre in modernen Computer ohne Programmiersprachen gewaltig. „Deshalb kann von einem Programmierer kaum verlangt werden, dass er über die zu verwendende Zahlendarstellung oder gar über die Eigenschaften der Speichervorrichtung entscheidet. (...) In diesem Zusammenhang wird die Bedeutung der Programmiersprachen offensichtlich" (Wirth, 1983, 18f).

nik nicht interessiert, sondern einfach kein Modell. Beim Modell bestimmt der Verwendungszweck, was abstrakt vereinfacht wird. Das kleine Männchen im Computer entspringt aber keiner Abstraktion, es ist eine rein ideologische Erfindung. Das Männchenmodell beruht auf einem formalistischen Modellbegriff, in welchem vereinfachende Beschreibungen unabhängig von ihrer Abbildungs-Adäquatheit als Modell bezeichnet werden.

Von einem Antiblockiersystem kann man sich auch absurde Modelle machen. Man kann kleine Männchen phantasieren, die aufpassen, dass die Räder nicht blockieren. Während man aber beim Bremsen im Notfall mit einem Antiblockiersystem, unabhängig davon, wie man sich dieses vorstellt, das Bremspedal wirklich vollständig durchdrücken muss, kann man mit dem Computermännchen nie wirklich sprechen. Man kann nur „so tun, als ob". Daran ändert auch nichts, dass viele Benützer nicht merken, dass sie, wenn sie dem Computer(männchen) etwas befehlen, nur tun, als ob.[236] Gleichgültig ist natürlich auch für Antiblockiersysteme, die im übrigen mehr darunter leiden, dass sich viele ihrer Besitzer nicht trauen, so zu tun, als ob sie voll bremsen wollten, ob die Autofahrer bei einer Vollbremsung merken, warum die Räder nicht blockieren. Sich einzubilden, man spreche mit dem Computer, bedarf aber offenbar weniger Überwindung, als ein Bremspedal durchzudrücken – mindestens wenn man ohne „die höchst bemerkenswerte Illusion, der Computer sei mit Verständnis begabt", mit dem Computer sprechen kann.

Wir verwenden viele Maschinen, ohne sie konstruktiv zu begreifen. Wir wissen dann einfach, dass wir nicht wissen, wie die Maschine funktioniert. Das stört uns nicht und veranlasst uns im allgemeinen auch nicht, uns völlig unsinnige Vorstellungen von der Maschine zu machen. Wir wissen, dass wir defekte Fernsehgeräte oder Autogetriebe zum entsprechenden Mechaniker bringen können, und damit ist verbunden, dass wir die Maschine auch selbst verstehen könnten, wenn es uns wichtig genug wäre. Natürlich wissen wir das auch bezüglich der Computer – soweit sie Hardware sind. Das, was viele veranlasst, den Computer zu

---

236 I. Kupka schreibt pointiert: „Als Beschreibung der Anwenderpraxis (...) ist der Kommunikationspartner Computer eine Realität" (Kupka, 1984, 11). Vielmehr sind nicht adäquate Modelle des Computers Realität.

mystifizieren, ist die aufwendige, schwierige Bedienung, die er von uns verlangt[237], oder genauer, dass uns diese Schwierigkeiten (und – meistens – das damit zusammenhängende Wissen) versteckterweise abgenommen werden.

Solange wir mit den Metaphern der Ingenieure über konstruierte Gegenstände sprechen, ist die Gefahr, dass sich unsere Modelle an den Metaphern statt an den Gegenständen orientieren, gering, weil dort auch metaphorische Ausdrücke aufgrund der zeigbaren Referenten zwangsläufig nur als beliebige Bezeichnung für eine definierte Wirklichkeit erkannt werden.[238] Die konstruierte Wirklichkeit ist stärker als die Beschreibung. Wenn man eine Sache unabhängig von ihrer Bezeichnung und vom Gespräch über sie begriffen hat – was durchaus durch ein Gespräch erreicht werden kann –, hat man auch ein von der Bezeichnung unabhängiges adäquates Modell, beispielsweise eben das in der Konstruktionszeichnung dargestellte oder ein entsprechendes „gedankliches" Modell.

„Falsche" Vorstellungen oder Modelle suggerieren die Metaphern, die zur Beschreibung der Maschine verwendet werden, nur in Zusammenhängen, die der Konstruktion übergeordnet sind, also etwa wenn die Verwendung der Maschinen beschrieben wird. Wenn man konstruktiv von einem Interpreter spricht und dabei eine konkrete Maschine meint, die so gebaut ist, dass man sie mit quasi falschen Vorstellungen richtig bedient, ist sachlich klar, dass die Maschine nur unter der Voraussetzung interpretiert, dass „interpretiert" eine Bezeichnung dafür ist, dass Energie, die der Benützer für primäre hält, als Steuersignal verwendet wird. „Verstärker" wie Servo-Bremssysteme werden meistens so ausgelegt, dass der Benützer, der ja nur Steuerenergie, nicht Arbeitsenergie abgibt,

---

237 G. Fischer gibt eine Systematik von Modellen, die im Zusammenhang mit der Mensch-Maschinen-Kommunikation verwendet werden. Er macht bewusst keine Unterscheidung zwischen adäquaten und nicht adäquaten Modellen, sondern diskutiert sie nur unter dem Gesichtspunkt ihres praktischen Nutzens im Umgang mit komplexen Systemen (Fischer, 1984, 328ff).

238 Es gibt sogar Ingenieure, die die These vertreten, dass „falsche" Modelle unter einem kreativen Gesichtspunkt wünschenswert seien, weil neue Interpretationen und vor allem eine gewisse Interpretationsvielfalt neue Ideen ermöglichen oder fördern.

beim Steuern umso mehr Kraft aufwenden muss, je grösser die Arbeit des Verstärkers ist. Auch dabei wird mit einem wesentlichen Teil der Maschine nur dem natürlichen Empfinden des Benützers Rechnung getragen.

Wenn man dagegen unter dem Gesichtspunkt der Verwendung einer Maschine von einem Interpreter spricht, suggeriert die Metapher dagegen eine Zaubermaschine, die deuten kann, was man ihr befiehlt.

4.2. Die Re-Konstruktion der Wirklichkeit

Dass wir Phänomene, die wir (noch) nicht verstehen, mit Metaphern belegen, scheint so unumgänglich wie die Tatsache, dass wir unsere Wirklichkeit „nur" konstruieren (können). Wenn wir über Maschinen sprechen, die wir – auch gedanklich – noch nicht *konstruiert* haben, verwenden wir naheliegenderweise Wörter, die bereits einen Sinn haben, wie etwa „fliegen" oder „Information". Dabei werden uns diese Ausdrücke überhaupt als potentielle Metaphern bewusst. Es handelt sich dabei im allgemeinen um Metaphern, die wir in ihrer zeitlich ersten Verwendung noch nicht als solche erkannt haben.[239] Sie bezeichnen in ihrer ersten Verwendung häufig natürliche und soziale Gegenstände, die wir – durch Modelle vermittelt – immer schon als künftige Maschinen antizipiert haben. Wenn wir die entsprechende Maschine jeweils konstruiert haben, verstehen wir, was wir vorher erst geahnt, aber bereits benannt haben.

Die konstruktive Antizipation zeigt sich keineswegs nur auf sprachlicher Ebene. Wir stellen (uns) Maschinenaufgaben, lange bevor wir uns die Maschinen vorstellen können, die diese Aufgaben lösen. Das Schachspiel ist eine dafür typische Problemstellung. Die Menge von Daten und Relationen, die im Schach-Spiel memoriert und strategisch bewertet wer-

---

239 Die Problematik der Entstehung von Metaphern ist alt. Von Vico wird nach U. Eco verbreitet, „er habe gedacht, zuerst hätten die Götter durch Synekdochen und Metonymien gesprochen (Quellen, Bäche, Felsen), dann die Halbgötter durch Metaphern (die Lippen der Vase, der Hals der Flasche) und schliesslich seien die Menschen zur ‚lingua pistolare', der viel konventionelleren Schreibsprache, übergegangen" (Eco, 1990, 101).

den müssen, antizipieren eine vorzügliche Datenverarbeitungsanlage, von der man meinen könnte, dass sie in der Erfindungszeit des königlichen Spieles noch nicht einmal geträumt werden konnte[240]. Aber sind werkzeugherstellende Wesen denkbar, die nicht zwangsläufig davon träumen, dass ihre Werkzeuge praktisch ohne lebende Antriebs- und Steuerungsenergie funktionieren? Merkt nicht jeder, der mit dem primitivsten Hammer erfolgreich ist, dass er sich immer noch über Gebühr abmühen muss, um ein Arbeitsziel zu erreichen? Wer den Hammer begriffen hat, sieht den hämmernden Roboter und die Probleme, die der hämmernde Roboter lösen kann, lange bevor er die Produktion einer derartigen Maschine in Angriff nehmen kann. Und was unterscheidet schon den hämmernden vom schachspielenden Roboter – ausser dass *wir* lieber Schach spielen als hämmern?

Der „automatische" Schach-Türke, in welchem ein schachspielender Mensch sitzt, ist ein Sinnbild dafür, dass wir nicht nur Namen und Problemstellungen für Maschinen vorwegnehmen, die wir noch nicht konstruieren können, sondern in einem gewissen Sinne – wie F. Taylor mit seinem Schmidt-Roboter exemplarisch gezeigt hat – sogar die Maschinen selbst.

4.2.1. Metaphern als Vor-Wissen

Metaphern sind potentiell erkenntnisleitend. Zwar sind alle Ausdrücke beliebig, aber viele Leute lieben es, mit neu gewählten Ausdrücken Verwandtschaften anzudeuten.[241] Wir kennen dieses Phänomen in den natürlichen Sprachen, wo wir etwa vom Stiel des Apfels und vom Stiel des Besens sprechen, insbesondere aber auch von technischen Kunstwörtern,

---

240 Die Spielzeitlimits, die zum Schach gehören, sind für ungeduldige Menschen praktisch. Damit Schach ein Maschinenproblem bleibt, sind sie aber absolut nötig, weil die Turingmaschine ohne diese Limits natürlich jedes Schachproblem löst (vgl. dazu S. 225f).
241 Im Programmierunterricht wird man sogar explizit dazu angehalten, „wegen der besseren Lesbarkeit des Programms möglichst aussagekräftige Namen (zu) verwenden" (Herschel/Pieper, 1979, 16).

in welchen mit Vorsilben wie „tele" oder „auto" auf gemeinsame Aspekte der bezeichneten Referenten verwiesen wird.[242]

Im Zweiten Weltkrieg haben Mathematiker und Ingenieure ziemlich konkret motiviert technische Probleme der Datenübermittlung untersucht. Sie wollten unter anderem „Noise" (bestimmte Effekte, die die Übermittlung von Nachrichten stören) ausmerzen.[243] In der dabei entwickelten Theorie wurde das Wort „Information" – wie bereits erläutert – ausdrücklich „in einem spezifischen Sinn" verwendet. Wer den Ausdruck „Information" in die Mathematik eingeführt hat, lässt sich kaum eruieren. Die Informationstheorie ist vor allem mit den Namen C. Shannon und W. Weaver verknüpft. R. Hartley, auf dessen Schrift C. Shannon unter anderem aufbaut, nannte seine Arbeit bereits 1928 „Übertragung von Information". Wesentlich ist, dass der Ausdruck für ein grosses Gebiet der Mathematik als Schlüsselbegriff akzeptiert wurde.[244] „Information" ist ein relativ altes Wort, das wir im Alltag heute immer noch ungefähr gleich verwenden wie vor 200 Jahren. Die Mathematiker verwiesen zwar mehrfach darauf, dass ihre Verwendung des Wortes mit dem alltäglichen Sprachgebrauch nicht übereinstimmt, sie wollten aber offenbar trotzdem

242 Natürlich kennen wir auch das Gegenteil, dass nämlich sehr verwandte Dinge sehr verschiedene Namen haben. N. Wiener schreibt in seiner Mathematik für Kriegsgeräte, die aus Gründen der militärischen Geheimhaltung lange über das Kriegsende hinaus nicht veröffentlicht wurde (vgl. Ilgauds, 1980, 51): „Dieses Buch stellt einen Versuch dar, (...) zwei Arbeitsgebiete zu vereinigen. (Sie) bilden eine völlig natürliche Einheit, (...), aber (diese) ist verzerrt durch zwei (...) unterschiedliche Traditionen (...) (das) hatte ausgedehnte Unterschiede in ihrem Vokabular (...) zur Folge. Diese zwei Gebiete sind die Zeitreihen in der Statistik und die (technischen) Kommunikationswissenschaften" (Wiener, zit: Ilgauds, 1980, 57). Viele grosse Erfindungen beruhen gerade darauf, dass vermeintlich ganz verschiedene Dinge unter formalen Begriffen zusammenkommen.

243 C. Shannon schreibt in seinem epochemachenden Aufsatz: „In diesem Aufsatz werden wir die Theorie erweitern, um eine Anzahl neuer Faktoren einzuschliessen, insbesondere die Wirkung von Störungen im Kanal und die Einsparungen, die sowohl durch die statistische Struktur der Originalnachricht als auch durch die Art des Endzieles der Information möglich sind" (Shannon/Weaver, 1976, 41). In der Theorie von C. Shannon geht es, allgemeinverständlich gesagt, darum, wie viele Gespräche gleichzeitig auf einer Telefonleitung übermittelt werden können, was C. Shannon „Kanalkapazität" nannte.

244 H. Ilgauds verweist auf die dabei wichtigen Rollen des Statistikers R. Fisher und des Kybernetikbegründers N. Wiener (Ilgauds, 1980, 51).

kein anderes Wort verwenden, vielleicht weil sie intuitiv merkten, was mit dem Ausdruck „Information" eigentlich bezeichnet wird.[245] In der von den Mathematikern vereinbarten Verwendung bezeichnet der Begriff „Information" nicht mehr das, was er zuvor als noch unbewusste Metapher bezeichnet hatte, obwohl wir den Ausdruck für den vormaligen Referenten weiterhin plausibel verwenden. Allerdings betrachten wir dabei diesen Referenten mit neuen Augen. Die Erkenntnis, die wir im Sendegebiet der Metapher machen, wirkt sich zwangsläufig auch auf unser Verständnis vom ursprünglich metaphorisch bezeichneten Referenten aus, weil uns bewusst wird, welche Eigenschaften des eigentlichen Referenten des Ausdrucks mit der Metapher auf den uneigentlichen übertragen wurden. In der Definition verschiebt sich die ‚Bedeutung' der Ausdrücke. Wenn man Begriffe definiert hat, kann man das, was man vorher noch diffus ausdrücken konnte, mit denselben Wörtern nicht mehr unbedingt sagen. Definitionen grenzen die Verwendung der Ausdrücke ein.[246]

Die vormalig metaphorisch referenzierte Wirklichkeit erscheint uns in der bewussten Metapher in einem neuen Sinne. Wir erkennen, welche Aspekte von der metaphorisch beschriebenen Wirklichkeit die Metapher überhaupt erlaubten. Wenn Menschen „Informationen" austauschen, verwenden sie – rekonstruiert wirklich – völlig unabhängig davon, was sie sich erzählen, codierte sekundäre Energie. Wenn Menschen bestimmte Tätigkeiten in Verwaltungsinstitutionen wie das Postwesen auslagern, werden diese Tätigkeiten wirklich von den im ideologischen Computermodell sprachlich suggerierten „kleinen Männchen" ausgeführt. Wenn das kleine Männchen im Modell Anweisungen aus adressierten Fächern

---

245   DIN erklärt nicht, wie der Ausdruck zustande kam, sondern nur, dass er beibehalten wurde, obwohl er falsche Vorstellungen suggerieren kann: „Die Benennung ‚Informationstheorie' wird seit langem (...) verwendet. Obwohl sie zu Assoziationen mit einem allgemeinen Informationsbegriff führen kann, wurde sie beibehalten (DIN-Taschenbuch 25, 44301, 1989, 210).
246   I. Lakatos diskutiert diese „Bedeutungsverschiebung" in einem fiktiven Streitgespräch. Der Feststellung des einen Protagonisten, dass nach der Definition der jeweilige „Ausdruck nicht länger das bezeichnet, was ursprünglich mit ihm zu bezeichnen geplant war: dass seine naive Bedeutung verschwunden ist, und dass er jetzt gebraucht wird um einen allgemeineren, verbesserten Begriff zu bezeichnen", stimmt der andere quasi widersprechend zu: „Nein! Um einen gänzlich anderen, neuen Begriff zu bezeichnen" (Lakatos, 1979, 83).

in andere adressierte Fächer transportiert, wobei es die Anweisungen, die es selbst ausführt, ebenfalls aus adressierten Fächern holt, sind verwaltungsinterne Postboten von Verwaltungen mit tayloristischer Ausprägung, wie etwa Versicherungen oder Banken, sehr adäquat modelliert. In solchen Verwaltungen hat es viele „kleine Männchen", die auf Befehl hin „Informationen" umhertragen, ablegen und wieder suchen. Es sind tayloristisch dumm gehaltene Menschen, die im Sinn der Systemoptimierung mit einfachen Befehlen manipuliert werden. Diese Verwaltungen haben alle grosse Abteilungen, in welchen sogenannte Organisatoren den Informationsfluss anhand von Computermodellen optimieren. Sie programmieren einen „sozialen Computer", in dem viele Angestellte bezüglich ihres Verstandes faktisch zu kleinen Männchen reduziert sind. Nur wer die Metapher, wie der frühgeborene F. Taylor, nicht versteht, kann von einem wirklichen Computerprogramm sagen: „Die Formulierung eines Programms gleicht somit eher der Schöpfung einer Bürokratie als der Konstruktion einer Maschine von der Art, wie Lord Kelvin[247] sie verstand".[248] Die Projektion einer Maschine, die nur subjektlose Schalter hat, auf eine Institution, in welcher Menschen arbeiten, sagt viel mehr über die Institution aus als über die Maschine. Die Projektion einer Institution, in welcher Menschen arbeiten, auf eine Maschine, die nur subjektlose Schalter hat, zeigt, dass das Wesen der Maschine nicht verstanden wurde.

---

247 Lord Kelvin hat geschrieben: „Ich bin erst dann zufrieden, wenn ich von einer Sache ein mechanisches Modell herstellen kann. Bin ich dazu in der Lage, dann kann ich sie verstehen" (zit: Weizenbaum, 1978, 307). Man sollte dem Lord nicht vorwerfen, dass er von „mechanischen" Modellen gesprochen hat, sie waren zu seiner Zeit einfach die entwickeltsten. In bezug auf Computer gilt ganz zweifellos, dass man sie nicht verstanden hat, wenn man sie nicht modellieren kann.
248 Diese konkrete Formulierung stammt von J. Weizenbaum (Weizenbaum, 1978, 308), sie ist aber sinngemäss sehr verbreitet.

5. Die technische Intelligenz

Pragmatisch verwenden wir den Ausdruck „Intelligenz" unter anderem auch als Bezeichnung für die gesellschaftliche Schicht, die, von der unmittelbaren Arbeit freigestellt, neben der eigenen vor allem die Arbeit der anderen untersucht. Im Alltag interpretieren wir diese bewusst metaphorische Verwendung des Begriffes Intelligenz als Ausdruck davon, dass die Angehörigen dieser Schicht *intelligent* sind, was gerade darin seinen Ausdruck findet, dass sie – wie Taylor – nicht (oder in einem ganz bestimmten Sinne) arbeiten. Das Attribut „technisch" spezifiziert den Teil der Intelligenz, der sich mit „technischen" Aufgaben im engeren Sinne beschäftigt. Verkäufer und Manager mit Ingenieurdiplomen zählen wir üblicherweise ebensowenig zur technischen Intelligenz wie Ingenieure, die ihre Kenntnisse politisch zur Realisierung einer rationalen Gesellschaft benutzen. Letztere bilden als sogenannte Technokraten eine Teilmenge der politischen Intelligenz.[249]

---

249 Der Schöpfer der Begriffe ‚Technokratie' und ‚Technokrat' war „der amerikanische Soziologe Thorstein Veblen, der in den 20er Jahren zum theoretischen Denker einer Bewegung wurde, die als Technokratiebewegung in die Geschichte eingegangen ist. Damit meinte man in den Vereinigten Staaten verschiedenste Gruppen, die mit Hilfe von Ingenieuren und Naturwissenschaftlern in Reaktion auf die Ungerechtigkeiten des kapitalistischen Systems ein ‚rationales' Gesellschaftsmodell realisieren wollten. Veblen kritisierte, dass die letzten Entscheidungen in den Händen der Geschäftsleute liegen, und forcierte dagegen die sachverständige Herrschaft von Ingenieuren und Wissenschaftlern" (Langer, 1981, 27). „Die starke ideologische Anziehungskraft des Techno-kratie-Gedankens" zeigt sich darin, „dass es in den Dreissigerjahren zwei grosse rivalisierende ‚Parteien' der Technokratie in den USA gab, das ‚Continental committee on Technocracy' (CCT) und die ‚Technocracy Incorporated'. Die Technocracy sah sich als Opposition zum Kommunismus und Faschismus" (Zimmerli, 1976, 155). In verschiedenen Formen taucht die Denkweise von T. Veblen immer wieder auf: G. Moschytz schrieb 1990: „Whose responsibility is it to determine whether technology is human or inane? The question is certainly debatable, but at least it should be debated. To be sure, part of the responsibility must lie on our, the engineers, shoulders" (Moschytz, 1990, 20).

Zur technischen Intelligenz gehören die eigentlichen Ingenieure; und wenn wir die Metapher noch etwas subtiler lesen, insbesondere jene Ingenieure, die sich mit der Intelligenz befassen. Die technische Intelligenz selbst versteht sich als ein System, das – zur Herstellung von intelligenten Maschinen – Informationen verarbeitet, für welche noch keine Maschinen existieren.[250]

5.1. Intelligente Automaten

Die Ingenieure, die den Ausdruck „Intelligenz" zur Charakterisierung von Maschinen einführten[251], verwendeten ein Wort, dass umgangssprachlich bereits besetzt war. A. Turing, der seinen berühmten Aufsatz über Intelligenz mit der Absichtserklärung: „Ich beabsichtige die Frage zu erörtern: ‚Können Maschinen denken?'" eröffnet, relativiert die Absicht wenig später mit folgender Erläuterung: „Die ursprüngliche Frage ‚Können Maschinen denken?' halte ich für so sinnlos, dass sie keiner Diskussion bedarf. Dennoch glaube ich, dass am Ende des Jahrhunderts der Gebrauch von Wörtern und allgemeinen Ansichten der Gebildeten sich so sehr geändert haben werden, dass man ohne Widerspruch von denkenden Maschinen wird reden können" (zit. in: Hofstadter, 1985, 633). Diese Vorhersage von A. Turing, die sich interessanterweise nicht auf intelligentere Maschinen, sondern auf eine intelligentere Sprachauffassung bezieht, gehört zu den sich selbst erfüllenden Prophezeiungen. Der Gebrauch dieser Wörter verändert sich nämlich gerade dadurch, dass die Ingenieure diese Wörter für Maschinen verwenden. Die Frage ist, weshalb die Ingenieure bestimmte Automaten als intelligent bezeichnen. Und wenn dieser Namensgebung – ähnlich wie beim Begriff „Information" in der *so* genannten Informationstheorie – eine Ahnung davon zugrunde

---

250 Offenkundig ist dieses Selbstverständnis beim US-Geheimdienst CIA (Central Intelligence Agency).
251 Das Verdienst, den Begriff „Künstliche Intelligenz" eingeführt zu haben, wird allgemein dem LISP-Entwickler J. Mc Carty zugeschrieben (vgl. Ebeling, 1988, 196). Natürlich musste die Sprachgemeinde den Begriff akzeptieren, also die im Begriff implizierten Assoziationen teilen.

liegt, was wir mit „Intelligenz" eigentlich meinen, lautet die Frage nach der Intelligenz (-definition): „Welche Maschinen sind intelligent?"

Im naivsten Falle verlangen die Ingenieure von intelligenten Maschinen einfach, dass sie Aufgaben lösen (können), von welchen man gemeinhin annimmt, dass man sie nur mit Intelligenz lösen kann. M. Minsky drückte dies viele Jahre, nachdem A. Turing seinen immerhin operationalen Test für Intelligenz in Maschinen vorgestellt hatte, in seiner nach wie vor beliebten Formulierung aus: Maschinen sind intelligent, wenn sie Aufgaben lösen, „zu deren Lösung Intelligenz notwendig ist, wenn sie vom Menschen durchgeführt werden" (zit. in: Steinacker, 1984, 8).

Der 1950 formulierte Turing-Test hat bei den Ingenieuren als Kriterium für intelligente Automaten viel von seiner ursprünglichen Popularität verloren, weil er sich (bislang) für Automaten als zu anspruchsvoll erwiesen hat. Mit dem Turing-Test misst man die Intelligenz einer Maschine daran, wie gut sie einen menschlichen Gesprächspartner simulieren kann. A. Turing hat dazu folgende Anordnung vorgeschlagen: Ein Fragesteller, der über die Intelligenz eines Computers zu entscheiden hat, sitzt in einem Raum an einer Bildschirmkonsole. Diese ist mit Konsolen von zwei scheinbaren Gesprächspartnern verbunden, nämlich mit dem Computer, dessen Intelligenz beurteilt werden soll, und mit einer Konsole, an welcher ein Mensch sitzt. Die Aufgabe des Fragestellers ist es, durch eine geschickte Auswahl von Fragen an seine beiden „Gesprächspartner" herauszufinden, welcher der Computer und welcher der wirkliche Gesprächspartner ist (Turing, 1964). Der Turing-Test ist ein objektives Messinstrument, mit welchem die Leistung, die ein Computer in bezug auf eine eindeutig gekennzeichnete Problemstellung erbringt, quantifiziert werden kann. A. Turing schrieb beispielsweise von einer Maschine, die das Testspiel so gut spielt, „dass ein *durchschnittlicher* Befrager nach einer *Interviewdauer* von fünf Minuten höchstens eine 70prozentige Chance hat, den Computer zu identifizieren" (Turing, 1964, 13, Übersetzung: RT).[252]

---

252 Der quantitative Aspekt der Turing-Intelligenz wird – begründbar – sehr häufig übersehen. R. Marti beispielsweise schreibt in einer entsprechend binärisierten Zusammenfassung des Tests: „Die Aufgabe des Fragestellers ist es, (...) heraus-

Der Turing-Test ist ein operationales Messinstrument, er misst nicht die Leistung der Maschine, sondern einen Eindruck, den diese Leistung auf durchschnittliche Menschen macht. Im Turing-Test ist nur diskursiv vereinbart, was Intelligenz ist. A. Turing sagte willentlich nicht, was er unter Intelligenz versteht, sondern nur, wie man sie bei einem Automaten feststellen könnte. Er unterstellte dabei im Sinne von M. Minsky, dass Menschen, die seinen Test spielen und gewinnen können, intelligent sind – denn würden die Computer bei der unterstellten Richtung der Metapher Menschen bei etwas imitieren, wovon wir gar nicht wissen, ob es Intelligenz verlangt, könnten wir diesen Computern wohl nur sehr bedingt Intelligenz zusprechen.

Solche Formulierungen sind Ausdruck einer nicht nur bei Ingenieuren verbreiteten Vorstellung, wonach Automaten in einem bestimmten Sinne mehr oder weniger gute Ersatzmenschen sind, die anstelle von Menschen arbeiten, und deshalb auch das können müssen, was die kopierten oder imitierten und ersetzten Menschen können. Es scheint, dass wir überhaupt erst anhand dieser zu ersetzenden Arbeitskräfte wissen, was ein Automat leisten sollte, und dass wir deshalb die Automaten an den Fähigkeiten dieser Menschen messen müssten. Dies gilt umso mehr, wenn es sich um Fähigkeiten handelt wie etwa jene von Schmidt, die wir explizit gar nicht beschreiben können; also wenn wir nur wissen, *woher* wir die Idee dafür haben, was der jeweilige Automat leisten sollte, aber nicht, *wie* er es genau leisten sollte. F. Taylor ahnte vielleicht nicht, wie recht er hatte, als er sagte, dass selbst in der angeblich „rohesten und einfachsten Form von Arbeit", also „in dem richtigen Aufheben und Wegtragen von Roheisen eine solche Summe von weiser Gesetzmässigkeit, eine derartige Wissenschaft liege", dass es ohne (tayloristische) Wissenschaft – die sich heute als Roboterbau zeigt – auch dem fähigsten Arbeiter unmöglich sei, die Arbeit und deren Methoden (konstruktiv) zu verstehen.

Wirkliche Maschinen, insbesondere auch die erst geplanten, intelligenten, entpuppen sich, wenn man sie etwas genauer betrachtet und vor al-

zufinden, hinter welchen Antworten sich (...) der menschliche Gesprächspartner versteckt. Gelingt ihm dies nicht, so wird der Computer als intelligent betrachtet" (Marty, 1991, 65).

lem sachlich beschreibt, als Automaten, die eine genau bestimmte Funktion haben. Zur Charakterisierung von wirklichen Maschinen dient der Turing-Test, der sinnigerweise als Partyspiel für Menschen eingeführt wurde, nur sehr mittelbar. Genau besehen misst der Test nämlich nicht die Intelligenz von Maschinen, sondern die metaphorische Intelligenz des Menschen, der im Spiel durch den bewerteten Computer gleichwertig ersetzt werden kann. Das „Partyspiel", das dem Turing-Test zugrunde liegt, hat drei Teilnehmer, einen Mann, eine Frau und einen Fragesteller, der männlich oder weiblich sein kann. Für den Fragesteller ist das Ziel des Spiels, herauszufinden, welcher der beiden anderen, die er als A und B ansprechen kann, der Mann ist und welcher die Frau. A soll überdies versuchen, den Fragesteller zu täuschen, und B soll versuchen, ihm zu helfen. Es ist klar, dass intelligentere Menschen im Spiel besser abschneiden und deshalb durch leistungsfähigere Computer ersetzt werden müssten. Auf wirkliche Automaten bezogen ist der Test aber, unabhängig davon, wie schwer er von Maschinen zu bestehen ist, unsinnig. Die Automaten müssten nämlich, um sich im Test nicht zu verraten, manchmal falsch und, bei typischen Automatenaufgaben, beispielsweise beim Multiplizieren von 4-stelligen Zahlen, häufig viel langsamer antworten, als sie es eigentlich könnten, weil Menschen im Normalfall weder schnell noch fehlerfrei multiplizieren können. Dazu müsste man entweder einen Automaten bauen, der Störungen und Mängel aufweist, oder, was A. Turing wohl eher beabsichtigte, einen Automaten, der nicht nur sehr schnell rechnen, sondern auch entscheiden kann, wann er es tun sollte, oder noch genauer, wann er nicht zeigen sollte, dass er schnell rechnen kann. Der Turing-Test ist für Maschinen unsinnig, weil es ausser diesem Test keine Aufgabe gibt, die ein Automat lösen sollte, bei welcher ‚Fähigkeiten' wie beispielsweise langsames Rechnen oder gar schwindeln gut sein könnten.

Schachcomputer – mit welchen wir nebenbei bemerkt auch nur spielen –, die verschiedene wählbare Spielstärken repräsentieren, also scheinbar auch ‚schlechter spielen müssen, als sie könnten', ‚spielen' auf der gewählten Stufe immer so stark wie möglich.[253] Wir wollen auch auf

---

253 Die verschiedenen Spielstärken eines Schachcomputers sind eigentlich verschiedene Maschinen, die lediglich dieselbe Hardware enthalten.

der Anfängerstufe keine Maschine, die uns nach gutdünken gewinnen lässt. Ein „Dialogsystem", das beispielsweise einen Hotelmanager simuliert und deshalb antwortet, dass alle Zimmer besetzt sind, wenn der Anfrager nicht genügend kreditwürdig erscheint, lügt schon ein bisschen. Dieses Lügen entspricht aber nicht einem Lügen[254] der Maschine, sondern ist eine höfliche Antwort mit der ganz bestimmten Bedeutung, dass der Anfrager als Gast unerwünscht ist.[255]

5.1.1. Intelligenz als Metapher

Wenn die Ingenieure die Buchstabenkette „Intelligenz" im Zusammenhang mit Maschinen nicht ganz zufällig einführten, ist „Intelligenz" eine Metapher. Wenn die Ingenieure mit ihrer Verwendung des Ausdrucks überdies, wie bei den Metaphern Information und Kommunikation, die Basis der Metapher aufdeckten, ist „Intelligenz" eine nicht-metaphorische Charakterisierung bestimmter Automaten. „Intelligenz" steht dann primär als Bezeichnung eines Referenten, den man begrifflich vereinbaren kann – über Maschinen können wir begrifflich sprechen.

Wenn wir eine Sache definieren, analysieren wir bereits geleistete Beschreibungen, indem wir diese sehr wörtlich nehmen und (auch die Wortwahl) reflektieren. Selbstverständlich könnten wir eigene Formulierungen untersuchen, sinnigerweise wählen wir aber solche von Fachleuten. Eine sehr einfache Lösung des Dilemmas der KI-Forscher, die sich die Intelligenz der Automaten, die sie erforschen, nicht explizit vorstellen können, äussert sich in einer häufig vorgeschlagenen, aber meistens ironisch gemeinten Selbstverneinung der KI-Forschung: „Künstliche Intelligenz ist alles, was noch nicht programmiert wurde".[256] Ironisch ist

---

254 HAL, der berühmte Computer im Film von S. Kubrik, der lügen konnte, obwohl das bei seiner Konstruktion nicht vorgesehen war, zeigte umgekehrt sehr deutlich, dass man Maschinen, die lügen, nicht brauchen kann.
255 Einen Hotelmanager, der elegante Antworten gibt, simuliert beispielsweise das System HAM-RPM von A. Jameson et al (zit. in: Steinacker, 1984, 14).
256 A. Kobsa kennt die Formulierung von N. Nilsson: „Frei nach Nilsson: ‚Künstliche-Intelligenz-Forschung ist, wenn es der Computer zustande bringt, dann gehört es nicht mehr zur KI-Forschung!'" (Kobsa, 1984, 102). D. R. Hofstadter

sie, wenn sie ausschliesslich bedeuten soll, was Humanisten intuitiv ohnehin klar ist, dass sich nämlich Intelligenz und das, was eine Maschine macht, ausschliessen.[257] Wenn die Formulierung nicht nur ironisch gemeint ist, impliziert sie, dass man weiss, welche noch nicht geschriebenen Programme gemeint sind, weil sie ja neben allen unsinnigen auch alle praktischen Programme, die aus Zeit- oder Geldmangel noch nicht geschrieben wurden, ausser acht lässt. Explizit enthält die Formulierung nämlich ebensowenig wie der Turing-Test, welche Probleme intelligente Maschinen wirklich lösen (sollten). Mit der Formulierung von A. Turing ist sie (noch) verträglich, weil bisher noch kein Automat gebaut wurde, der den Turing-Test bestehen kann.[258]

Auf wirkliche Automaten bezogen, erscheint die „Selbstverneinung der KI-Forschung" als Unterscheidung zwischen herstellbaren und (noch) nicht herstellbaren Automaten. Als (noch) nicht herstellbare Automaten gelten in dieser Unterscheidung wirkliche Dinge, die, wenn wir sie hätten, Automaten wären, weil sie die Kriterien des Automatenseins erfüllten. Wirkliche Automaten sind keine Konzepte, Modelle oder Beschreibungen. Sie unterliegen überdies physikalischen Bedingungen, was Phantasiegebilde wie etwa das Perpetuum mobile aus dem Bereich der nichtherstellbaren Automaten in diesem Sinne ausschliesst, obwohl sie nicht herstellbar sind. (Noch) nicht herstellbare Automaten sind solche, die eine Werkzeugfunktion wahrnehmen würden, deren Realisierung aber an unserem konstruktiven Verständnis scheitert. Alle Automaten, also auch die (noch) nicht herstellbaren, ‚verkörpern' Werkzeugfunktionen. Wenn

schreibt sie L. Tessler zu: „Diesen Satz hat mir erstmals Larry Tessler vorgeschlagen, ich nenne ihn deshalb Tesslers Satz: ‚AI ist alles, was noch nicht getan wurde'" (Hofstadter, 1985, 640).

257 So versteht sie offenbar auch D. Hofstadter. Er schreibt über ein selbstgeschriebenes Programm, das irgendwelche „komischen" Sätze erzeugt, die man von ebenso komischen menschlichen Sätzen nicht unterscheiden kann: „Sobald diese Stufe der Fähigkeit, mit der Sprache umzugehen, mechanisiert worden war, war es klar, dass es sich dabei nicht um Intelligenz handelte (Hofstadter, 1985, 664).

258 Natürlich gibt es „Turing-Tests", in welchen die Maschine beispielsweise einen Paranoiker simuliert, die von bestimmten Maschinen bestanden werden, weil sie auch beliebige unsinnige Sätze produzieren können. J. Heiser hat entsprechende Untersuchen mit dem Programm „Parry" von K. Colby gemacht (Heiser, u. a., 1980).

wir x = F(y) schreiben, steht „F" für den abstrakten Aspekt des Automaten, den wir Funktion nennen.[259] Wir sagen, eine Maschine „hat" die Funktion, die sie verkörpert. Die wesentliche Einschränkung, die nötig ist, damit man die ironisch gemeinte Redeweise „alles, was noch nicht programmiert wurde" ernst nehmen kann, besteht darin, dass man den implizierten Begriff „Automat" inhaltlich auffasst. Genau die *Werkzeuge*, deren Funktion wir kennen, die wir aber (noch) nicht herstellen können, *weil* wir ihre Funktionsweise noch nicht durchschauen, sind intelligent.

Ein intelligenter Automat ist beispielsweise ein Automat, der die menschliche Sprache so ‚versteht', dass man ihm Texte, die man geschrieben haben möchte, so diktieren könnte, wie man sie einer Datatypistin[260] diktieren kann. Dieser Automat würde ein Diktaphon, eine Schreibmaschine und die spezifische Tätigkeit einer Datatypistin[261] ersetzen. Natürlich ist die Formulierung, „ein KI-Automat müsste die Sprache so verstehen wie eine tippende Schreibkraft", obwohl sie den Werkzeugcharakter des Automaten zeigt, immer noch anthropomorph, weil die genaue Aufgabe des Automaten unausgesprochen bleibt. Der Automat, der die spezifische Tätigkeit der Datatypistin ersetzt, zeigt seine Intelligenz beispielsweise darin, dass er richtige und falsche Sätze unterscheidet. Es

---

259 Dazu sind drei Anmerkungen nötig:
  1) F steht nur in bestimmten Fällen für ein System, nämlich nur dann, wenn die Maschine ein Automat ist.
  2) Wenn F keine Maschine repräsentiert, sprechen wir von einer Relation. Das ist insbesondere bei Tabellen mit Zuordnungen ohne Gesetzmässigkeit der Fall.
  3) Schliesslich gibt es viele Maschinen, die triviale Funktionen verkörpern, weil sie in- und outputmässig genau je einen Wert zulassen.
260 Ich schreibe Datatypist*in*, nicht weil ich gut finde, dass meistens Frauen tippen, sondern weil fast ausschliesslich Frauen tippen.
261 Es geht in dieser Ersetzung nicht um die Sekretärin insgesamt, sondern nur um einen spezifischen Aspekt der Sekretärin, nämlich um ihre vermeintliche Intelligenz. A. Turing schreibt in der Erläuterung seiner Testanordnung: „Wir wollen die Maschine nicht dafür bestrafen, dass sie in Schönheitswettbewerben (für Sekretärinnen, RT) nicht glänzen kann, und auch den Menschen (die Sekretärin, die im Wettbewerb gegen den Computer kämpft, RT) nicht dafür, dass er (sie) den Wettlauf mit einem Flugzeug verliert. Die Konditionen unseres Spieles machen diese Beschränkungen (die nichts mit Intelligenz zu tun haben), irrelevant (Turing, 1964, 6, Übersetzung: RT).

gibt sicher verschiedene Möglichkeiten, richtige und falsche Sätze zu unterscheiden. Eine Möglichkeit, die wir ausführlich diskutiert haben, besteht in der Verwendung einer Grammatik. Unser Automat müsste, falls er diese Möglichkeit realisieren sollte, unter anderem eine annähernd vollständige Grammatik der jeweiligen Sprache repräsentieren, wobei auch „annähernd vollständig" nicht an einer durchschnittlichen Sekretärin gemessen werden muss, sondern als von menschlichen Vorbildern unabhängige, zulässige Fehlerrate festgelegt werden kann.[262] Einen Automaten, der die gestellte Aufgabe mit einer vertretbaren Fehlerrate löst, können wir (noch) nicht bauen, obwohl wir wissen, was er leisten sollte, weil wir – und das ist das entscheidende Kriterium – diese Grammatik für zwischenmenschliche Sprachen nicht explizit zur Verfügung haben. Die Übersetzungen der zur Zeit besten Übersetzungsautomaten verlangen eine Nachbearbeitung durch einen Übersetzer, die etwa halb so viel Zeit in Anspruch nimmt, wie die Übersetzung ohne den Automaten. Das ist in bezug auf eingesparte Arbeitszeit sehr viel, wir hätten aber gerne Automaten, die ‚besser übersetzen als Menschen'.

Man mag einwenden, dass ein Erfinder, der in Hinsicht auf ‚sprachfähige' Maschinen nur an eine generative Grammatik denkt, die Möglichkeit vergisst, dass eine Sprachmaschine auf ganz anderem Weg als über eine Grammatik gebaut werden könnte; dass die Menschen ihre Sprache ja auch nicht über eine explizite Grammatik lernen. Konstruieren heisst aber nicht, vor allem phantastische Ideen für neue Maschinen zu haben, sondern funktional bereits gedachte Werkzeuge konstruktiv zu begreifen. Die grossen „Erfindungen" der Technik sind praktisch ausschliesslich Maschinen, die auf Ideen beruhen, die bereits Jahrhunderte vorher veröffentlicht wurden.[263] Konstruktives Begreifen heisst – was im Definieren

---

262 Selbstverständlich müssten die Erbauer oder die bezahlenden Anwender des Werkzeuges entscheiden, was noch zulässig ist, aber sie müssten das nicht mit Wettbewerben zwischen Maschinen und Sekretärinnen tun. Die faktische Entscheidung ist natürlich der Markt im weitesten Sinne. Ob ein Produkt akzeptiert wird, hängt bei schwach entwickelten Automaten nicht zuletzt auch davon ab, was gleich teure Sklaven leisten.
263 Das gilt nicht nur in bezug auf Computer, die von B. Pascal und C. Babbage vorweggenommen wurden, sondern auch für viele Halbkonstruktionen von Leonardo da Vinci. F. Klemm schreibt über die Zeit von Leonardo: „Die humanistischen

rückblickend zum Ausdruck kommt –, das Werkzeug, wenn es komplex genug ist, als System mit herstellbaren Entitäten abbilden können.[264] Dazu muss der Konstrukteur, sofern er nicht in Frankensteins Tradition steht, vorderhand zwangsläufig eine Funktionsbeschreibung der Maschine haben, die ohne Verweis auf den Menschen auskommt.

Die unsinnigen Fähigkeiten, die der Turing-Test von einer Maschine fordert, resultieren daraus, dass der Intelligenzdiskurs von A. Turing *formal* ist. Der Automat, der im Turing-Test verlangt wird, ist kein Werkzeug, auch kein denkbares. Die Antworten eines Menschen zu imitieren, ist keine Werkzeugfunktion, sondern allenfalls eine Spiel(zeug)funktion. Den Mathematikern ist bewusst gleichgültig, ob die mit Formeln beschriebenen, mathematischen Automaten zum Arbeiten, zum Spielen oder gar nicht verwendet werden[265], sie interessieren sich für den bedeutungslosen Aspekt des Automaten. Ihr „Automat" ist der Referent eines formalen Begriffes, der ihre Spiele mitumfasst. Umgekehrt fügen sich viele unserer Spiele den bedeutungslosen Aspekten des Automaten.[266] Ein für formale Automaten typisches Spiel-Beispiel ist der Schachautomat, er ist ein Lieblingskind der KI-Forscher. Schachautomaten sind sicher keine Werkzeuge, aber sie stellen insofern gleiche Probleme wie andere intelligente Automaten, als sie ebenfalls Verkörperungen eines Algorithmus oder einer geschickten Balance mehrerer Algorithmen sind.[267]

Strebungen wandten sich auch der antiken technischen Literatur zu und suchten sie wirksam werden zu lassen" (Klemm, 1983, 71).

264 F. Klemm schreibt in seiner *Geschichte der Technik* über den „überragenden Ingenieur" Leonardo da Vinci: „Leonardos Grösse lag im Feld der Kunst und der technischen Konstruktion (...) so tief wie er vermochte vor ihm wohl niemand in das Wesen der Maschinenwelt einzudringen. Er erkannte in der Maschine als wesentliche Teile die einzelnen Bewegungsmechanismen und ihre Elemente, die er losgelöst vom Maschinenganzen betrachtete" (Klemm, 1983, 76).

265 Diese Gleichgültigkeit gegenüber der Arbeit zeigen auch die Physiker, die in ihrer Sprache Arbeit und Energie nicht unterscheiden (können).

266 J. Weizenbaum liess sich von O. Selfridge darüber belehren, dass die nicht-mathematischen Spiele, also jene, die wir nur spielen, sehr selten auf vollständigen und konsistenten Regelsystemen beruhen (Weizenbaum, 1978, 71).

267 Gemäss D. Hofstadter unterscheiden sich Grossmeister von Maschinen dadurch, dass sie übergeordnete Muster (Ballungen) erkennen (Hofstadter, 1985, 306f). Schachcomputer, die ihrerseits mit „Ballungen" arbeiten, erscheinen als Pragmatiker, die wissen, was sich an expliziter Theorie lohnt und was man besser – im

Wenn man mit einem (statt gegen einen) Schachcomputer, in dem von ihm erheischten Sinne, spielt – wenn man also quasi in ihm nachliest, wie auf bestimmte Schachkonfigurationen zu reagieren ist – kennt man seine Implikationen über das Spiel nicht, man sieht nur, dass er mehr oder weniger ‚vernünftig spielt'. Wenn der Computer als solcher mehr interessiert als das Spiel, was über kurz oder lang zwangsläufig wird, sei es, weil man ihn nie schlagen kann oder weil er die Figuren manchmal wie Dame-Steine bewegt, fragen wir uns, was wohl hinter seinem vermeintlichen Spiel steckt. Wir fragen nach der Theorie, die er repräsentiert. Jeder Schachcomputer impliziert sinnvolle Strategien für das Spiel und damit natürlich auch eine Beschreibung des Spieles selbst. Seine für das Spiel vorhandenen Voraussetzungen sind im Programmlisting als explizite Theorie, also in einer quasi-sprachlichen Beschreibung zugänglich. Der Schachcomputer hat überdies – wenn er die willkürlich gesetzten Zeitlimits aufgrund seiner Leistungsfähigkeit einhalten kann – den grossen Vorteil, dass er gewinnt, falls sein Programm nicht falsch ist. Programmfehler, auf die sich jedes verlorene Spiel zurückführen lässt, sind prinzipiell analysier- und aufhebbar. Das liegt aber weder am Computer noch am Programm; dass logische Eindeutigkeit im Prinzip erreichbar ist, liegt am Schachspiel.

Schach wird nicht als primäres Computerproblem wahrgenommen, weil Schach unmittelbar kein produktives Anliegen ist. Die Schachautomaten dagegen haben einen kommerziellen Wert, man kann sie verkaufen. Dadurch erscheinen sie als Produkte, die den ihnen gesetzten Zweck bereits erfüllen. Als Zweck erscheint dann nur noch, dass sie den Eindruck erwecken, gut Schach zu spielen. Insbesondere dafür genügt ein Automat, der mit roher Gewalt spielt, indem er einfach in rechner- und speicherintensiver Vorausschau einen möglichst tiefverzweigten Baum aller möglichen Züge abarbeitet. Solche Schachcomputer verfolgen ein sekundäres Ziel, das darauf beruht, dass es Menschen gibt, die Freude daran haben, dass sie besser schachspielen können als Maschinen.[268]

    Sinne von Resttätigkeiten – den Menschen überlässt. Hinter dieser Pragmatik
    steckt aber kaum etwas anderes, als dass es uns bisher noch nicht gelungen ist,
    den im Schachspiel antizipierten Computer zu bauen.
268 Nach D. Hofstadter ist mit Vorausschauprogrammen nur ein sehr geringer intellektueller Fortschritt verbunden, weil „Intelligenz entscheidend von der Fähig-

Dass Menschen, wenigstens die intelligenten, mit Schachfiguren vorderhand noch besser umgehen können als Automaten, zeigt aber lediglich, dass Menschen bestimmte Automaten vollwertig ersetzen können.[269]

5.1.2. „Intelligente" Menschen

Wenn man intelligent ist, versteht man, inwiefern ein Mensch überhaupt intelligent ist. Menschen – auch intelligente Menschen – sind nicht eigentlich, sondern nur in einem übertragenen Sinne intelligent. A. Einstein, der oft als Beispiel für einen intelligenten Menschen herhalten muss, war so wenig intelligent, wie irgendein anderer Mensch, von welchem man begründet sagen kann, dass er ein Esel sei, ein wirklicher Esel ist. Menschen sind intelligent, wenn sie die Fähigkeit haben, Automatenprobleme zu lösen. So gilt uns das Bewältigen der sicher anspruchsvollen Aufgabe, ein Kind zur Welt zu bringen und aufzuziehen, keineswegs als Indiz für vorhandene Intelligenz, und zwar nicht deshalb nicht, weil diese Aufgabe offensichtlich unabhängig von Intelligenz gelöst werden könnte, sondern deshalb nicht, weil undenkbar ist, dass diese Aufgabe je einer Maschine, wie intelligent sie auch immer sein mag, gestellt wird.[270] Auch die Fähigkeit zu lieben oder Kunst zu geniessen, stellen wir üblicherweise nicht unter die Bedingung der Intelligenz. Wenn wir uns fragen, wie intelligent ein bestimmter Mensch sei, fragen wir nach seinen Fähigkeiten, ganz bestimmte Aufgaben zu lösen. Wir messen unsere Intelligenz an Problemen, die in unbewusster Antizipation für Maschinen formuliert wurden. Die sogenannten Intelligenzquotienten-Tests, die die menschliche Intelligenz messen wollen, lesen sich dementsprechend wie Arbeitsprogramme der technischen Intelligenz.

keit abhängt, von komplexen Anordnungen (...) Beschreibungen auf hoher Stufe herzustellen" (Hofstadter, 1985, 308).
269 Motivationstheoretisch kann man unsere Freude am Schach als spielerischen Umgang mit einer ernsten Sache verstehen, wie er sich etwa im spielerischen Beutefangen von jungen Katzen zeigt (zu letzterem vgl. Holzkamp-Osterkamp, 1975, 131ff).
270 Das diesbezüglich kühnste noch Denkbare hat A. Huxley in *Brave New World* gedacht.

Eine Maschine ist intelligent oder nicht intelligent, wir können sie herstellen oder nicht. Dass wir die menschliche Intelligenz messen, zeigt, dass Menschen im Unterschied zu Maschinen mehr oder weniger intelligent sein können. Metaphern lassen im Unterschied zur eigentlichen Wortverwendung häufig Abstufungen zu. Ein Mensch kann ziemlich intelligent oder ein ziemlicher Esel sein. Ein wirklicher Esel ist ein Esel, obwohl die Metapher ohne weiteres auch zulässt, dass man von einem Esel sagt, er sei ein ziemlicher Esel. Genau in diesem Sinne kennt A. Turing auch ziemlich intelligente Maschinen. Überdies lässt die Metapher auch zu, dass wir unter Umständen auch dann noch intelligent scheinen, wenn die Automaten längstens können, was wir ihnen einmal voraus hatten. So gibt es beispielsweise etliche Spiele, bei welchen ein programmierbarer Spielplan zum Sieg führt, was immer auch der Gegner macht. Diese Spiele erfordern vom einzelnen Menschen, solange er diesen Spielplan nicht kennt, Intelligenz, weil er – von allen anderen Umständen abgesehen – die Maschine, die das Spiel gewinnt, nicht bauen könnte. In seiner Spielwelt ist der einzelne solange intelligent, wie dort das explizite Verständnis des Spiels noch fehlt. Deshalb können wir zur Entwicklung der Intelligenz des individuellen Menschen Spiele verwenden, die von der Gattung längstens durchschaut sind.

Die Intelligenzcharakterisierung von A. Turing – oder genauer, um nicht den Boten für die Botschaft verantwortlich zu machen – die Intelligenz-Charakterisierung, mit welcher A. Turing das Alltagsbewusstsein reflektierte, ist im doppelten Sinne metaphorisch. Sie beschreibt Automaten mit einer Metapher, deren Basis, die menschliche Intelligenz, selbst eine Metapher ist, die ihre Basis im wirklichen Automaten hat.[271]

---

271 Genau diese Abbildungen von projizierten Abbildungen nennt D. Hofstadter in seinem populären Buch *Gödel, Escher, Bach* – allerdings ohne es explizit zu sagen – *seltsame Schleifen*. M. Escher kommentiert die Täuschungen in seinen Bildern wie folgt: „Unser dreidimensionaler Raum ist die einzige Wirklichkeit, die wir kennen. Das Zweidimensionale ist genau so fiktiv wie das Vierdimensionale (...) Und doch (...) stellen (wir) Raumillusionen auf gerade solch ebenen Oberflächen (...) her" (zit. in: Hofstadter, 1985, 507). B. Ernst erläutert im Buch *Der Zauberspiegel des M.C. Escher*, wie M. Escher durch inhaltlich gebundene Abbildungen formal richtige Perspektiven mehrdeutig macht (Ernst, 1986).

5.2. Intelligente Arbeit

Ingenieure versuchen normalerweise nicht, den Menschen zu reproduzieren oder zu ersetzen, sie intendieren entwickeltere Werkzeuge wie beispielsweise Schreibautomaten, die die Syntax prüfen. Natürlich macht jede Entwicklung eines Werkzeuges bestimmte Aspekte der vorgängigen Arbeit überflüssig. Ein ‚spracherkennender' Schreibautomat etwa würde einen Teil der Tätigkeit einer Datatypistin aufheben, und weitere, entsprechend entwickelte Automaten lösten die gesamte Arbeit der Datatypistin auf. Ein solcher Automat würde die Frauen, die als Datatypistinnen arbeiten, selbstverständlich nur im spezifischen Arbeitsprozess ersetzen[272]; also nur dort, wo sie – wie die entsprechende Maschine zeigen würde – ihrerseits umständehalber eine intelligente Maschine ersetzt hätten, die sich ihr Manager zuvor nur ausdenken, aber (noch) nicht herstellen (lassen) konnte.[273]

5.2.1. Die ersetzte Intelligenz

Die *ungeteilte* Tätigkeit der Manager, zu welcher auch das Schreiben der Briefe gehört, die sie *arbeitsteilig* nur diktieren, würde sich durch einen (dann nicht mehr) intelligenten Schreibautomaten, der die Datatypistin ersetzt, so verändern, wie sie sich – von der Arbeitsteilung, die das verdeckte, abgesehen – vormals durch die Schreibmaschine verändert hatte. Dank der herkömmlichen Schreibmaschine müssen die Manager, respektive die ihnen unterstellten Subjekte, Briefe nicht mehr mit dem metallenen Federkiel schreiben. Das, was an der Tätigkeit der Manager wesent-

---

272 Und in bestimmter Hinsicht auch das nicht ganz, wenn die Maschine nicht, wie A. Turing ironisch vorschlägt, „menschlicher gemacht wird, in dem sie mit künstlichem Fleisch gekleidet wird" (Turing, 1964, 6, Übersetzung: RT), – was im Silikon-Zeitalter ja auch vielen Sekretärinnen passiert.

273 In einer im Fernsehen übertragenen KI-Diskussion teilte J. Weizenbaum die Ansicht, dass KI-Maschinen die Verhaltensweisen des Menschen imitieren, die der Mensch seinerseits von den Maschinen übernommen hat. Solche KI-Maschinen wären quasi Wünschelruten, die unmenschliche, maschinenhafte Verhaltensweisen der Menschen aufdeckten (Club 2 im 3Sat des ORF am 3. 9. 91).

lich ist, nämlich dass sie unter anderem mittels Briefen Anweisungen oder Bekenntnisse geben, verändert sich durch Briefschreibwerkzeuge nicht. Was sich verändert, ist lediglich die Schreibtätigkeit im engeren Sinne. Neue Werkzeuge verursachen immer auch neue Teiltätigkeiten, sie machen generell nur die relativ übergeordnete Arbeit effizienter. Wenn eine Sekretärin beim Schreiben eine Schreibmaschine verwendet, macht sie nicht dasselbe, wie ihre – nur ausgedacht existierende – Vorgängerin, die mit Feder und Tinte schreibt.[274] Sie ist deshalb nicht schneller als ihre Vorgängerin, aber die Briefe des Managers sind schneller geschrieben.[275] Selbstverständlich existiert auch der Manager nur arbeitsteilig. Auch seine Arbeit verlangt nur insofern Intelligenz, als sie noch nötig, also noch nicht durch eine Maschine aufgehoben ist. Da sich die sogenannten Manager normalerweise so sehr mit den eigentlichen Produzenten, den Unternehmern, identifizieren, erscheint ihnen ihre Tätigkeit häufig nicht als der Produktion untergeordnete Verwaltungstätigkeit, sondern als (gegenstands)bedeutungssetzende Bestimmung der Produktion. Wirkliche Produzenten verkaufen aber nicht ihre Arbeitskraft, sondern die Produkte, die sie als Gesamtsubjekte produzieren.

Die Ingenieure, insbesondere jene, die Automaten bauen, arbeiten, um nicht mehr arbeiten zu müssen.[276] Insofern wir sie arbeitsteilig erhalten, arbeiten wir alle, um nicht mehr arbeiten zu müssen. Wir müssten praktisch nicht mehr arbeiten, wenn wir genügend intelligente Maschinen hätten. Solange wir aber diese Maschinen (noch) nicht haben, müssen wir notgedrungen selbst arbeiten oder – was unserem Ideal in einem be-

---

274 Es ist kaum ein Zufall, dass der Beruf „Sekretärin" und die massenweise Verwendung von Schreibmaschinen etwa gleich alt sind.

275 Eine sehr ausführliche Beschreibung und Begründung der Arbeitsteilung zwischen Managern („Worturhebern") und Sekretärinnen überhaupt gibt H. Braverman. Er schreibt u.a.: „Man hielt es (...) für ‚verschwenderisch', einen Manager seine Zeit damit verbringen zu lassen, Briefe zu tippen, Post zu öffnen (...) usw, wenn diese Pflichten von Arbeitskräften übernommen werden konnten, deren Einstellung zu (...) einem Fünfzigstel eines Managergehalts möglich war" (Braverman, 1977, 262).

276 Noch allgemeiner wird die Selbstaufhebung bestimmter Funktionen von E. de Bono formuliert: „Die Funktion des Denkens besteht darin, das Denken zu eliminieren und es damit zu ermöglichen, dass die Aktion unmittelbar auf das Erkennen einer Situation folgt" (De Bono, 1967, 15).

stimmten Sinne näher kommt – die Maschinen, die wir (noch) nicht herstellen können, durch „intelligente" Arbeitskräfte ersetzen.

C. Babbage, der Computer konstruiert hatte, lange bevor man ökonomisch in der Lage war, seine Computer auch wirklich zu bauen, entwikkelte den Sinn seiner Maschinen in seinem Buch *Über die Ökonomie von Maschinerie und Manufaktur*. C. Babbage zeigt sich darin als Taylorist erster Güte[277], wobei er, obwohl er fast 100 Jahre vor F. Taylor lebte, den Vorteil hatte, dass er Maschinen, die F. Taylor nur vorschwebten, im Prinzip schon gebaut hatte und begrifflich darüber verfügte. C. Babbage beschrieb Menschen, die wie Roboter gehalten wurden, im Unterschied zu F. Taylor, nicht weil er die entsprechenden Maschinen nicht kannte, sondern um seine Maschinen, respektive deren Entwicklung zur Produktionsreife zu verkaufen.[278] Als Mathematiker übersah er wohl, dass ökonomisch scharfsinnige Überlegungen anstellen, und Maschinen verkaufen zwei verschiedene Dinge sind. Jedenfalls starb er verbittert, weil seine Maschinen niemals gebaut wurden. Dass C. Babbage als Spinner („crackpot") bezeichnet wurde (Weiss, 1983, 10), obwohl er als Mathematiker alle akademischen Ehren trug, hatte er sich wohl weder mit Leierkastenmänner Verjagen[279] noch mit seinen Maschinen eingehandelt, sondern damit, dass und wie er über den ökonomischen Sinn seiner Maschinen nachdachte. Seine Theorien zur Arbeitsteilung sind auch den heutigen Ökonomen ein Dorn im Auge; eigentlich sind es sogar deren zwei. C. Babbages Biograph A. Hyman schreibt: „(...) sein Einfluss, insbeson-

---

277 H. Braverman unterstellt F. Taylor, dass er „mit dem Werk von Babbage vertraut gewesen sein muss, obwohl er niemals darauf Bezug nahm" (Braverman, 1980, 76). So oder so, die beiden sind geistig wirklich sehr verwandt.
278 Heute herrscht eher die Auffassung, dass die Maschine aus „technologischen" Gründen nicht gebaut wurde. R. Weiss schreibt: „Doch war es damals einfach noch nicht möglich, ein mechanisches Getriebe zu bauen, bei dem 25 Zahnräder ineinandergreifen können, ohne sich zu verklemmen" (Weiss, 1983, 9). Aber C. Babbage suchte nicht gute Mechaniker, sondern vor allem Geldgeber. Er beschwerte sich ausführlich darüber, dass eine Nation, die die grösste militärische und kommerzielle Marine in der Welt besitzt, seine Maschine nicht „benützen" wollte.
279 Von C. Babbage wird u. a. erzählt, dass er „zu Lebzeiten vor allem wegen seiner heftigen Feldzüge gegen die (...) (ihm lästigen) Leierkastenmänner berühmt" war (Hofstadter, 1985, 27).

dere auf John Stuart Mill und Karl Marx, ist gut bezeugt" (Hyman, 1987, 161). Während die marxistischen Ökonomen C. Babbage nach dem Motto, wer nicht für uns ist, ist gegen uns, als Kapitalisten (v)erkannten[280], haben die „kapitalistischen" Ökonomen das Werk von C. Babbage zunächst im gleichen Missverständnis geschätzt. Das, was J. Mill (wie übrigens modernerweise auch A. Hyman) von C. Babbages Ansichten schätzte, war sein expliziter, „ehrlicher" Taylorismus.[281] Seit – in der Ökonomie – die Taylor'sche Ehrlichkeit ihren Wert verloren hat, lässt sich bei C. Babbage ökonomisch gar nichts mehr holen. Das dient C. Babbage postum; er ist jetzt kein Spinner mehr, sondern ein grosser Erfinder.

Um zu zeigen, dass sich die Herstellung seiner Maschinen lohnen würde, diskutierte C. Babbage ein interessantes Arbeitsrationalisierungsbeispiel, das sehr stark an Holleriths Volkszählung erinnert:

Während der französischen Revolution machte die Einführung des Dezimalsystems die Herstellung von mathematischen Tabellen erforderlich, die auf dieses System ausgerichtet waren. Diese Aufgabe wurde einem gewissen Prony übertragen, der bald feststellte, dass er selbst mit der Unterstützung verschiedener Mitarbeiter (Babbage spricht von drei bis vier ‚habiles co-operateur', R.T.) nicht damit rechnen konnte, die Arbeit zu Lebzeiten fertigzustellen.[282]

Die Fortsetzung der Geschichte wurde von C. Babbage als Anekdote be-

---

280 A. Hyman schreibt: „Vielleicht hat es ihnen widerstrebt, einem so entschiedenen Befürworter des Kapitalismus einen Einfluss auf Marx zuzugestehen (...)" (Hyman, 1987, 179f). K. Marx selbst kannte dieses Widerstreben nicht, er zitiert C. Babbage immer zustimmend.

281 In der Tat schreibt C. Babbage fast wörtlich wie später F. Taylor: „Ein Fabrikant (...) könne, wenn er Babbages Anweisungen folge, seine Fabrik so organisieren, dass er den denkbar grössten Vorteil aus den Möglichkeiten ziehe, die die Arbeitsteilung biete; und er könne sogar Babbage darin folgen, dass er ein striktes Betriebskalkulationssystem einführe; und doch könne es (...)" Probleme geben, weil „die höchst irrige und unselige Ansicht unter den Arbeitern vorherrscht, dass ihr eigenes Interesse mit dem ihrer Prinzipale in Widerspruch stehe" (Hyman, 1987, 179f).

282 Alle folgenden, nicht näher bezeichneten Babbage-Zitate stammen aus C. Babbages Buch *On the Economy of Machinerie and Manufactures*, London 1832 (Reprint New York 1963). Ich zitiere sie aus dem Buch von H. Braverman *Die Arbeit im modernen Produktionsprozess* (Braverman, 1980, 243ff).

zeichnet, die man – und das zeichnet ihn zusätzlich als Tayloristen aus – ohne weitere Entschuldigung vorstellen dürfe. Die Anekdote: Während der Mathematiker M. de Prony über das Problem nachdachte, wie er seine Aufgabe zu Lebzeiten lösen könnte,

kam er zufällig an einem Buchladen vorbei, wo das kürzlich erschienene Buch *Natur und Ursachen des Volkswohlstandes* von A. Smith ausgestellt war, und er schnitt es bis zum ersten Kapitel auf. Er beschloss daraufhin, seine Logarithmen und trigonometrischen Funktionen wie Stecknadeln bei Smith[283] in Herstellung zu nehmen und richtete zu diesem Zweck zwei getrennte Werkstätten ein – dabei sollte jeweils das Produkt der einen zur Kontrolle des Produkts der anderen dienen.

Der Rest der Geschichte, die man gemäss C. Babbage ohne Entschuldigung erzählen darf, ist wieder wahr, wie die Geschichte von Taylor und Schmidt: M. de Prony „teilte die Aufgabe unter drei Gruppen auf. Die erste Gruppe, die aus fünf oder sechs hervorragenden französischen Mathematikern bestand, erhielt den Auftrag, die für die Verwendung durch die anderen Abteilungen am besten geeigneten Formeln aufzustellen. Die zweite Gruppe, die sich aus sieben oder acht Personen zusammensetzte, die gute mathematische Kenntnisse besassen, übernahm das Problem, diese Formeln in Zahlenwerte umzuformen und Methoden auszudenken, mit denen die Rechnungen überprüft werden könnten. Die dritte Gruppe, zahlenmässig zwischen sechzig und achtzig, führte nichts anderes als einfache Additionen und Subtraktionen durch und gab die Ergebnisse zur Prüfung an die zweite Abteilung zurück" (Braverman, 1980, 244). C. Babbage beschreibt den Vorgang und seine Anforderungen wie folgt:

Wenn man hört, dass die auf diese Weise hergestellten Tabellen siebzehn grosse Folianten füllten, so kann man sich vielleicht ein Bild von der Arbeit ma-

---

283 A. Smith gilt immer noch als einer der bedeutendsten englischen Ökonomen. Er beschrieb im zitierten Buch über den Volkswohlstand vor allem die Vorteile der Arbeitsteilung, wie sie die Manufaktur mit sich brachte, die er – wie Babbage zeigt, ziemlich kurzsichtig – in der gesteigerten Geschicklichkeit der spezialisierten Arbeiter, in der Zeit, die gespart wird, weil der einzelne sein Werkzeug nicht wechseln muss, und in der Erfindung von Maschinen gesehen hatte. Berühmt, und darauf nimmt C. Babbage hier Bezug, ist A. Smiths Beschreibung der in 18 Teiltätigkeiten aufgeteilten Herstellung von Nähnadeln.

chen. Von jenem Teil der Arbeit, der von der dritten Gruppe ausgeführt wurde und der beinahe als mechanisch bezeichnet werden kann, da er die geringsten Kenntnisse und bei weitem am meisten Anstrengung verlangte, war die erste Klasse völlig befreit. Solche Arbeit lässt sich immer zu einem billigen Preis kaufen.

Schliesslich lenkt C. Babbage die Aufmerksamkeit seiner Leser auf einen Punkt, an welchem die Widersprüchlichkeit eskaliert:

Es ist bemerkenswert, dass sich gewöhnlich herausstellte, dass diese Personen in ihren Rechnungen fehlerfreier waren als jene, die ein umfassenderes Wissen des Gegenstandes besassen.

Im Klartext heisst das, dass billige Arbeitskräfte sich besser konzentrieren (können) als die besten Mathematiker des Landes. Der Unsinn dieser – allerdings häufig gepflegten – Aussage entschwindet, wenn man die billigen Arbeitskräfte durch Computer ersetzt. Die ökonomische Erkenntnis, die der berühmte A. Smith noch humanistisch verheimlicht hatte, wird von C. Babbage als Prinzip explizit gemacht, dass nämlich

die Arbeit gebildeter und besser bezahlterer Personen niemals auf Angelegenheiten verschwendet werden sollte, die andere, weniger gut ausgebildete Personen – billig, stur und fehlerfrei wie Maschinen – für sie ausführen können.[284]

H. Braverman, der diese tayloristische Seite von C. Babbage in seinem epochemachenden Buch *Die Arbeit im modernen Produktionsprozess* überhaupt populär gemacht hatte – und damit wohl den Hauptgrund dafür aufdeckte, dass C. Babbage als „Spinner" vereinsamte –, missversteht C. Babbage, wie viele seiner Humanisierungskollegen F. Taylor missverstehen. Er wirft C. Babbage vor, die Arbeiter durch Computer ersetzen

---

284 C. Babbage tut dies keineswegs nur implizit, er schrieb: „Dass nämlich der industrielle Unternehmer durch Aufspaltung der auszuführenden Arbeit in verschiedene Arbeitsgänge, von denen jeder ein anderer Grad an Geschicklichkeit oder Kraft erfordert, gerade genau jene Menge von beidem kaufen kann, die für jeden dieser Arbeitsgänge notwendig ist; wogegen aber, wenn die ganze Arbeit von einem einzigen Arbeiter verrichtet wird, dieser genügend Geschicklichkeit besitzen muss, um die schwierigste, und genügend Kraft, um die anstrengendste dieser Einzeltätigkeiten, in welche die Arbeit zerlegt worden ist, ausführen zu können" (Braverman, 1980, 70).

oder mindestens dequalifizieren zu wollen. „Es braucht dieser Geschichte nur noch hinzugefügt werden," kommentiert er die Überlegungen von C. Babbage ablehnend, „dass Babbage die Zeit voraussah, wo die ‚Fertigstellung der Rechenmaschine' den Bedarf an den von der dritten Gruppe durchgeführten Additionen und Subtraktionen beseitigen und es sich danach als möglich erweisen würde, Mittel und Wege zu finden, um die Arbeit der zweiten Gruppe zu vereinfachen. In Babbages Vision können wir die Umwandlungen des gesamten Prozesses in eine von der ‚ersten Abteilung' überwachte mechanische Routinearbeit sehen; der ‚ersten Abteilung', die zu jenem Zeitpunkt die einzige Gruppe sein würde, welche entweder Mathematik oder den Rechenprozess selbst verstehen müsste. Die Arbeit aller anderen würde zu ‚Vorbereitung von Daten' oder ‚Bedienung von Maschinen' umgestaltet werden" (Braverman, 1980, 244f). H. Braverman, der die innerbetriebliche Arbeitsteilung vom Standpunkt eines idealisierten, ganzheitlichen Handwerkers kritisiert[285], übersieht, dass C. Babbage nicht diesen „idealen" Arbeiter, sondern reduzierte Resttätigkeiten durch Computer ersetzen wollte.

C. Babbage allerdings förderte das Missverständnis. Er teilte die unbegriffene Metapher der denkenden Maschine mit der späteren technischen Intelligenz. Damit seine potentiellen Kunden und Geldgeber (wenigstens ökonomisch) verstanden – was sie offenbar trotzdem nicht taten –, was seine Maschine zu leisten vermocht hätte, sprach er bei bestimmten Arbeiten, die von Menschen ausgeführt wurden, von mechanischer Arbeit und umgekehrt bei Funktionen, die seine Maschinen hätten verkörpern können, von geistiger Arbeit. So schrieb er als Fazit seiner Mathematikerzerlegungsgeschichte:

Was einigen unserer Leser vielleicht paradox erscheinen mag, (ist), dass die Arbeitsteilung mit gleichem Erfolg auf *geistige* wie auf mechanische Verrichtungen angewandt werden kann und dass sie bei beiden die gleiche Zeitersparnis garantiert.

C. Babbage bezeichnet das Addieren der ‚dritten Abteilung' als geistige Arbeit, obwohl seine mechanische Vorrichtung, die er auch ‚analytische

---

285 Die Kritik, wonach viele der Arbeits-Humanisierer ein idealisiertes Bild eines (noch) nicht tayloristisch zerlegten Handwerkers verwenden, wurde im Rahmen

Maschine' nannte, diese Tätigkeit, wie andere Maschinen handwerkliche Tätigkeiten, ersetzt hätte. Selbst H. Braverman sieht im Addieren noch eine geistige Arbeit, obwohl er die Funktion des Kopfes beim besagten Kopfrechnen in der dritten Abteilung explizit macht: „Die Arbeit wird immer noch im Kopf geleistet, doch wird das Gehirn so eingesetzt wie der Detailarbeiter in der Produktion seine Hand benutzt, nämlich so, dass es einzelne ‚Daten' immer wieder ergreift und wieder loslässt" (Braverman, 1980, 244f). Er schreibt über die Arbeit der Büroangestellten, die nicht mehr im Kopf rechnen, sondern nur noch Rechenmaschinen bedienen müssen: „Die fortschreitende Beseitigung der *Denkarbeit* aus der Tätigkeit des Büroangestellten nimmt also zunächst die Form an, dass die geistige Arbeit auf eine ständig wiederholte Verrichtung derselben kleinen Zahl von Funktionen beschränkt wird" (Braverman, 1980, 244f).[286]

Wenn man Zahlen nur noch abtippen und von der Maschinenanzeige wieder auf ein Papier übertragen muss, macht man sicher etwas anderes, als wenn man die Zahlen „im Kopf" addiert, den Kopf braucht man aber bei beiden Tätigkeiten nur so, dass er durch eine Maschine freigestellt werden kann. Es ist aber schlicht unbeschreiblich, was im Kopf eines Menschen alles passiert, wenn er Zahlen abtippt. Möglicherweise ist es viel mehr, als wenn er zwei Zahlen addiert. Die Unterteilung der Tätigkeiten in mechanisch-handwerkliche und geistige, in Abhängigkeit davon, ob man wie Schmidt etwas macht, oder wie Taylor „nur" etwas beschreibt, beruht begrifflich auf der überholten Unterscheidung zwischen Herstellen und Abbilden und praktisch auf dem sich ebenfalls auflösenden Standesdünkel, der Büroarbeit als etwas generell Höheres ausgegeben hat. Wir verstehen, was in einem Computer passiert, der administrative Tätigkeiten ersetzt. Und vom Computer wissen wir – was C. Babba-

---

der (De-)Qualifizierungs-Diskussionen in den 70-er Jahren von den Autoren des Projektes Automation und Qualifikation vorgetragen. Sie fragten: „Hat der mittelalterliche Handwerker als Idealtyp bisher von der Menschheit erreichter Entwicklungsmöglichkeiten zu gelten, zu dem im Interesse menschlicher Autonomie zurückzukehren ist?" (Projekt Automation und Qualifikation, 1978, 8).

286 R. Marti schreibt, nachdem er darauf hingewiesen hat, dass man im Mittelalter der Meinung war, Arithmetik erfordere Intelligenz: „Mittlerweile betrachten wir numerisches Rechnen jedoch als rein mechanischen Vorgang" (Marti, 1991, 65).

ge, als er von geistiger Tätigkeit gesprochen hatte, vielleicht noch nicht bewusst war –, dass nämlich für die Maschine gleichgültig ist, ob die Ausgabesignale der Rechnereinheit die Bewegungen eines Roboters oder den Kathodenstrahl eines Bildschirmes steuern. Additionsergebnisse anzeigen kann eine Maschine, ohne dass sie zuvor etwas Geistiges gemacht hat. Die Maschinen zeigen gerade, was alles ohne Geist funktioniert.

Wenn ein Mensch addiert oder Zahlen abschreibt, löst er – wie wenn er beispielsweise am Fliessband Schrauben anzieht – normalerweise eine sinnvolle Aufgabe, auch wenn der Sinn der Aufgabe in seiner Teiltätigkeit nicht sichtbar ist. Wenn der Tätige seiner Tätigkeit nicht völlig entfremdet ist, versteht er deren Sinn auch, wo das für die Tätigkeit selbst nicht nötig wäre, also dort, wo man „einen intelligenten Gorilla so abrichten könnte, dass er die Funktion ebenso effizient erfüllen würde".

Wenn Maschinen Menschen aus dem Arbeitsprozess drängen, machen die Maschinen nicht das, was die Menschen zuvor machten, sondern das, was die Menschen zuvor „arbeitsteilig" an Stelle von Maschinen machten. Maschinen ersetzen nicht Menschen, sondern Tätigkeiten, die Menschen anstatt der Maschinen tun. Dass wir „die Ideen dafür, was eine Maschine leisten soll, vom Menschen haben", beruht auf einer verkehrten Ansicht über den Zweck der Maschinen insgesamt. Wir stellen nicht Maschen anstelle von Menschen, sondern umgekehrt – bis wir die Maschine haben – Menschen anstelle von Maschinen.

Intelligente Maschinen sind in zwei Hinsichten erstrebenswert: sie zeigen die Arbeiten, die wir tun, obwohl sie unmenschlich sind und sie heben – allerdings erst, wenn sie realisiert und somit nicht mehr intelligent sind – diese asozial ausgelagerten Arbeiten auf.

Literatur

Anderson, A.: Minds and Machines, Engelwood Cliffs, N.J. 1964
Asimov, I.: Ich, der Robot, Berlin (DDR) 1982
Bauknecht, K./Zehnder C.A.: Grundzüge der Datenverarbeitung, Stuttgart 1980
Bechstein, E./Hesse S.: Aus der Geschichte der Automatisierungstechnik, Berlin DDR 1974
Bibel, W.: Automatische Inferenz, in: Retti, 1984
Bichsel, P.: Kindergeschichten, Darmstadt 1974
Bischof, N.: Kognitive Entwicklung, Skript zur Vorlesung an der Universität Zürich, Zürich 1982
Bourbaki, N.: Die Architektur der Mathematik, in: Otte, 1974
Brecht, B.: Fragen eines lesenden Arbeiters, in: Gesammelte Werke, Band 9, 656, Zürich 1976
Bravermann, H.: Die Arbeit im modernen Produktionsprozess, Frankfurt 1980
Buchberger, E.: Sprachverstehen in der AI, in: Retti, 1984
Chomsky, N.: Sprache und Geist, Frankfurt 1970
– Aspekte der Syntax-Theorie, Frankfurt 1973
– Thesen zur Theorie der generativen Grammatik, Frankfurt 1974
– A review of Skinner's „Verbal Behavior", deutsch in: Eichler/Hofer, 1974, 25 - 49.
Corell, W. (Hrsg): Programmiertes Lernen und Lehrmaschinen, Braunschweig 1965
Däniken, E. von: Erinnerungen an die Zukunft, Düsseldorf 1968
De Bono, E.: Das spielerische Denken, Bern 1967
Duden: Grammatik, Mannheim 1984
– Herkunftswörterbuch, Mannheim 1963
– Informatik, Mannheim 1988
– Rechnen und Mathematik, Mannheim 1985
DIN: Begriffe der Informationstechnik, DIN-Taschenbuch 25, Berlin, 1989
Ebeling, A.: Gehirn, Sprache und Computer, Hannover 1988
Eco, U.: Zeichen, Frankfurt 1977
Eichler, W./Hofer, A. (Hrsg): Spracherwerb und linguistische Theorie, München 1974
Ernst, B.: Der Zauberspiegel des M.C. Escher, Berlin 1986
Fischer, G.: Formen und Funktionen von Modellen in der Mensch-Computer Kommunikation, in: Schauer/Tauber, 1984
Glasersfeld, E. von: Konstruktion der Wirklichkeit, in: Gumin/Mohler, 1985

Gorz, A.: Der Abschied vom Proletariat, Frankfurt 1980
Grogg, F.: Signale und Systeme, Beilage zur Vorlesung, Institut für Elektronik, ETH Zürich 1990/91
Gumin, H./Mohler, A. (Hrsg): Einführung in den Konstruktivismus, München 1985
Gut, B.: Inhaltliches Denken und formale Systeme, Oberwil 1979
Haken, H.: Erfolgsgeheimnisse der Natur, Frankfurt 1988
Haller, M. (Hrsg): Weizenbaum contra Haefner - Sind Computer bessere Menschen ?, Zürich 1990
Hayakawa, S.: Semantik, Darmstadt 1967
Heckmann, H.: Die andere Schöpfung, Frankfurt 1982
Heiser, J. u.a.: Can Psychiatrists Distinguish a Computer Simulation of Paranoia from the Real Thing?, 1980, in: Buchberger, 1984
Herschel, R./Pieper, F.: Pascal, München 1979
Hofstadter, D.R.: Gödel, Escher, Bach, Stuttgart 1985
Holzkamp, K.: Kritische Psychologie, Frankfurt 1972
- Sinnliche Erkenntnis - Historischer Ursprung und gesellschaftliche Funktion der Wahrnehmung, Frankfurt 1976
Holzkamp-Osterkamp, U.: Grundlagen der psychologischen Motivationsforschung 1, Frankfurt 1975
Huxley, A.: Brave New World, Harmondsworth 1955
Hyman, A.: C. Babbage, 1791 - 1871, Stuttgart 1987
Ilgauds, H.: Norbert Wiener, Leipzig 1980
Jackson, M.A.: Grundsätze des Programmentwurfes, Darmstadt 1979
Jameson, A.: The Natural Language System HAM-RPN as a Hotel Manager, Hamburg 1980 in: Steinacker, 1984
Kemp C./Gierlinger U. (Hrsg.): Wenn der Groschen fällt ..., München 1988
Kern, H./Schuhmann, M.: Industriearbeit und Arbeiterbewusstsein, Frankfurt 1977
Kidder, T.: Die Seele einer neuen Maschine, Hamburg 1984
Klaus, G.: Wörterbuch der Kybernetik, Band 1, Frankfurt 1969
Klemm, F.: Geschichte der Technik, Hamburg 1983
Köck, W.: Menschliche Kommunikation: Theorie und Empirie, in: Schauer/Tauber, 1984
Krohn, W.: Die neue Wissenschaft der Renaissance, in: Krohn u. a., 1977
Krohn, W. u.a.: Experimentelle Philosophie, Farnkfurt 1977
Kuhn, T.: Die Struktur wissenschaftlicher Revolutionen, Frankfurt 1976
Kupka, I.: Algorithmische Metakommunikation, in: Schauer/Tauber, 1984
Lakatos, I.: Beweise und Widerlegungen, Braunschweig 1979
Langer, J.: Ingenieure und Kaufleute, Klagenfurt 1981

Legendi T./Szentivanyi, T. (Hrsg): Leben und Werk von John von Neumann, Mannhein 1983
Leisi, E.: Praxis der englischen Semantik, Heidelberg 1973
Lenk, H./Ropohl, G.: Praxisnahe Technikphilosphie, in: Zimmerli, 1976
Lewis Carroll: Alice im Wunderland, Frankfurt 1963
Lorenz, K.: Die Rückseite des Spiegels, München 1977
Marolf, R.: Informatik zum Mitdenken, Technorama der Schweiz, Winterthur 1983
Marti, R.: Wie intelligent sind Computer?, Neue Zürcher Zeitung, Zürich, 27. Nov. 1991
Marx, K.: Das Kapital, MEW, Berlin DDR 1975
Moschytz, G.: The World in Turbulence: Can Technology Help? in: Scientia Electrica, Vol 36, S. 5 - 26, Fachvereine der Schweizerischen Hochschulen, Zürich 1990
Naur, P.: Report on the Algorithmic Language, Copenhagen 1960
Osborne, A.: Einführung in die Mikrocomputer-Technik, München 1982
Otte, M. (Hrsg): : Open Society and its Enemmies, London 1945
  Logik der Forschung, Tübingen 1976
Prigogine I./Stengers, I.: Dialog mit der Natur, München 1980
Projektgruppe Automation und Qualifikation: Entwicklung der Arbeit, Argument Sonderband 19, Berlin 1978
– Theorien über Automationsarbeit, Argument Sonderband 31, Berlin 1978
Renyi, A.: Tagebuch über die Informationstheorie, Basel 1982
Révész, G.: John von Neumann und der Rechner, in: Legendi/Szentivanyi, 1983
Schlageter, G./Stucky, W.: Datenbanksysteme: Konzepte und Modelle, Stuttgart 1977
Schauer, H./Tauber, M.: Psychologie der Computerbenutzung, Wien 1984
Schneider, H-J. (Hrsg): Lexikon der Informatik und Datenverarbeitung, München 1983
Shannon C./Weaver W.: Mathematische Grundlagen der Informationstheorie, München 1976
Skinner, B.: Eine funktionale Analyse sprachlichen Verhaltens, in: Corell, 1965
Sohn-Rethel, A.: Warenform und Denkform, Wien 1971
Steinacker, I.: Intelligente Maschinen? in: Retti, 1984
Stemplinger, E.: Antike Technik, München 1927
Taylor, F.W.: Grundsätze wissenschaftlicher Betriebsführung, Weinheim 1977
Thome, K. (Hrsg): Wie funktioniert das? Die Technik im Leben von heute, Lexikon, Mannheim 1986
Thomsen, C.: Die Computerisierung der Lebenswelt, in: Haller, 1990
Turing, A.: Computing Machinery and Intelligence, in: Anderson, 1964

Trost, H.: Wissensrepräsentation in der AI, in: Retti, 1984
Vahrenkamp, R.: Frederick Winislow Taylor - Ein Denker zwischen Manufaktur und Grossindustrie, in: Taylor, 1977
Vetter, M,: Aufbau betrieblicher Informationssysteme, Stuttgart 1987
Volpert, W.: Von der Aktualität des Taylorismus, in: Taylor, 1977
Wandschneider, D.: Formale Sprache und Erfahrung, Carnap als Modellfall, Stuttgart 1975
Weidmann, U.: Linguistische Terminologie, Zentralstelle der Studentenschaft, Uni Zürich, Zürich 1979
Weiss, R.: Die Geschichte der Datenverarbeitung, Vertrieb durch Sperry AG, Schweiz, 1983
Weizenbaum, J.: Die Macht der Computer und die Ohnmacht der Vernunft, Frankfurt 1978
Whorf, B.L.: Sprache, Denken, Wirklichkeit, Hamburg 1963
Wiener, N.: Mensch und Menschmaschine, Frankfurt 1952
– Kybernetik, Düsseldorf 1963
Wittgenstein, L.: Tractatus logico-philosophicus, Frankfurt 1963
Wunsch, G.: Geschichte der Systemtheorie, München 1985
Wirth, N.: Algorithmen und Datenstrukturen, Stuttgart 1983
Zehnder, C.A.: Informationssysteme und Datenbanken, Stuttgart 1987
Ziegler, J.: Wahnsinn aus Methode, Argument Sonderband 15, Berlin 1977
Zimmer, D. E.: So kommt der Mensch zur Sprache, 1988
Zimmerli, W. (Hrsg): Technik oder: wissen wir, was wir tun?, Basel 1976
– Technokratie und Technophobie, in: Zimmerli, 1976

Personenregister

Aiken, H. 25
Altmann, S.A. *154*
Ampère, A. *140*
Archimedes *168*
Aristoteles 100, *169*
Asimov, I. *28*

Backus, J.W. *124*, 164, *171*
Babbage, C. 11, 25, *67*, *80*, *224*, *231*, 231ff, *233*, *234*
Bauknecht, K. 29, *89*, 142, *144*, *146*
Bechstein, E. *73*, *80*, *82*, *169*
Bertrand, J. 173
Bichsel, P. *42*
Bischof, N. *94*
Bohr, N. 207
Boltzmann, L. 101, *101*
Bourbaki, N. *100*
Braun, F. *112*
Bravermann, H. *82*, *230* *231*, *232*, 234f,
Brecht, B. *37*

Capek, K. *29*
Chomsky, N. 156, *156*, 163, *163*, 175ff, *175*, *177*, *179*, *182*, *183*, *184*, 185
Chwarismi, Al I. 83
Claus, V. *160*
Colby, K. *222*

Dahl, R. *144*
Dali S. *38*
Däniken, E. von *51*
Darwin, C. 59
De Bono, E. *68*, *230*
Dijkstra E. *18*, *144*
Drebbel, C. *72*

Ducker, P. *21*
Duden → Sachregister

Ebeling, A. *144*, *217*
Eckert, J. 25
Eco, U. *34*, *114*, *117*, *136*, *184*, *211*
Einstein, A. 227
Epimenides 173, *175*, 176
Ernst, B. *228*
Escher, M. *228*

Falcon 25, *80*, *82*
Fischer, G. *210*
Fisher, R. *213*
Ford, H. 21, 196
Foerrster, J. 108f
Frege, G. *54*, *193*

Galilei *93*
Gierlinger U. *74*
Giloi, W. *205*
Glasersfeld, E. von *154*, *157*, *198*
Gorz, A. 141
Gray Stephen *130*
Grogg, F. 133, 137
Gumin, H. *198*
Gut, B. *54*, *193*

Haken, H. *88*, *94*, 101, *101*
Hartley *134*, 213
Hayakawa, S. *152*, *173*
Heckmann, H. *132*
Heiser, J. *222*
Hellwald *168*
Helmholtz, H. *200*
Heron von Alexandria 80
Herring, H. *200*
Herschel, R. 19, 145, *164*, *212*

Hesse S. *73, 80, 82, 169*
Hoare, C. *18, 144, 159*
Hockett, C.F. *154*
Hoff, T. 18, 174
Hofstadter, D.R. *18, 174, 204, 205,*
    217, *221, 222, 225, 226, 228, 231*
Hollerith, H. 25, *52*, 81, 232
Holzkamp, K. *52, 198*
Holzkamp-Osterkamp, U. *227*
Huxley, A. *141, 227*
Hyatt, G. 18
Hyman, A. 231, *232*

Ilgauds, H. *72, 140, 213,*

Jackson, M.A. 144ff, *144, 146, 147*
Jacquard, J. 25, 80, *80, 82, 128*
Jameson, A. *221*
Joël, K. *169*

Kecskeméti, P. *192*
Kelvin, Lord 215, *215*
Kemp C. *74*
Kidder, T. *31*
Kilby, J. 18
Kirckhoff, M. 59
Klaus, G. *62*, 142
Klemm, F. *169*, 201, *201* 224
Kobsa, A. *221*
Köck, W. *140, 154*
Krohn, W. *41*
Ktesibios *80*
Kubrik, S. *221*
Kuhn, T. *65*
Kupka, I. *209*

Lakatos, I. *214*
Langer, J. *41, 216*
Leibniz 25
Leisi, E. *54, 184, 187, 190*, 191, *191, 192*
Lenk, H. *149*
Leonardo da Vinci *201, 224*
Lessing, G.E. *34*

Lewis Carroll *99*
Lilienthal, O. 200
Llull, R. 60
Lorenz, K. *105*

Magritte, E. *116*
Marolf, R. *203, 208*
Marti, R. *218, 236*
Marx, K. *67, 69* , 232, *232*
Maxwell, C. *140, 170*
Mayr, O. 73
Mc Carty, J. *217*
Mead, T. *73*
Menger, K. *64*
Mill, John S. 232
Minsky, M. 218
Mönke, H. *155*
Mohler, A. *198*
Morris, C. 184
Moschytz, G. *216*

Naur, P. 164, *170, 171*
Neuhold, E. *166*
Neumann, J. von 24, 84f, *84*, 127
Nilsson, N. *221*
Noyce, N. 18

Osborne, A. 108, *108*

Pascal, B. 24, *224*
Pieper, F. 19, 145, *164, 212*
Plato *140*
Popper, K. *46 64*
Prigogine I. *88, 133*
Projektgruppe Automation und
    Qualifikation *169, 236*
Prony, M. de 232

Renyi, A. *134, 135*
Révész, G. *85*
Ropohl, G. *149*

Sapir, E. *155*
Schickard 24

243

Schiller, F. 190
Schneider, H-J. *86*, *124*, 134, *138*, *155*, *160*, *166*, *205*
Schulz, W. *69*
Searle *179*
Selfridge, O. *225*
Shannon C. *96*, *118*, 131, 134f, *140*, 213, *213*
Skinner, B. 155f, *156*
Smith, A. 20, 26, 233f, *233*
Sohn-Rethel, A. *99*
Speiser, A. 18
Steinacker, I. 218, *221*
Stemplinger, E. *169*
Stengers, I. *88*

Taylor, F.W. 11, 12ff, 16, 18ff, 24ff, 40ff, 56, 89, *97*, *100*, 102, 212, 215, 219, 231ff, *231*
Tauscheck, G. 82, *82*
Tessler, Larry *222*
Thome, K. *72*
Thomsen, C. *18*
Turing, A. 83, *83*, *84*, 217-228, *223*, *229*
Trost, H. *194*

Vahrenkamp, R. *21*, 24
Veblen, T. *149*, *216*

Vetter, M. *91*, *91*
Vico *211*
Volpert, W. 23, *148*

Wandschneider, D. *190*
Watt, J. 72, *73*
Watzlawick, P. 197, *198*
Weaver W. *118*, *120*, 131, *134*, *139*, *200*, 213, *213*
Weidmann, U. *54*, *114*, *118*
Weiss, R. 83, *79*, *82*, *112*, *125*, 231, *231*
Weizenbaum, J. 31, *30*, *32*, *43*, *48*, *66*, 77, *83*, *85*, *100*, *123*, 139, *136*, *156*, *157*, *199*, *200*, *203*, *206*, 215, *215*, *225*, *229*
Whorf, B.L. *68* *186*, *199*
Wiener, N. *32*, 130f, *131*, *140*, 213
Wirth, N. *18*, 123, *144*, *148*, 158, *159*, *166*, *208*
Wittgenstein, L. *137*, 171f, *192*
Wunsch, G. *170*

Zehnder, C.A. 29, *89*, *91*, 142, *144*, 145, *146*, *204*
Ziegler, J. *198*
Zimmer, D. *175*, 176
Zimmerli, W. *165*, *216*
Zuse, K. 25

Sachregister

Abbildung 27, 30, 33, 35, 37f, 40, 44, 46, 50, 57, 61, 81, 86, 89, 96, 98, 130, 139, 143, 148, 157, 160, 188, 193ff, 206, 225, 236
- adäquate Abbildung 10, 30, 54, 138, 194, 198, 209
- Referent der Abbildung 34f, 38, 46, 50, 54, 90, 96, 114, 145, 165, 176 180, 185ff, 193, 202f, 206ff, 221
- Repräsentation 26, 34, 46, 52, 54, 90, 96, 147, 193

Abbidungsart 35, 39, 52, 102, 151
Abbruchkriterium 64, 141, 145
Abstraktion 19, 36, 47, 50, 55, 90ff, 115, 137, 155, 164f, 174, 186, 194, 207f, 223
Algol (Prog.sprache) 164, *170*
Algorithmus 19, 84, 225
  (s. auch effektives Verfahren)
„alltägliche" Auffassung 19, 25, 30, 36f, 50, 61, 66, 74, 76, 85, 98, 113, 117, 127, 128ff, 138, 149f, 156, 160, 163, 182, 193, 213, 216
  (s. auch Vorstellungen)
Alphabet 120, 153, 165ff
- Morse-Alphabet 120
analog 30, 37, 38ff, 53, 81, 102, 165, 195, 206
Analyse 12, 25, 62, 93, 146, 149, 160, 167, 200, 221, 226
Aneignungsaufwand 207
Antiblockiersystem 126, 209
Anthropologie 33, 141
Anthropomorphisierung 9
Anweisung 16, 19ff, 33, 40ff, 57, 78, 83, 87, 104, 123, 142f, 158, 195, 214, 230

Arbeit 21, 26f, 63, 139ff, 145, 149, 216, 219, 229f, 233
- geistige Arbeit 21, 26, 235f
- Humanisierung der A. 11, 15, 21, 141, 234
- qualifizierte Arbeit *80*, 235
Arbeitskraft 24, 190, 219, 230
Arbeitspsychologie 27
Arbeitsteilung 9, 26, 28, 33, 149, 229f, 235
- innerbetriebliche A. 235
Artefakt 32, 33, 47ff, 115
Ausbildung 9, 125, 149f
Ausdruck 42, 44, *44*, 48, 53, 54f, 163f, 182, 192, 204
Automat (vgl. Maschine) 9, 23, 28ff, 50, 57ff, 61ff, *62*, 70, 71ff, 85, 86, 90, 102, 121, 141, 156, 159, *160*, 169, 220ff
- Getränke-Automat 102ff
- Halb-Automat 71ff, 87, 105, 112
- intelligenter Automat 217ff, 228

Backus-Naur-Form 164
Bank (Organisation) 192, 203
„Bank" 11, 54
Barcode 119, 138
Basic (Prog.sprache) *148*
„Baumnuss" 42, 55
Baum
- Begriffs-Baum 59-65
- Baum-Struktur 147, 226
Bedeutung 9, 44, 47ff, 53, 115, 158f, 225
- pragmatische Bedeutung 53f, 63, 154, 184
- produzierte Bedeutung 197f

245

- Symbol-Bedeutung 53, 114, 139, 183, 192, 214
  (s. auch Gegenstands-Bedeutung)
Befehl 19, 24, 27, 41, 84, 104, 121, 204, 208, 215
Begrenzer 166, *166*
Begriff 11, 37, 56, *59*, 94, 154, 185, 187, 214, 221
- Begriffsbaum 60ff, 187
- formaler Begriff 97, 158, 180, 225
- Oberbegriff 59ff, 90, 98f, 135, 186f, 194
- Schlüsselbegriff 213
Benützer 75, 111ff, 126ff, 208ff
- Benützer-Verhalten → Verhalten
Bertrand-Paradoxie 173
Beschreibung 16, 19, 28, 33, 45, 46f, 60, 81, 96, 116, 121, 128, 143, 148f, 159f, 162, 206
- formale Beschreibung 24, 47, 102
- B. einer Sprache 161, 182
- produktionsorient. B. 196
Bild 34, 38, 52ff, 165
Bildschirm 104, 112f, 118, 138, 160, 205, 237
Bildung 149
Biologie 42, 55, 61, 131, *154*
Buchstaben 118, 139, 153, 165
- Buchstaben-Kette 29, 102, 167
  (s. auch Zeichen)

CIA *217*
Cobol (Prog.sprache) *148*
Code 104, 120f, 143, 160, 214
- ASCII 167f
Computer 9, 24, 76ff, 108, 125, 132f, 147, 159f, 202ff, 231, 234f
- Computer-Männchen 204ff, 215
- Computermodell 202ff, 214
- Computerproblem 226

Datatypistin 223, 229f
Daten 81f, 128, *128*, 208, 235f
Datenverarbeitung 81, 138, 203, 212

Definitionen 11, 37, 56, *59*, 57ff, 62ff, 91, 133, 136, 192, 196, 214, 221
- „von-links-nach-rechts-" *46*
Denken 20, 25, 52, 97, 98, 144, 191, 217, 236
Dialog-System 133, 221
digital 38, 81, 104
DIN 196
- Informationstechnik *128*, *196*, *214*
Ding 29, 36, 42ff, 47ff, 64, 67, 92, 98, 145, 155, 185f, 192
Duden
- Fremdwörterbuch *189*, *196*, *207*
- Grammatik 113, *113*, 117, 150, 153, *168*, *171*, *183*, *184*, 185f,*187*, *190*
- Herkunftswörterbuch 41, *99*, *118*, 150f, 191, *199*, *203*, *207*
- Informatik 37, *60*, *110*, *125*, *126*, *128*, 134, *138*, *146*, *148*, 150, *155*, *159*, *159*, *160*, *162*, 163f, *164*, *166*, *171*, *194*, *203*
- Rechnen und Mathematik *59*, *84*, *170*, *173*
- Rechtschreibung *159*
Dynamo 65ff, 86

Eigenschaft 92f, *92*, 180, 187f, 214
- Eigenschaftsträger 92, 186f
  (s. auch Entität)
Elektronengehirn 29f, 132, 147, 202, 205, 236
„Eliza" (KI-Programm) 30, 133, 200, 204
Energie 70, 117f, 134, 136, 184
- dissipative Energie 88, *88*
- Lichtenergie 65, 118, 138f
- tote Energie 63ff, 105, 207
- sekundäre Energie 76ff, 88, 135f, 210, 214
Energiekreis 105ff, 109, 135
Energieversorgung 69, 128
„Eniac" (Computer) 25, 80, 83
Entität 91ff, *91*, 145, 166, 225
„Erdbeeren" 42, 47, 55, 61, 99

Erde 38, 68
Ergonomie 126, *126*, 208
„Esel" 170, 189f, 225, 227f
Esperanto 161
„Essen" 152f
Etymologie 53, 99, 150
Explosions-Z. → Zeichnung

Fahrrad 65f
Fliehkraftkupplung 75
Fliehkraftregler 72, *72*
Fliessband 20f, 141, 237
Flugzeug 199ff
Form 36, **49f**, 51f, 58, 70, 90ff, 96, **98**, 113, 162, 164f, 195ff
- Formgebung 36, 197
- Kuchenform 49, 98, 197
  (s. auch Steuerungs-Form)
Formel 10, 96, 101, 177, 197, 233, 235, 237
Fortran (Prog.sprache) *124*, *148*
Frankenstein 225
Funktion 59, 195f, 198, 220, 223, 235f
- Werkzeug-Funktion 71f, 74f, 222ff
Funktionsweise 79, 142, 195f, 199, 207, 223
„Fussball" 178ff

Gegenstand 47f, 51, 66, 115, 166, 170ff, 186f, 195, 206
Gegenstandsbedeutung 47, 54, 105, 114f, 136
Getränkeautomat → Automat
„Gold" 188
Grammatik 153, **163f**, 172, **174ff**, 180ff, 184ff, 224
- generative Grammatik 175, 179f, 224
- Grammatikmaschine → Maschine
Griechen 168, 199

HAL (Computer) *221*
Halbautomat → Automat
Hammer 36, 48, 65, 72, 142, 151, 212
Handlung 126, 139, 151ff, 194, 208

- sprachliche Handlung 151ff
Handwerk(er) **26**, 32, 56f, 69, 143f, 235f
Hardware 24, 27, 88ff, 209
Homonym 11, 29, 54
„Hotel-Manager" (KI-Prog.) 221
Hyperbel 190

IBM 25, *124*, *208*
Identifier 167, 181
Identität 51, 91f, 143
Ikarus 199f, *199*
Index *114*
Informatik 11, 21, **24ff**, 125, 134f, 139, 143ff, 148f, 204
Information 73f, 116, **133ff**, 156, 191, 213f
- Informationsgehalt *96*, 134
- Informationstheorie 131, 134, 213, 217
- Informationsquelle 131
Ingenieur 9, 19, 30, 33, 61, 85, 98ff, 139f, 158, 168, 195, 199ff, 205, 213, 216, 229f
- konventioneller I. 35
- post-konventionel. I. **18ff**
- prä-Informatiker 24
Intelligenz 193, **218ff**
- gesellschaftliche I. 216
- griechische I. 170
- künstliche I. 205
- menschliche I. 201, **227f**
- metaphorische I. 12, 216, **221**, 228
- technische I. 15, 23, 30f, 149, **216**, 227, 235
Intelligenz-Quotient 227
Intendieren 33, *33*, 61, 71f, 85, 151, 161, 229
Interaktion 154, *154*
interdiziplinär 10
Interpretation 28, 47f, **104f**, 123, 126, **158f**, 172f, 190, 204, *210*
Interpreter 210
Ironie 190, 203, 221f

247

KI → Intelligenz, künstliche
- KI-Forschung 221ff
Kommunikation 55, 63, 115, **128**, 134, 138, 150, 157, 221
- Kommunikationsmaschine 105, 119ff
- Mensch-Maschine-K. 132
- Kommunikationsmittel 114, 130, 155
- Kommunikations-Modell 128ff
- Kommunikationsschnüre *131*
- zwischenmenschliche K. 133, 189
Konstruktion 19ff, 34, 70, 86ff, 111, 144, 195f, **197f**, 215, 224
- unentwickelte K. 103
- K. einer Grammatik 182
- K. der Wirklichkeit 197, 210
  (s. auch Konstruierte Wirklichkeit)
- Konstruktionstätigkeit → Tätigkeit
- Konstruktionszeichnung 20f, 35, 40, 86f, 143, 146, 195f, 210
Konstruktives Begreifen 114, 196, 207, 211, 219, **222ff**
Konstruktivismus 197, *198*
Kontext 53f, 100, 128, 138, 147, 158f, 172, 181f, 189
Körpersprache 156
Kreter 173, 176
Kriterium 33, **57-71**, 87, 101, 135, 154, 156, 167, 182, 187, 191, 218, 222f
  (s. auch Abbruchkriterium)
Kuchenform → Form
„Kupfer" 188
Kupplung 73f
Kybernetik 130f, *132*, *140*

Laute, sprachliche 151ff, 168
Leopard 186f, *186*
Lese-Schleife 109
Leser 119
- optischer Leser 115, 119, 138
- Lochstreifen-Leser 84

Lexikon 134, 180ff
Licht 65, 118
  (s. auch Energie)
Lichtschalter 207
Linguistik 162
Lisp (Prog.sprache) *217*
Lochkarte 24, **79ff**, 115, 127f
Logik 100, 170, *194*

Macht der Computer 23, 206
Magnet 68, 79, 116
- Magnet-Speicher **109ff**
- Magnet-Schieber **105ff**
Manager 216, 229f
Markers 181
Maschine 29, 57, **62ff**, 87, 111, 209ff, 221
  (s. auch Automat)
- Allzweckmaschine *144*
- eigentliche Maschine 63
- Grammatikmaschine 156, *175*, 224
- intelligente Maschine 217ff, 222f, 235ff
- Kommunikations-Maschine → Kommunikation
- konstruieren einer M. 145
- Kraft-Maschine 74
- Nähmaschine 57, 67ff
- ökonom. Sinn der M. 231
- Schreibmaschine 104, 111, 119, 223, 229
- tot gesteuerte M. 70, 92
- Turing-Maschine → Turing
- Vorbilder für M. 200
Maschinensprache 102, 108, 116, 121, **157ff**, 189
Material *35*, 49, 87, 143, 146, 186, 197
- Material-Namen → Stoffnamen
Materie 134
Mathematik 58, 134, **168f**, 213, 225, 235
Menschenbild *33*
Menschmaschine *131*, 155, 175, 212, 231

Mensch-Maschine-Kommunikation
→ Kommunikation
Merkmal 59, 71, 76, 93,
- lexikalisches Merkmal 180ff, 202
Messen 95f
- Intelligenz-Messung 219, 227
- Mess-Instrument 50, 218
Metapher 9, 31, 38, 54, 98, 118, 134, 138, **189ff**, *190*, 198ff, 212f, 221, **228**
- Basis der Metapher 192, 221, 228
- Funktionsweise der M. 191
- Sendegebiet der M. 11, 214
Metasprache → Sprache
Metonymie 190
Mikrofon 45f, 129f
Mind Mapping 60
Modell 72, 97, 129, 134, **204ff**
- adäquates Modell, 202, 205f, 210, 215
  (s. auch Beschreibung)
- Planeten-Modell 206f
Modem *120*
- (De)Modulation 120, 130, 138, 160
Modula-2 (Prog.sprache) 158, *158*, 166
Morsen 156
Motor 70, **73ff**, 86, 195
- Viertakt-Motor 73f
- Diesel-Motor 73f
Münzautomat *74*, 76

Nachricht 105, 119, 129, 134, 137, 151, 191, 213
Nähmaschine → Maschine
Namen 42, 45, 93, 166f, 178, 186, 203
Namensgebung 45, 55, 217
Natur 47, 49, 147, **199f**
Natur-Wissenschaften → Wissenschaften
Nerven 131, 138, 151
Neuronales Netzwerk *89*
Nichtterminalsymbol → Symbol

Oberbegriff → Begriff

Objektsprache → Sprache
Oekonomie 41, 53, 144, 208, **231**
Operatoren 166, 172
Ordnung **93ff**, 101, 146f, 166, 208
Organisation 24, 41, **95ff**, 215

Paradoxie 172f, 177
„Parry" *222*
Pascal (Prog.sprache) 19, *148*
Perpetuum mobile 222
Phonemen 153
Piktogramm 52, 58, 97
Pixel 113, 118, 137, 165f
Plan 26, 34, 54
Platzhalter 165, 171, 180
Pragmatik 34, **53ff**, *53*, 66, 113, 159, 176, **184**, 188, 216
Produktion
- gesellschaftliche P. 9, 19f, 32, 40, 50f, 86, 142, 179, 196, 230
- handwerkliche P. 26, 31, 145
  (s. auch Handwerk(er))
- serielle Produktion 51, 115
- symbolische Produktion 143, 149
- (s)terminologie 47
Produktionen
- grammatische P. **162ff**, 178ff
  (s. auch Regel und Produktionsregel)
Programm(ierung) 24, 28, 81, 89, 96, **115**, **120**, **127**, 128, **142ff**, 160, 195, 215, 222
Programmiersprache 19, 24, 29, 86, 90, 125, 168, 164ff
  (s. auch Maschinensprache)
Projektion 47, 74, 96, 100, 131f, 154, 175, 193, 215
Prozess 20, 25, 32, 51, **96**, 119, 229, 237
Pyramide *50*

Rechner 80, 84, 203f, 237
  (s. auch Tischrechner und Computer)
Rede 151f, 157

249

- Redeweisen 26f, 29, 63, 72, 74, 147, 166, 223
Referent → Abbildung
Regel *43*, 153, **161ff**, 174, 175, **180ff**
- Ersetzungsregel 163, 181
Regelung 73, 103, 131
- explizite Regelung 71
- Maschinen-Regelung 73
- Schwimmer-Regelung *72*
- tote Regelung → tote Steuerung
Register
- Buch-Register 150
- Computer-Register 205
Rekonstruktion 25, 32, 50, 146, 175, 198, **211f**
Rekursion 140, 163
Relais 79ff, **107ff**, 143
Repräsentation → Abbildung
Resttätigkeiten 141, 235
Roboter 28, 31, 51, *69*, 89, 94f, 139f, 147
Römer 168

Satz 45f, **161f**, 171, 175ff, 190
- Beschreibungs-Satz **45f**, 62
- Er-Satz (Wort) **45f**, 204
- „ist"-Satz 193
Scanner 116, **120**, 167
Schach 162, 194, 205, 211, **226f**
- Schach-Automaten 220, **225f**, *132*, *220*, *225*
Schallwellen 42, 129f, 139
Schalter 77, 82, 88, 106ff, 115, 122, 124, , 136, 143, **207**, 215
Schema
- formales 160
- Repräsentations-Schema 46, 54, 158
Schule 149
Schulungsaufwand 126
„Schwein" 191
Sekretärin 224, 230
sekundär → sek. Energie
Semantik 180, **184**, 188f
- Dreieck, semiotisches 159

- formale Semantik 159, 192
-semantische Merkmale 182f, 202
Seme 181
Sender 79
Sensibilität 72
Signal 79, **116ff**, **129f**, 133, **136f**, 151ff, 211, 237
Signifikats *117*
Sinnesorgan 138f
Sinnstiftung 47, 141
Sklaven 69, 169
Software 24, 27
Soll-Fragen 149
Spiel 156, 162, 211, 218f, 225ff
Sprache 28, **40ff**, 44, 50, 56, **85**, 90, 114, **130**, **150ff**, **155ff**, 174f, **188f**, 224
- Alltagssprache 37, 74, 98, 101, 117, 128, 194
- Fremdsprache 43, 56, 176
- formale Sprache 83, *156*, 160ff, *160*, 164f, 168, 171f, 179
- Metasprache 170f
- Objektsprache 171f
- Sprach-Gemeinschaft 42, 53
- Sprach-Maschine → Maschine, Grammatik
- Sprachwissenschaft → Wissenschaft
- Verwendung der Spr. → Pragmatik
- zwischenmenschliche Sprache 150, 158, 175, 184, 189, 224
(s. auch Programmier- und Maschinensprache)
Stadt 28, 193
Startsymbol → Symbol
Steuerung 24, **62ff**, **70ff**, 87, 106, 126, 144
- explizite Steuerung **71ff**, 112
- Steuerungs-Energie 76, 88ff, 135, 212
- Steuerungs-Form 70
- tote Steuerung 62, 70
- Ventilsteuerung *77*
(s. auch Regelung)

Stoffname 186
Stösselstange 75, 94
String 167
(s. auch Zeichenkette)
Struktogramm *146*
Struktur 59, 86, **93ff**, *93*, 113, 118, 142ff, 145, **169**, 180, 188, 208
- aktive Strukturierung **145f**
- Struktur-Begriff 96
- Struktur-Zustand 41, 96f
- syntaktische Struktur 179
Strukturalismus 25
Substantiv 171f, 178f, **185f**
- Substantiv-Ableitung **152f**
Symbol 33, 52, 81, 99, 104, 108, 111, **113ff**, 119ff, 151, **158**, 166, 172, 188ff, 203
- Symbol-Uebermittlung 120
- Start-Symbol 163, 166, 177
- (Nicht)Terminal-Symbol 163ff, 171, 180
- Wortsymbol → Wort
Synonym 19, 37, 62, 114, 174
Syntax 150, **163f**, 170, 175, **178f**, 182f, 188f, 229
- Syntax-Automat 175, *175*
- syntaxgeordnetes Handeln 158
System **90**, 96f, 102, 131, 155f, 215f, 225
- System-Theorie 97, 131
 (s. auch Kybernetik)
- System-Zeit 91, **97f**, 116

Tastatur 104, 120, 144, 159f, **166f**, 208
Tastenfolge 110, 157, 208
Tätigkeit 151, 196, 204, 208, 214, 223, 229, 236f
- Tätigkeit der Ingenieure 9f, **16**, 19, **139**, 148, 158
- Abbildungstätigkeit 139, 142
- Konstrutionstätigkeit 28, 90, 126, 143, 146, 201
- Sprechtätigkeit 41, 129, 151f, 158

Taylorismus 11, 15, 23, 200, 215, 219, 231ff
Technokratie *216*
Teflon 85
Telefon 45f, 52, 119, 129ff, 153, 198
- Telefon-Anschluss 45f
- Telefon-Buch 132
Tempeltüröffner *80*
Terminalsymbol → Symbol
Terminologie 10f, 47, **53ff**, 99f, 127, 135, 147, 159, 164, 194
Textverarbeitung 88, 92, 115
„Tisch" 47, 96, 99
Tischrechner 203f
Token 158, 166
Turing-Test 218-225
- Turing-Test-Maschine 219ff, 225
- Party-Spiel 220
Turing-Maschine 83f, *85*, *212*
Transformation 88, 143
- Transformation-Regel → Ersetzungsregel
Transistor 24, 81, 112, *112*, 207
Transmitter 131
Trope *190*

Übersetzung 104, 157f, 179f, 224
Uhr 34ff, 46, 50, 87, 97
Un-Deutsch 176f

Variable 95f, 171
Vereinbarung 19, 29, **43f**, 54, 56, 104, 153, 159ff, 172, 188ff, 221
Verfahren, effektives 43
Verhalten 68, 90, 154f, 194
- Benützer-Verhalten 126, 208ff
Verhaltensforschung 155, *156*
Verstärker 79, *210*
Verwaltung 214, 230
Verwandtschaft 192, 202, 212
- begriffliche 61, 99
„Vierbeiner" 99, 115
Vokabular 158, 166

251

Volksschule 148
Vorbild 200f, 224
Vor-Wissen 212
Vorstellung, falsche 28ff, 49, 126, 133, 156, 196, 202, 205, 209f

Wahrheit 29, 62f, 192
Wahrnehmung 19, 25, 38, 52f, 117ff, 139, 145, 198, 226
„Wal(fisch)" 42, 61, 68
Webstuhl 24, 80f
Werkzeug 16, 22f, 27, 33, 36, 58, **63ff**, 69ff, 86f, 102, 141f, 147f, 169f, 200, 212, 223ff, 229f
- Werkzeug-Funktion → Funktion
- „Sprech-Werkzeug" 131, 151
- Software-tools *66*
Wirbeltiere 59, 64
Wirklichkeit **34**, 38, 53, 69, 190, 198, 210, 214
- konstruierte W. **197**
- Teil-Wirklichkeit 195, 197
Wissen 18, 26, 49, 114, **143**, 149, **193ff**, 197, 206, 209, 236
- implizites Wissen 22, 143, 194
- metaphorisches Wissen 198
- pragmatisches Wissen 176, 183
Wissenschaft 56, 61, 68, 101, 134, 146ff
- Natur-Wissenschaften 68, 102, 134, 148
- Sprachwissenschaft 53, 159, 184
- tayloristische W. 20ff, 102, 219
Wort 42ff, 53, 56, 60ff, 108, 110, 139, 161, 168, 180, 199
- Wortart 185f
- Wortbildung 56, 152
- Wortgebrauch 19, 29, 42, 46, 178, **189ff**, 202, 213
- Wortkombinationen 179
- Wort-Symbol 167

- Wort-Zeichen 159, 167
- Er-Satz-Wort → Satz

Zahlen 24, 35f, 93, 98, 123, 135f, 166, 236
Zange 86f
Zeichen 24, 35, 104f, **113ff**, **116ff**, **136**, 159, **165ff**
- akustische Zeichen 41, 96
- phonetisches Zeichen 155, 168
- Zeichen-Kette 111, 161f, 166, 171f, 176ff
- Zeichen-Menge 120, 150, 153ff
- Zeichen-Satz 167f
- Zeichen-System 156ff
- Schrift-Zeichen 120, 153
(s. auch Buchstabe und Symbol)
Zeichnung 20f, 27f, **34f**, 40ff, 51f, 56f, 86f, 96, 98, 143, 156, 170, 195
- Explosions-Zeichnung 87
- Konstruktionszeichnung → Konstruktion
Zeigedefinition 64, *187*, 188
Zeigen 39, **43f**, 57f, 64, 172, 188
Zeit 37, 51, 75, **87ff**, 96f, 118, 137, 146, 191
- Zeit-Ersparnis 144, 161, 224, 235
(s. auch Systemzeit)
Zeitung 118, 139
Zeus 205
Ziffer 165, 216, 168
- Zifferblatt 37
Zugehörigkeit 59, 161, 175, 183
Zündung 75, 77, 85
Zürich 193
Zustand → Strukturzustand
„Zweck" 53, 95
- Zweckentfremdung 105
- Zweck-Mittel-Verschiebung 33, 70f, **86f**, 141
- Zwecksetzung 67, 141f

252

Verlagsanzeigen

Wolfgang Maier/ Thomas Zoglauer (Hrsg.)
Technomorphe Organismuskonzepte - Modellübertragungen zwischen Biologie und Technik

problemata 128. 1993. Ca. 350 Seiten. Leinen und Broschur.

INHALT: *W. Maier:* Erkenntnisziele der Biologie - *Th. Zoglauer:* Modellübertragungen als Mittel interdisziplinärer Forschung - *J. Nida-Rümelin:* Reduktionismus und Holismus - *H. Penzlin:* Reduktionismus und das Lebensproblem - *R. Mazzolini:* Mechanische Modelle des Körpers im 16. und 17. Jahrhundert - *A. Seilacher:* Konstruktionsmorphologie tierischer Skelette - *Chr. v. Campenhausen:* Zufall und Notwendigkeit bei der Einführung früher elektrophysiologischer Begriffe und Konzepte durch E. Dubois-Reymond - *R. Toellner:* Ganzheit und Organismus in der Physiologie und Lebenstheorie bei K. E. Rothschuh - *U. Kull:* Hydraulik und Turgeszenz in der Biologie - *W. F. Gutmann:* Molekulare Mechanismen in kohärenten Konstruktionen - *G. Hotz:* Probleme der Informationstheorie - *Chr. v. Campenhausen:* Neubestimmung der biologischen Funktion von Farbrezeptoren bei Tieren und Menschen - *K. Erlach:* Anthropologische Aspekte des Maschinenbegriffs - *M. Weingarten:* Konstruktion und Verhalten von Maschinen. Modellgrundlage von Morphologie und Evolutionstheorie - *W.-E. Reif:* Selbstorganisation von Integumentstrukturen - *H.-R. Duncker:* Probleme der komplexen Organisation in lebenden Systemen.

Karl Ulmer/ Wolf Häfele/ Werner Stegmaier
Bedingungen der Zukunft
Ein naturwissenschaftlich-philosophischer Dialog

problemata 111. 1987. 247 Seiten. Leinen und Broschur.

Um von der Zukunft, vor allem ihrem zu erwartenden Bevölkerungswachstum, nicht überrannt zu werden, muß man ihre Handlungsspielräume sichtbar machen. Einzelne sind dazu nicht mehr in der Lage, mögen sie Wissenschaftler, Philosophen oder Politiker sein. Das Buch zeigt, wie die Probleme in einem konsequenten naturwissenschaftlich-philosophischen Dialog geklärt werden können. Häfele ist Physiker und hat die gegenwärtigen Möglichkeiten der Naturwissenschaften und die globalen Energie- und Umweltprobleme auch in ihren politischen Dimensionen zusammenzusehen gelernt. Ulmer und Stegmaier fassen Philosophie als Weltorientierung.

Manfred Kienpointner: Alltagslogik

Struktur und Funktion von Argumentationsmustern

problemata 126. 1992. 447 Seiten. Leinen und Broschur.

Das Ziel dieser Arbeit ist eine umfassende Typologie von Mustern der Alltagsargumentation. Um die zentralen Begriffe *logische Gültigkeit* und *Plausibilität* zu klären, werden verschiedene moderne Logiken sowie Semantiktheorien diskutiert (u.a. die intensionale Logik von Carnap, die strukturelle Semantik von Coseriu, Lyons und Katz, die Semantik möglicher Welten von Lewis, die Stereotypen-Semantik von Putnam, die Relevanz-Logik von Walton). Aus dieser Diskussion wird im Anschluß an Wittgensteins Gebrauchstheorie der Bedeutung gefolgert, daß die Plausibilität von Alltagsargumentation von den Gebrauchsregeln für sprachliche Ausdrücke in (Subgruppen) einer Sprechgemeinschaft abhängt.

Der Typologie wird als Prototyp elementarer Muster der Alltagsargumentation eine vereinfachte Version des bekannten Toulmin-Schemas zugrundegelegt. Für die Klassifikation werden antike, mittelalterliche und moderne Typologien herangezogen, insbesondere die aristotelische Topik und die klassische moderne Typologie von Perelman/Olbrechts-Tyteca: entsprechend den semantischen Relationen (topoi/ loci), die den Übergang von den Prämissen zur Konklusion garantieren, unterscheidet die Arbeit rund 60 Argumentationsmuster.

Als empirische Basis dient ein Korpus von etwa 300 Passagen gesprochener und geschriebener Alltagsargumentation, die aus verschiedenen Textsorten (Mediendiskussionen, Zeitungskommentare, Wahlpropaganda, Werbetexte) stammen. Die Beispiele sind überwiegend deutsch, es werden aber auch zahlreiche fremdsprachliche Beispiele angeführt, um die übereinzelsprachliche und interkulturelle Relevanz der Typologie zu demonstrieren. Die Arbeit ist vor allem für Linguisten, Rhetoriker und Philosophen, aber auch für Publizisten, (Sozial)Psychologen und Soziologen von Interesse.

frommann-holzboog